TO EXPLAIN THE WORLD

大發現

一場以科學來型塑世界的旅程

The Discovery of Modern Science

★★ 諾貝爾獎得主 ★★

史蒂文‧溫伯格 Steven Weinberg 著

蔡承志 譯

目録

第四部 ｜ 科學革命

卷首詩

我們共度的這三小時，
漫步在此，兩道影子
緊緊相隨，照出我們自己的身形；
而現在太陽就在我們正上方，
我們踏的兩道身影；
萬物都顯得清晰美麗。

These three hours that we spent,
Walking here, two shadows went
Along with us, which we ourselves produced;
But, now the sun is just above our head,
We do those shadows tread;
And to brave clearness all things are
reduced.

鄧約翰，〈影子的一課〉

John Donne, "A Lecture upon the
Shadow"

作者序

　　我是個物理學家，不是歷史學家，不過我多年來對科學史越來越感著迷。這是一段了不起的故事，也可以說是人類歷史上最有意思的故事之一。而且對於像我這樣的科學家來講，這段故事也和我們息息相關。就一方面，當今的科學研究可以從對過去的認識中獲得助益與啟發；同時，對某些學者而言，瞭解科學史更有助於激勵當前的工作。畢竟，我們希望自己的研究成果，即使再微不足道，最終都能成為自然科學宏大歷史傳統中的一部分。

　　我自己過去的寫作曾經觸及科學史，但其中大部分是約略從十九世紀至今關於物理學與天文學的近代發展史；然而，縱然我們在這個時代裡已經研習了不少新事物，物理學的研究目標和準則並不曾發生太多實質的改變。舉例來說，如果十九世紀的物理學家透過某種方式，學到了今天宇宙學和基本粒子物理學的標準模型（Standard Models），他們會發現許多內容都令人驚異；但是，那種尋求以數學建構客觀原理，藉實驗來驗證其有效性，並以此來解釋各種自然現象的基本研究精神，他們應該會感到十分熟悉。

　　若干年前，我決定自己應該更深入研讀早期科學史，進一步了解當初研究目標和準則仍未形成的那段時期。身在學界，當我想研習某項主題，很自然地我就自告奮勇開授該主題的課程。過去十年，我在德州大學的某些學期裡，針對不具科學、數學或歷史等專門背景的一般學生，開授了物理學與天文學史

的大學部課程。本書就是從那些課程的講義發展而來。而隨著本書的寫作進展，我也許能提出一些比單純的敘事更深層的內容，也就是一位現代科學工作者對過往科學的觀點。藉此機會，我解釋了個人對物理學的本質，還有我對物理學與宗教、科技、哲學、數學和美學間千絲萬縷綿長關係的看法。

在人類有歷史記載之前，科學就以某種形式存在了。大自然無時無刻不在向我們展現各式各樣令人費解的現象：火、雷雨、瘟疫、行星運動、光、潮汐……等等。人類對世界的觀察衍生出了有用的一般性概念：火是熱的，打雷通常表示要下雨了，每逢月亮盈虧之時潮汐就會高漲……等等，這些認識成了人類常識的一部分。然而，偶爾人們不僅只希望蒐羅事實：他們還想要解釋世界的運作。

這不是件容易的工作。非但因為前人並不知道我們現今對世界的理解，更重要的是，他們沒有像我們所具備的概念，不清楚世界到底有哪些事物該認識、還有該怎麼去研究。在我為課程準備教案的過程當中，過去許多世紀以來的科學研究與現代科學間的巨大差異，每每讓我印象深刻。誠如哈特利（L. P. Hartley）的一本小說中常被引述的一段話所言，「過去就像異國，那裡的人們做事方式不同。」我希望本書不僅能向讀者提供一套嚴謹科學史上發生了哪些事情的概念，而且能讓讀者領會那一切來得有多艱難。因此，本書不僅止於探討我們是如何學到世界上諸多事物，畢竟，這點是科學史自然而然會關注的重點。我寫作本書的焦點有些不同，我的著眼是探究我們該如何學習去暸解這世界。

我不是不明白本書書名中的「解釋」（explain）一詞會讓科學哲學家心生何等質疑。他們早已指出，要在「解釋」和

「描述」（description）之間劃立精準界線是多麼困難（這點到第八章我會著墨討論）。但這是一本關於科學史而非科學哲學的著作。我所謂的「解釋」意指一種無可否認地不那麼精確的行為，就像在日常生活中我們嘗試去解釋為何某匹馬贏了某場比賽，或是解釋某架飛機為何墜毀。

書名副標中的「發現」（discovery）一詞也是有點爭議的。我曾思考過是否要用「現代科學的發明」（*The Invention of Modern Science*）做為副標。畢竟，若沒有人類的實作，科學幾乎不可能存在。我最後之所以選擇「發現」而非「發明」，就是想暗示，現代科學之所以有此型態，並非大部分是源自於各種歷史上人為的發明創新，而是因為自然界本身樣貌就是如此。儘管有種種瑕疵，現代科學仍是一門經過細密調校，能與自然一致匹配的有效技術——它是一套能讓我們學習關於世界可靠知識的操作模式。就這層意義，現代科學可說是一門等著人類去發現的技術。

因此，我們可以用歷史學家討論人類發現農業的模式，來談科學的發現歷程。即使充滿多樣性與不完美，現代農業之所以展現如此樣貌，正是因為它的實作方式針對生物學的現實做了充分的調整，這才使農業變得有效——農業讓我們能種植作物。我還想使用這個副標來拉開自己和少數現存的社會建構主義者（social constructivist）之間的差距。那些人我指的是企圖將科學的進程甚至成果，全都解釋成特定文化環境產物的社會學家、歷史學家和哲學家。

就科學學門方面，本書將把重點放在物理學和天文學上。科學一開始是在物理學這個領域，尤其是在天文學的應用上，形成了現代的樣貌。誠然，對於某些學門，例如其理論高度依賴

重大歷史事件的生物學來說，要以物理學的發展為藍本，的確會有程度上的限制。然而，一般認為十九和二十世紀期間的生物學與化學發展，的確遵循了十七世紀時期物理學革命的模式。

如今科學已經走向國際化，說不定還是人類文明中國際化程度最深的層面，不過現代科學的發現歷程，則發生在定義鬆散的「西方世界」（the West）。在科學革命時期，現代科學從在歐洲完成的研究中習得了科學方法，科學革命的歐洲研究又自中世紀時歐洲和阿拉伯國家的研究工作演化而來，而這些進展追根究底都源出希臘時代的早期科學。雖然在過去，西方世界曾經從各地習得了許多科學知識，諸如來自埃及文明的幾何學、巴比倫文明的天文觀測資料、巴比倫和印度文明的算術技巧還有中國的羅盤……等等，然據我所知，西方世界不曾從外部引進現代科學的**研究方法**。因此，本書的討論將以史學家奧斯瓦爾德・史賓格勒（Oswald Spengler）與阿諾德・湯恩比（Arnold Toynbee）所反對的方式開展，僅著重於對西方世界（包括中世紀伊斯蘭文明）的描述；我將鮮少提及西方世界以外的科學史，而對於哥倫布發現新大陸之前的美洲文明那些有趣但完全孤立的科學進展，我則會完全略過不談。

在講述這段故事的過程當中，我將逼近當代歷史學家極力避免的危險地帶，亦即用現代的標準去評判過往。這會是一本甘冒大不諱的歷史書籍；我並不排斥從現代觀點來批判過去的研究方法和理論。甚至我還揪出了科學偉人犯了錯，卻從沒有歷史學家提及，這樣做，總讓我感受到些許樂趣。

歷史學家曾經殫精竭慮，研究以往偉人成就，多少會誇大他們心目中英雄的功績。我發現這種現象在描述柏拉圖（Plato）、亞里斯多德（Aristotle）、阿維森納（Avicenna，

本名伊本‧西那）、格羅斯泰斯特（Grosseteste）與笛卡兒（Descartes）的著作中尤為常見。然而，我寫作本書的目的，並不是要指責某些過去的自然哲學家愚蠢；相反的，我想藉由展現這些絕頂聰明的偉人們和我們當前的科學概念相隔是多麼遙遠，來顯示現代科學的發現歷程是多麼地艱難，它的實踐和準則又是多麼地絕非不證自明。這點也可以當作一項警訊，提醒我們，科學也許尚未進展到最終的型態。在本書中的某些段落我會提示讀者，即使科學方法取得如此重大的進展，今天的我們也可能重蹈某些過往的錯誤。

　　有些科學史學者堅守陳舊的研究方式，極力避免在探討過去的科學時提及現今的科學知識。相對的，我則把用現代知識去釐清過往科學當成本書的重點。舉個實例，希臘化時代[1]（Hellenistic Period）的天文學家阿波羅尼奧斯（Apollonius）與喜帕洽斯（Hipparchus）曾提出行星運動的學說：行星是一邊依循本輪（epicycle）運轉、同時也順著均輪（deferent）軌道繞著地球運行[2]。在現代，如果要嘗試僅藉著他們當時所擁有的數據資料，去理解他們究竟如何發展出該學說，會是項有趣的智力練習，但這實際上並不可行，因為他們使用的數據大多已經遺失了。然而，我們明確地知道，在古代，如同今時今日，地球和各行星均循著近似圓形的軌道繞太陽運行；而以此認識為本，我們即可理解，古代天文學家所能獲得的數據，是如何有可能讓他們發展出本輪、均輪說。無論如何，當今怎麼可能有人在研讀古代天文學時，忘了太陽系中到底是誰繞著誰轉這類的現代知識？

　　針對想更深入了解過往科學家的研究成果是如何與自然界實存現象達成一致的讀者，本書在主文之後準備了技術性較高

的「技術箚記」。若讀者不閱讀這些箚記，也可以跟得上主文的進度；但某些感興趣的讀者可以藉技術箚記獲悉一些物理學和天文學的技術細節，像我自己在準備這些內容時就有這樣的收穫。

當前的科學已經不是剛開始的樣子了。科學的成果是中立客觀的。靈感和美學判準雖在科學理論的發展中扮演重要角色，但若要確認這些理論的有效性，最終仍須仰賴公正的實驗，來測試其預測是否準確。數學雖被應用於物理學理論的建構及其衍生結果的計算上，科學卻非數學的分支，而且科學理論無法由純粹的數學推論演繹得來。科學與科技相輔相成，但回到最基礎的層面上，科學研究的進行並不是為實用性的理由服務。科學對上帝或來世的存在與否不做任何說明，它的目標在於尋求對自然現象的純自然主義解釋方法。最後，科學是累積的成果；每項新理論均以近似的方式納入更早的成功理論，甚至可以解釋當這些理論近似有效時，其有效的原因何在。

前述關於科學的種種特質，對古代或中世紀的科學家來說，全都隱晦不明，而這些特質全是人類在十六、十七世紀的科學革命中歷盡艱難才得知的。打從最早開端，科學完全不是以現代科學的相貌作為它的發展目標。那麼，我們究竟是如何走到科學革命那一步，還更往前進到我們當前所處的境地？這是我們在探索現代科學的發現歷程時，必須試圖去瞭解的。

註：

1　從西元前三二三年亞歷山大大帝的過世算起，中間歷經他所建立的橫跨歐亞非三洲之大帝國遭他的舊部將們瓜分為諸王國，到西元前三〇年最後一個諸侯王國托勒密王朝（Ptolemaic Kingdom）被羅馬共和國覆滅為止，這近三百年間是亞非世界各民族接受希臘文化洗禮的時代，因此西洋史上稱此期間為「希臘化時代」。

2　關於本輪均輪說的細節，請參閱本書第八章。

第
一
部

希臘物理學

在希臘科學蓬勃發展的同時或更早之前，巴比倫人、中國人、埃及人、印度人和其他民族也在科技、數學與天文學上做出了重大貢獻。然而，歐洲是從希臘文明習得思辯模式並獲得啟發的，而現代科學又發軔於歐洲，因此，希臘民族在科學的發現歷程上扮演了舉足輕重的角色。

究竟為什麼能達成這等高度成就的是希臘人而非其他民族，這個問題我們可以永無休止地爭辯下去。或許有個重要的現象是，希臘科學始於希臘人生活在小型獨立城邦，而且當時其中許多都實行民主體制。但是，如同我們接下來會看到的，希臘人是在這些小型城邦被併入強大政權，先分別形成各希臘化王國，接著是羅馬帝國之後，才終於達成他們在科學上最了不起的成就。事實上，希臘化時代與羅馬時代的希臘人對科學及數學所做出的貢獻，直到十六和十七世紀歐洲發生科學革命時才被大幅超越。

就這一部分，我對希臘科學的探討集中在物理學上，而關於希臘天文學的討論則留到第二部。我將第一部分為五章，大致依年代先後順序，探討了和科學密切關聯的五類思維模式，也就是：詩詞、數學、哲學、科技與宗教。科學和前述五項智識夥伴之間的關係，正是縱貫本書一再重現的主題。

第一章 | 物質與詩詞

　　首先，讓我們還原一下場景。西元前六世紀時，講愛奧尼亞（Ionian）方言的希臘人已經在當今土耳其的西岸地區殖民了一段時間。而在諸愛奧尼亞城邦當中最富饒強盛的當屬米利都（Miletus），一座建立於米安德爾（Meander）河匯入愛琴海之處天然港灣旁的城市。遠在比蘇格拉底（Socrates）生活時期早一世紀以上之時，米利都的希臘人便開始推測構成世界萬物的基礎物質究竟為何了。

　　我初次認識到關於米利都人的種種，是在我還就讀於康乃爾大學的大學部，正在修習科學史與科學哲學課程的時候。在課堂上，我聽到米利都人的「物理學家」稱呼。同一時期，我也正在修物理學的課程，包括現代的物質原子論。對當時的我來說，米利都物理學和現代物理學之間的相同點似乎非常少；這與其說米利都人對於物質本質的看法錯誤，倒不如說我實在是無法理解他們如何能得出那些結論。關於柏拉圖時期之前希臘思想的歷史紀錄只剩斷簡殘篇，但是我當時相當確信，在古風（Archaic）時代與古典（Classical）時代（約莫西元前六〇〇年至前四五〇年，與西元前四五〇年至前三〇〇年），無論米利都人或是鑽研自然界現象的其他希臘人，都不是以現今科學家的推論方式從事思考。

　　第一位留下事蹟傳唱後人的米利都人是泰勒斯（Thales），他比柏拉圖早生約兩個世紀。相傳他曾準確預測過一次日食，也就是據我們所知在西元前五八五年確實發生過，而且可以從

米利都觀測得到的日食。事實上，即使泰勒斯有巴比倫人的日食紀錄做為參考，他也不太可能有辦法做出該項預測，因為任何一次日食都僅在有限的地理區域能看得到；然而，從人們將那次日食的預測歸功於他一事看來，他有可能在西元前五〇〇年代初期十分活躍有成。今天，我們並不知道泰勒斯是否曾寫下他的想法；無論答案如何，泰勒斯沒有任何傳世的著作，甚至後來的作者們也都未曾直接引述他的話。他是位傳奇性的人物，而且是在柏拉圖時期被列為「希臘七賢」的偉大哲人們（例如與他同時期，據說曾創制雅典憲法的梭倫〔Solon〕）之一。舉例來說，一般認為泰勒斯證明了或從埃及帶回了幾何學上一項有名的定理（請見技術箚記一）。不過，對我們來講重要的是，據稱泰勒斯認為，萬物皆由一種基礎物質所組成。根據亞里斯多德《形上學》（*Metaphysics*）一書的記載，「首批哲學家中，多數認為，物體本質之本原（principles）即為組成萬物的唯一本原。……泰勒斯，此哲學學派的創始者，認為水是萬物本原。」多年之後，為希臘哲學家作傳的第歐根尼·拉爾修（Diogenes Laertius，活躍於西元二三〇年左右）寫道，「泰勒斯的學說是水為宇宙基本物質，而世界是有生命並且充滿神性的。」

由「宇宙基本物質」（universal primary substance）一詞看來，泰勒斯的意思是世界萬物皆由水組成嗎？果真如此，則我們無從得知他是如何得到該結論的；然而，如果有人相信萬物皆由某一種常見物質所組成，那麼水是個不錯的選項。水不僅以液態出現，還可以經由冷凍轉變為固體，或者藉著煮沸轉變為蒸汽。另外，水顯然也是生命不可或缺的。但是，舉個例子，我們並不知道泰勒斯是否認為石頭真的是由普通的水所組

成，抑或他只是認為石頭和其他固體與冰塊之間具有相同的深層性質而已。

泰勒斯有一位門生或同僚，名為阿那克西曼德（Anaximander），他得出了一個不同的結論。他同樣認為世上存在著一種基礎物質，但他沒有將其與任何常見的物質做聯結。相反的，他將其界定為一種他稱之為「無限者」（the unlimited）或「無窮者」（the infinite）的神祕物質。關於這點，我們可參考一位生於約一千年後的新柏拉圖學派哲學家辛普利修（Simplicius）對阿那克西曼德所持見解的描述。辛普利修引述了一段似乎是直接出自阿那克西曼德的話，這裡以斜體字表示：

> 那些聲稱〔本原〕僅有一個、不斷變動且沒有界限的人中，阿那克西曼德，普拉克西亞德（Praxiades）之子，一名後來成為泰勒斯後繼者和門生的米利都人，他說無限者既是存在之物的本原，亦是其元素。他說它既不是水，也不是任何其他所謂的元素，而是某種不具界限的自然物，諸宇宙及其中的諸世界皆自其而來；而萬物所由之而生的物質，萬物消滅後即復歸於它，一切依循必然定數。萬物遵循時間法則，伸張正義並相互補償彼此的過錯——在此他用了較富詩意及神話意味的措辭來描述。顯然，在觀察到四元素[1]間彼此轉化的現象之後，他不認為將其中任一種元素視為基礎物質是恰當的，基礎物質應是這些元素之外的某物。

不久之後，另一位米利都學者阿那克西美尼（Anaximenes）重拾萬物皆由某一種常見物質所組成的概念，然而他認為基礎

物質不是水，而是空氣。他著有一書，其中僅有一個句子流傳下來：「靈魂是我們的空氣，操控著我們，而呼吸與空氣環繞整個世界。」

到了阿那克西美尼，米利都人的貢獻進入了尾聲。大約在西元前五五〇年，米利都和其他同樣位於小亞細亞的愛奧尼亞諸城邦都被逐漸壯大的波斯帝國所併吞。米利都人在西元前四九九年發動了一場叛變，結果被波斯人殲滅殆盡。米利都後來復興，成為一個重要的希臘城市，但是它從此未再成為希臘科學的中心。

對於物質本質的關注，在生活於米利都以外城邦的愛奧尼亞裔希臘人當中持續著。有跡象顯示，色諾芬尼（Xenophanes）曾提出土是基礎物質的主張，他約在西元前五七〇年出生於愛奧尼亞地區科羅封（Colophon）城，後來移居南義大利。在他眾多詩作中的一篇，有這麼一句：「因萬物皆來自土，而萬物亦復歸於土。」然而，這或許只是色諾芬尼版本的「塵歸塵，土歸土」，常見於喪禮上的感懷詞語。等我們在第五章討論古代科學與宗教的關係時，將再度提到色諾芬尼。

在離米利都不遠的以弗所（Ephesus），西元前五〇〇年左右，則有赫拉克利特（Heraclitus）提倡火為基礎物質之說。他寫了本書，但留存的僅有斷簡殘篇。其中一個段落告訴我們，「這有秩序的宇宙（kosmos[2]），對萬物來說皆為同一，它不是由任一位神祇或任一人所創，而它過去、現在、將來永遠都是永恆的靈火，依分寸燃燒，亦依分寸熄滅。」由於赫拉克利特的思想強調自然界中永無止盡的變化，所以對他而言，將閃爍搖曳的火這種變動的代表視為基礎物質，會比相對較為穩定的土、水或空氣來得自然。

至於認為萬物並非由一種物質，而是由四種元素——水、土、空氣和火——所構成的經典見解，則可能是由恩培多克勒（Empedocles）所提出的。西元前四〇〇年代初期，恩培多克勒生活於西西里島的阿克拉加（Acragas）城（現今的阿格里真托〔Agrigento〕），而他是我們故事的前期部分中第一位並幾乎是唯一一位屬於多利亞（Dorian）裔而非愛奧尼亞裔的希臘人。他作有兩首六步格詩，其中許多片段都得以傳世。在《論自然》（*On Nature*）一詩中，我們可以讀到「從水、土、以太[3]與太陽〔火〕的混合中，出現了有生之物的形貌和顏色」以及「火、水、土與崇高無際的空氣，咒詛憎惡，則分崩離析，不偏不倚，博愛萬物，則等高亦等寬。」

　　可能恩培多克勒及阿那克西曼德只是以「愛」與「憎」或「正義」與「不義」這類詞語來隱喻秩序與無序，就像愛因斯坦偶爾會用「上帝」一詞來象徵未知的自然界基本法則。然而，我們不應該對前蘇格拉底時期的哲人話語強做現代觀點的詮釋。在我看來，在進行關於物質本質的推測時，諸如恩培多克勒所言愛與憎之類的人類情感，或是如阿那克西曼德所述正義與補償之類的價值觀的介入，更可能是前蘇格拉底時期思想和現代物理學精神之間巨大差距的跡象之一。

　　上述的前蘇格拉底時期哲人，從泰勒斯到恩培多克勒，似乎都將元素想成均勻的、同種類內不具差異的物質。不久之後，在位於色雷斯（Thrace）海岸，由西元前四九九年愛奧尼亞諸城對波斯帝國叛變中的流亡者所建立的城鎮阿布德拉（Abdera），有人提出了比較接近現代對物質之認識的不同見解。第一位已知的阿布德拉哲學家是留基伯（Leucippus），他只有一句話傳世，由此指出了一種決定論的世界觀：「事出皆非

無端，凡事必有因，凡事皆必然。」另一方面，有關於留基伯的後繼者德謨克利特（Democritus），後人所知者就多得多了。他出生於米利都，而且曾遊歷巴比倫、埃及與雅典，最後在西元前四○○年代末期定居於阿布德拉。德謨克利特的書籍內容涵括倫理學、自然科學、數學及音樂領域，裡面許多片段都存留了下來。其中一段表示了萬物皆由微小、不可分割、遊移於虛空中的粒子，稱為原子（atom，由希臘語中表示「無法切割的」之詞而來）所組成的觀點：「甜蜜依人的習慣而存在，苦澀亦然；〔唯有〕原子與虛無（Void）存在於現實中。」

如同現代的科學家，這些早期希臘哲人願意將目光投向世界的表象之下，探尋有關更深層現實的知識。畢竟，世界萬物乍看之下並不像是全由水、或空氣、或土、或火、或以上四者的混合物，更不像是由原子所構成的。

對於晦澀思想的接受程度，經由居於南義大利伊利亞（Elea，今天的韋利亞〔Velia〕），後來為柏拉圖所極度推崇的巴門尼德斯（Parmenides）推向了極致。在西元前四○○年代初期，巴門尼德斯主張自然界中明顯可見的變動與多樣性其實都是假象，這和赫拉克利特所提倡的世界處於恆久變動之說正好相反。巴門尼德斯的門生伊利亞的齊諾（Zeno of Elea，切勿與其他同樣名為齊諾的學者混淆，例如斯多葛學派的齊諾〔Zeno the Stoic〕），則進一步以辯證法捍衛巴門尼德斯的觀念。在齊諾的著作《攻擊》（*Attacks*）裡，他提出了數個悖論（paradox）來顯示運動的不可能。舉例來說，若要跑完一條賽道，則必須先完成整條賽道的前半段，然後再完成所餘距離的前半段，如此無止盡地繼續下去，會有無限多個前半段要跑，因此永遠無法從頭到尾跑完整條賽道。而根據同樣的推論方式，就我們從

齊諾著作的斷簡殘篇裡可以得知的，對他而言要移動任何給定的距離都永遠不可能，所以所有運動都不可能發生。

當然，齊諾的推論是錯的。如同亞里斯多德在之後所指出，沒有理由說我們不能在有限的時間中完成無限多個步驟，只要每個步驟所需的時間比前一個步驟來得少，而且減少的幅度夠大就可以了。確實，類似 (1/2)＋(1/3)＋(1/4)＋……這樣的無窮級數會有無限大的和，然而無窮級數 (1/2)＋(1/4)＋(1/8)＋……之和則是有限的，此級數和為 1。[4]

這裡最引人注意的倒不完全是巴門尼德斯與齊諾的錯誤，而是他們並未費心力去解釋，如果運動如他們所說不可能發生，為什麼東西看起來會移動。事實上，從泰勒斯到柏拉圖，不論他們是來自米利都、阿布德拉、伊利亞或雅典，沒有任何一位早期希臘哲人曾經負責任地詳細闡明，究竟該如何以他們有關於終極現實的理論，來解釋事物的表象。

這種現象並非僅單純出自智識上的怠惰。早期的希臘哲人有一種智識的傲慢傾向，使他們認為對表象的理解是不值得追求的。這只是戕害了科學史上許多進程的態度之一；比方說，在各個不同的時期，人們曾經認為圓形的軌道較橢圓軌道來得完美，黃金要比鉛來得高貴，以及人類相較於其他靈長類動物而言是更高等的生物。

我們現在是否正在犯下類似的錯誤，是否由於忽略了似乎不值得注意的現象，從而錯失了讓科學進步的機會？儘管不能肯定，不過我懷疑這點。當然，我們不可能探索所有的事物，但是我們選擇我們所認定能為科學理解提供最佳前景的問題來研究，即使這樣的認定不一定正確。舉例而言，對染色體或神經細胞有興趣的生物學家研究果蠅與烏賊，而非高貴的老鷹和

獅子。另一方面，基本粒子物理學家有時會遭指責，只對最高可達能量狀態下的現象抱持勢利的關注，然而這純粹是由於唯有在高能狀態下，我們才能製造及研究大質量的假想粒子，例如天文學家所指稱的，占了全宇宙物質約六分之五的暗物質（dark matter）粒子[5]。不論如何，我們也對發生在低能量態的現象賦予了足夠的關切，好比質量大約僅及電子質量百萬分之一的奇妙的微中子（neutrino）。

另外，在評論前蘇格拉底時期哲人們的偏見時，我並不是要說先驗推論（a priori reasoning）在科學中不能存在。舉個實例，今天我們期望最深層的物理定律會滿足對稱性原則（principles of symmetry），亦即當我們以某些特定方式改變我們的觀察視角時，物理定律會保持不變[6]。正如同巴門尼德所主張的變動不存在原則，有些對稱性原則在物理現象中並非一下子就可以明顯地看出，此時我們稱這些對稱性發生了自發性破缺（spontaneous breaking）。換言之，我們物理理論中的方程式具有特定的簡單性，比方說我們會以同樣的方式處理屬於數個特定種類的次原子粒子，但是實際決定真實現象的方程式解卻不具備這種簡單性。然而，不像巴門尼德對於變動不存在的堅信，傾向認為對稱性原則存在的先驗設想，乃是起源於多年來探尋描述真實世界之物理法則所累積的經驗，而且破缺的與未破缺的對稱性，都經由實驗確認了其所預測的結果而得到了證實。關於對稱性的先驗推論，與我們用在人類事務上的價值判斷完全無涉。

讓我們將目光再拉回古希臘。隨著西元前五世紀末期的蘇格拉底，以及約四十年後柏拉圖的出現，希臘智識活動的舞台中心移到了雅典——少數位於希臘半島本土的愛奧尼亞

城邦之一。我們所知的蘇格拉底事蹟，幾乎全都出自他在柏拉圖對話錄中的登場，以及在古希臘知名喜劇作家亞里斯多芬（Aristophanes）的《雲》（*The Clouds*）一劇中以一喜劇角色出現鋪陳的內容。蘇格拉底似乎未曾將他的想法記錄下來，但就我們所知，他對自然科學並不十分感興趣。在柏拉圖對話錄的《斐多篇》（*Phaedo*）中，蘇格拉底回憶起他在讀到阿那克薩哥拉（Anaxagoras，我們會在第七章提到他）的一本著作時是多麼失望，因為阿那克薩哥拉僅用純粹的物理語言描述地球、太陽、月亮與恆星，而未曾提到哪個天體是最優秀的。

柏拉圖與其導師蘇格拉底的出身不同，他成長於雅典的貴族世家。他也是第一位幾乎得以完整留存著作的希臘哲學家。如同蘇格拉底，柏拉圖對於人類事務的關注遠勝於他對物質本質的興趣。他曾希望從政，以便將他理想國（utopia）與反對民主的政治理念付諸實踐。在西元前三六七年，柏拉圖因應迪奧尼修二世（Dionysius II）邀約，前往西西里島的敘拉古（Syracuse）城協助其政府改造，然而敘拉古很幸運，改造計畫沒有實質的成果。

在對話錄的《蒂邁歐篇》（*Timaeus*）裡，柏拉圖結合了四基本元素的概念與阿布德拉學派關於原子的想法。柏拉圖推想恩培多克勒所提四元素分別以單一粒子組成，四種粒子的形狀則各為數學上稱為正多面體（regular polyhedron）的五種固形之一。正多面體的各表面均為相同的多邊形，其稜邊均相等，而稜邊相交之處的各頂點都無差異。（請見技術箚記二。）舉例來說，正立方體即為正多面體之一，它的六個表面都是相同的正方形，每三個正方形相交於一個頂點。柏拉圖認為土元素之原子的形狀即為正立方體。另外四種正多面體為正四面體（由

四個三角形表面所構成的金字塔）、正八面體、正十二面體、正二十面體；而柏拉圖則提出火、空氣與水元素的原子形狀各為正四面體、正八面體與正二十面體。這留下了正十二面體沒有用到，而柏拉圖則以之表示宇宙。之後，亞里斯多德引入了稱為以太（ether）或精華（quintessence）的第五種元素，他認為這種元素充斥在月球軌道以外的空間中[7]。

我們常在後世學者有關早期對於物質本質之推測的寫作中，看到他們強調這些推測是如何預示了現代科學的特徵。提出原子論的德謨克利特尤其備受推崇；現代希臘的頂尖大學之一即名為德謨克利特大學。的確，識別物質之基本組成成分的努力已經延續了數千年，雖然元素的項目隨時間有所變動。直至近代早期，煉金術士們已辨識出三種假定的元素：水銀（汞）、鹽以及硫磺。至於現代化學元素的觀念，則可溯源至十八世紀末由普里斯特利（Priestley）、拉瓦節（Lavoisier）、道耳頓（Dalton）與其他學者掀起的化學革命，而如今的元素表則包含了九十二種天然元素，從氫元素到鈾元素（包括汞和硫，但不包括鹽），以及種類不斷增加且比鈾更重的人造元素。在一般狀態下，一種純化學元素由同一類的原子所組成，而不同元素間的區別則來自組成元素的原子種類之差異。如今，我們進一步地探索比化學元素更深層的面向，研究組成原子的基本粒子，但無論如何，我們依然延續從米利都人開始對自然界萬物基本組成成分的探尋。

不過我認為我們不應該過分強調古風時代或古典時代希臘科學的現代面向。現代科學具有一項重要特徵，而此特徵在我前面提到的思想家們身上幾乎完全看不見，從泰勒斯到柏拉圖皆然：他們當中沒有人曾試圖去驗證或甚至（或許齊諾是例外）

嚴謹地論證他們的推測為真。在閱讀他們的著作時，我們會不斷地想問：「你怎麼知道？」這點就德謨克利特而言一樣成立，和其他哲學家並無不同。在德謨克利特著作的斷簡殘篇中，我們找不到任何他在證明物質確實是由原子組成上所做的努力。

柏拉圖關於五元素的想法，為他輕忽論證的態度提供了一個很好的例子。在《蒂邁歐篇》裡，他是由三角形而非正多面體開始推想，提出由三角形結合成正多面體的各個面。那麼是哪種三角形？柏拉圖提出這些三角形應為三個角各為四五度、四五度和九〇度的等邊直角三角形，以及三個角各為三〇度、六〇度和九〇度的直角三角形。土元素正立方體原子的正方形面可由兩個等邊直角三角形構成，而火元素的正四面體原子、氣元素的正八面體原子，以及水元素的正二十面體原子的正三角形面，則可由兩個另種直角三角形結合而成。（被用來神祕地表示宇宙的正十二面體則無法用這種方式構成。）為了解釋這樣的選擇，柏拉圖在《蒂邁歐篇》中說道，「若有任何人可以告訴我們一個組成這四種立體的三角形的更好選擇，我們歡迎他的批判；但就我們而言，我們提議忽略其他所有細節……。要講出理由的話，故事會太長，然而若有人能證明這些立體的構成並非如此，那麼我們會樂見他的成就。」今天，如果我在一篇物理學的文章中支持一種關於物質的新猜測，卻說若要解釋我的推論過程會太花時間，並對我的同僚們提出挑戰，邀他們證明該猜測不為真，那麼我可以想見各方的反應會是如何。

亞里斯多德稱呼較早期的希臘哲人為 physiologi，而此詞有時會被翻譯為「physicists（物理學家）」，但這會造成誤導。Physiologi 一詞單純意指自然學人（*physis*），而且早期的希臘哲

人與今日的物理學家之間相同點非常少。這些希臘哲人的理論沒有實質的效力；恩培多克勒可以自由地推測元素的存在，如同德謨克利特推測原子的存在，然而他們的推測無法衍生出關於自然界的新資訊，當然也無法推導出能夠讓他們的理論接受測試的成果。

對我來說，要理解這些早期希臘人的想法，比較好的方式似乎是不要把他們想成物理學家或科學家，或甚至哲學家，而是視他們為詩人。

我應該把我的意思講清楚一點。狹義概念上的詩，是指使用諸如韻律（meter）、押韻（rhyme）或頭韻（alliteration）等語文結構的語言。即便從這種狹義觀點來看，色諾芬尼、巴門尼德與恩培多克勒依然都是以詩歌形式來寫作的。歷史上，在西元前十二世紀多利亞人入侵，造成青銅器時代邁錫尼（Mycenaean）文明的崩解之後，希臘人大多成了文盲。在書寫不存在的情況下，詩就幾乎成為人們能向後代傳遞訊息的唯一方法，因為詩可以用一種散文所無法達成的方式被記憶及傳頌下來。後來，在西元前七〇〇年左右，讀寫能力在希臘人之間重新復甦，然而自腓尼基人（Phoenicians）處所傳入的新字母，一開始是被荷馬與赫西俄德（Hesiod）等詩人用來撰寫敘事詩的，而其中一部份是由希臘黑暗時期藉著長久記憶流傳下來的詩歌。散文則是後來才出現的。

即使以散文寫作的早期希臘哲學家，例如阿那克西曼德、赫拉克利特與德謨克利特，也都採用了一種詩化的風格。西塞羅[8]（Cicero）對德謨克利特的評價是後者的寫作比許多詩人更為詩化。柏拉圖年輕時曾想成為一名詩人，而雖然他後來用散文寫作，而且在《理想國》（Republic）中對詩抱持敵意，他的

文風一直以來都受到廣泛的推崇。

這裡我所想的是一種較廣義概念上的詩：基於美學效果，而非為了清楚地說明某人確信為真的事物所採用的語言。當狄倫‧湯馬斯（Dylan Thomas）寫道，「通過綠色的莖管催動花朵的力也催動我綠色的年華」[9]，我們不會將之視為一則關於植物學與動物學中兩種趨力統一的嚴謹陳述，同時，我們也不會想要驗證這種說法；我們（至少我）僅把這句話當作一種對於年紀和死亡之哀嘆的表達。

有些時候，柏拉圖似乎同樣沒有要別人按字面解讀他話語的意圖。前面提過的一個例子，是他在以兩種三角形當作萬物組成基底的選擇上異常貧弱的論述。還有另一個更明顯的例子：在《蒂邁歐篇》裡，柏拉圖介紹了亞特蘭提斯（Atlantis）的故事，一個興盛一時的文明，據說在他所處年代之前數千年。然而，柏拉圖不可能認真地覺得他真的知道數千年前發生的事情。

我完全不是要說早期希臘哲人是為了規避證明他們理論有效的需要，才決定以詩化的方式寫作；他們僅是不覺得有這種需要。今日，我們用我們提出的理論來推導出相當程度上還算精確的結論，然後經由實驗觀察來測試該結論是否為真，藉此測試我們對大自然的推測是否正確。但是，早期的希臘哲人或許多他們的後繼者並沒有想到這種做法，而這有個非常簡單的原因：**他們從來不曾見過有人這麼做。**

偶爾仍有跡象顯示，即使當早期的希臘哲人確實想要別人嚴肅看待他們的話語時，他們也對自己的理論有所質疑，而且他們覺得可靠的知識並不可得。我在自己一九七二年關於廣義相對論的專書中引用了一個例子，在討論宇宙學推測的某章開

頭，我引述了色諾芬尼的一段話：「而至於確切的真理，沒有人見過它，也永遠不會有人能知曉關於神明以及關於我所提到的事情。因為即使他完全成功地說出全然正確的事，他自己也渾然不知，而對於所有事的意見都是命中注定的。」相同道理，德謨克利特在《論形式》（*On the Forms*）裡評論道，「我們實際上並不確切地知道任何事」，以及「關於實際上我們並不知道每件事物是如何或不是如何這點，已經在許多方面上獲得顯示了。」

現代物理學中依然保留了一種詩意的成分。我們不以詩的形式書寫；物理學家的許多寫作僅勉強搆得上散文的水準。但是，我們尋求理論中的美感，而且運用美學判準做為研究上的一種引導。我們當中有些人認為，這種做法有效的原因乃在於，歷經幾個世紀的物理學研究成敗，這樣的訓練讓我們對自然界法則的若干層面充滿了期待，而且有了這樣的經驗，我們逐漸感受到自然界法則的這些特徵是美的。然而，我們並不會把一個理論的美感，當成它是否成立的有力證據。

舉例來說，弦論（string theory）——這是種將不同種類之基本粒子描述為微小的弦之不同振動模式的理論——是非常美的。弦論看起來在數學上勉強保持著一致性（consistency），也因此它的結構並非任意發展而來，而是大部分被數學一致性的要求所限定的結果。因此，弦論具有一種嚴密藝術形式的美感，就像一首十四行詩或一部奏鳴曲。遺憾的是，弦論迄今尚未衍生出任何可供實驗測試的預測，因此理論物理學家（至少我們其中大多數人）對於它是否真能應用到實際世界上，仍抱持著開放的態度。我們覺得，從泰勒斯到柏拉圖這些充滿詩意的自然學人身上最為缺乏的，正是這種對於驗證的堅持。

註：

1　即水、土、火與空氣四種古典元素。

2　作者註：如同葛雷格利·韋拉斯托（Gregory ivastos）在《柏拉圖的宇宙》（*Plato's Universe*）一書中所指出，荷馬使用kosmos一詞的副詞形來表示「在社會規範上正直的」與「在道德上妥適的」。這樣的用法在英文詞「cosmetic（化妝的、裝飾性的）」上留存了下來。赫拉克利特對這個詞的使用，反映了「世界差不多就是它該有的樣子」此一希臘觀點。在英文中，此詞語也出現於同字根的「cosmos（宇宙）」和「cosmology（宇宙學）」。

3　在希臘神話中，以太（Aether）表示奧林帕斯山諸神所呼吸的精華，與一般人所呼吸的空氣（aer）不同。但由恩培多克勒的文本脈絡推敲，他只是以此詞代表普通的空氣。

4　齊諾此一悖論有另一種較常見的形式：若要從甲點移動到乙點，則必須先經過兩者的中點丙點，但要到達丙點前，又必須先經過甲丙兩點的中點丁點，如此無盡地重複下去，可以推出無限多個中心點，因此運動根本無法開始，只能留在原地。今天，我們同樣可以用內文中後一個無窮級數的概念（從級數後面往回加）來推翻這個悖論。事實上，由於齊諾提出此一悖論，有人視他為數學裡「無限」概念的發軔者。

5　根據歐洲太空總署普朗克（Planck）探測衛星的資料，以及基於宇宙學標準模型的推算，整個可觀測宇宙（observable universe）的質能組成包含了四·九％的一般物質、二六·八％的暗物質，與六八·三％的暗能量（dark energy）。也就是說，暗物質據估算占了宇宙中所有物質的八四·五％。

6　物理學上，最簡單的對稱性例子為牛頓運動方程式在伽利略變換（Galilean transformation）下的不變性。一個單純的實例是，假設有兩觀察者甲和乙，甲在某地保持靜止，乙在離甲一段距離的地方以遠低於光速的等速度向上運動著，現在他們兩者同時觀察甲面前的一個球體自斜面上滾落，那麼對甲乙兩者來說，觀察到的斜面運動都符合牛頓運動方程式的描述，亦即球體在垂直方向的加速度就是它的重力加速度。值得注意的是，當乙的運動速率接近光速時，此不變性就會崩解，此即愛因斯坦狹義相對論所討論的內容之一。

7　此處的ether（以太）與前文中的Aether同義。值得注意的是，亞里斯多德並未將以太與正十二面體直接做聯結。

8　西塞羅（106-43 BC）是羅馬共和國晚期的哲學家、政治家、律師與作家。他的文學作品具高度成就，建立了古典拉丁語的文學風格。他亦從事古希臘哲學的研究，並將許多希臘哲學原典譯為拉丁文引介至羅馬。

9　狄倫·湯瑪斯（1914-1953）為著名威爾斯詩人及作家。此處譯文為中國大陸作家巫寧坤先生的版本。

第二章 | 音樂與數學

　　即使泰勒斯與他的後繼者們曾經瞭解，他們有必要從關於物質的理論中，推導出可以拿來與觀察結果兩相比較的結論，他們終究仍會發現這項工作窒礙難行，其中部分原因出自當時希臘數學能力上的限制。巴比倫人在更早之前已經運用一套六十進位而非十進位的數字系統，訓練出了卓越的算術能力；他們也發展出了一些簡單的代數技巧，例如解各種二次方程式的規則（雖然這些規則並非以符號表示）。相比之下，對於早期希臘人來說，數學大部分僅限於幾何學。如同我們在前面看到的，到了柏拉圖的年代時，數學家已經發現了關於三角形和多面體的定理；而許多在歐幾里得（Euclid）的《幾何原本》（*Elements*）中提到的幾何學，早在歐幾里得所處時期——亦即約西元前三〇〇——之前，已經為人所熟知。然而即使在當時，希臘人對算術的認識仍是相當有限，更別提代數、三角學或微積分了。

　　希臘人最早運用算術方法來研究的現象可能是音樂，這是畢達哥拉斯（Pythagoras）的追隨者們的研究工作。畢達哥拉斯出生於愛奧尼亞的殖民地薩摩斯（Samos）島，在西元前五三〇年左右他移居至南義大利。在當地的希臘城邦克羅頓（Croton），他創建了一個延續至西元前三〇〇年代的秘教（cult）。

　　「秘教」一詞似乎很貼切。早期的畢達哥拉斯學派（以下簡稱畢氏學派）門人並未留下自己的著作，但根據其他作者所

述，畢氏學派門人相信靈魂轉世之說。據稱他們都穿著白袍並戒食豆類，因為豆子形似人類的胎兒。他們也組織了某種神權政府，且在他們的統治下，克羅頓人於西元前五一○年摧毀了鄰近的錫巴里斯（Sybaris）城。

與科學史相關的是，畢氏學派也發展出了對數學的熱情。根據亞里斯多德《形上學》的記載，「所謂的畢達哥拉斯學派門人將自己獻身於數學：他們是最早推進這門學問的人，由於自小在數學的環境中成長，他們認為數學的原理即為萬物的本原。」

畢氏學派對於數學的重視，或許根源自對音樂的觀察。他們注意到在演奏弦樂器時，如果同時撥動兩條同樣粗細、相同材質且具相等張力的弦，而且兩弦的長度比率等於兩個小整數之比，那麼發出的聲音就會是悅耳動人的。在最簡單的例子裡，其中一條弦的長度恰為另一弦的一半；依循現代術語，我們說這兩條弦的樂音相隔了八度，而且將它們發出的樂音以同樣的英文字母標記。而若一弦長度為另一弦的三分之二，則發出的兩個樂音音高被稱為「五度音」，構成一種特別悅耳的音程。最後，若一弦長度為另一弦的四分之三，它們會發出稱為「四度音」的悅耳音程。對比之下，如果兩弦長度不成小整數的比率（比方說，其中一弦的長度為另一弦長度的一○○○○○／三一四一五九），或根本不為兩整數之比，那麼撥彈時就會發出刺耳、令人難受的聲音。我們現在知道這種現象有兩個原因，分別與同時撥彈兩條弦時它們所發出聲音的週期性，以及各弦所產生之泛音（overtone）的契合有關（請見技術箚記三）。然而，畢氏學派學者完全不瞭解這些，事實上，直到十七世紀法國教士馬蘭·梅森（Marin Mersenne）發表音樂理論的

著作[1]之前，沒有人知道這背後的原理。相較而言，根據亞里斯多德所述，畢氏學派判斷「整個宇宙恰為一音階」[2]。這項觀念具有深遠的影響。舉例來說，西塞羅在《論共和國》（*On the Republic*）中講述了一個故事，其中古羅馬偉大將領，征服非洲的西庇阿（Scipio Africanus）的鬼魂即為他的孫子引介了諸天球的音樂。

至於畢氏學派最卓越的學術進展，則是屬於純數學而非物理學的領域。我們每個人都聽過著名的畢氏定理（Pythagorean theorem），亦即若以一直角三角形的斜邊為邊長構成一正方形，則其面積會恰好等於兩個邊長各為原三角形之另兩邊的正方形面積之和。沒有人知道這則定理是不是畢氏學派學者證明的、如果是的話，又到底是出自哪一位，還有他是怎麼證明的。我們可以利用比例論中的等比原則得出一個簡單的證明方式，而比例論則是與柏拉圖同時期的畢氏學派學者塔蘭頓的阿爾庫塔斯（Archytas of Tarentum）所提出的（請見技術箚記四，歐幾里得《幾何原本》第一卷之命題四六使用的另一種證明方法則較為複雜）。另外，阿爾庫塔斯也解決了一個有名的難題：給定一個立方體，用純幾何的方法造出另一個體積恰好為原立方體兩倍的立方體。

畢氏定理也直接引出了另一項偉大的發現：幾何構形可能牽涉無法表示為兩整數之比的長度。若有一直角三角形，其直角的兩個鄰邊長各為（某種測量單位下的）一，則以這兩個邊為稜邊的兩正方形面積之和便為 $1^2 + 1^2 = 2$，那麼根據畢氏定理，斜邊長度一定是個平方值為二的數字。但是，我們可以輕易地證明，一個平方值為二的數不可能表示為兩整數之比。（請見技術箚記五。）這項事實的證明方法被列在歐幾

第二章
音樂與數學

里得《幾何原本》的第十卷中，而且之前就曾被亞里斯多德在《分析前論》（*Prior Analytics*）書中提及，並以其當作歸謬法（*reductio ad impossibile*）的實例，但亞里斯多德並未記載其來源。相傳這項發現出自希帕索斯（Hippasus），這位畢氏學派學者有可能出生於南義大利梅塔邦頓（Metapontum），後來因為揭露了這項發現，遭受其他畢氏學派人士的放逐或謀殺身亡。

今日，我們可能會將前段的故事描述為人們發現了二的平方根之類的數屬於無理數（irrational numbers）—它們無法表示為兩個整數之比。根據柏拉圖所述，昔蘭尼的西奧多羅斯（Theodorus of Cyrene）證明了三、五、六……十五、十七……等數的平方根（換句話說，這是指除了一、四、九、十六……等本身為某整數之平方值以外的所有整數的平方根，雖然柏拉圖並非如此表達）在同樣概念下均為無理數。然而，早期希臘人不會以這樣的方式來表達。相反的，柏拉圖的原文經翻譯後是說，面積為二、三、五……等平方英尺之正方形的邊長，與一英尺是「不可公度的」（incommensurate）。由於早期希臘人對於有理數以外的數毫無概念，所以就他們而言，像二的平方根這樣的量只能被賦予幾何學上的重要性，而這層限制又進一步阻礙了算術的發展。

在柏拉圖學院（Plato's Academy）中持續著關注純數學的傳統。據說，在學院入口的上方掛著一塊標語，說明對幾何學無知的人不得進入。柏拉圖本人並非數學家，但他對於數學相當熱衷，部分原因可能是，他在前往西西里島擔任敘拉古城迪奧尼修二世宮廷教師的旅程當中，結識了畢氏學派的阿爾庫塔斯。

柏拉圖學院中一位對柏拉圖具有深厚影響的數學家，是

雅典的泰阿泰德（Theaetetus of Athens），他是阿爾庫塔斯的門生，也是柏拉圖對話錄其中一篇的標題人物。一般認為，泰阿泰德發現了我們前一章所提構成柏拉圖元素理論之基底的五種正多面體；而包含於《幾何原本》內，指出這五種固形為唯一可能存在之凸正多面體的證明[3]，可能也應歸功於泰阿泰德。另外，泰阿泰德也對今天我們稱為無理數的理論做出了貢獻。至於西元前四世紀時最傑出的希臘數學家，當屬尼多斯的歐多克索斯（Eudoxus of Cnidus），他是阿爾庫塔斯的另一位門生，並與柏拉圖同時期。雖然歐多克索斯一生大部分時間住在小亞細亞海岸地區的尼多斯城，他曾就讀於柏拉圖學院，並在之後回學院任教。歐多克索斯的著作無一留存，但相當多數學難題的解決都歸功於他，例如證明一圓錐的體積為與其同底面同高之圓柱體積的三分之一（我完全不知道歐多克索斯是怎麼有辦法不靠微積分就辦到這件事情）。然而，歐多克索斯對數學最了不起的貢獻，是他引入了一種嚴謹的推論形式，其中所有定理都是由數條清楚陳述的公理（axiom）漸次演繹而來。我們之後在歐幾里得著作中所看到的形式即為如此。事實上，《幾何原本》中許多內容的細節都被歸功於歐多克索斯。

雖然數學本身是一項卓越的智識成就，然而由歐多克索斯以及其他畢氏學派學者所推動的數學發展，對自然科學卻具有好壞參半的影響。影響之一是，因歐幾里得《幾何原本》而被奉為經典的演繹式數學寫作，從此被自然科學的研究者無止盡地模仿，但是，這種形式在自然科學中並非那麼恰當。如同我們後面會看到，亞里斯多德在自然科學上的寫作鮮少涉及數學，但有時候他的說法聽起來就像是種數學推論的擬仿，比如說他在《物理學》（Physics）中對於運動的討論：「則，A將會

用時間 C 穿越物體 B，而以時間 E 穿越比較稀薄的物體 D（若 B 與 D 的長度相等），其時間正比於被穿越物之密度。比方說假設 B 為水而 D 為空氣。」另一方面，希臘物理學上最偉大的著作，也許是阿基米德（Archimedes）的《論浮體》（*On Floating Bodies*），我們將在第四章中討論。這本書以類似數學文本的方式寫作，包含不受質疑的假定（postulate），接著是由之演繹而得的命題（proposition）。阿基米德足夠聰明，選擇了正確的假定，然而科學研究應表示為演繹、歸納和猜測三者間交替及整合的成果才比較貼近真實。

比推論形式影響更大的，某種程度上也與其相關的，則是一種受到數學啟發的錯誤目標：僅藉由純粹的智識去探究特定的真理。在《理想國》對於哲人王們所受教育的討論中，柏拉圖寫道，蘇格拉底主張天文學的學習與研究應以等同於幾何學的方式進行。根據蘇格拉底所言，做為對智識的一種刺激，觀察天空能有其助益，正如同觀察一個幾何圖形能對數學的學習研究產生幫助，但是在這兩種情況下，真正的知識都只純粹來自於思考。蘇格拉底在《理想國》裡解釋道「我們應該僅利用天體做為實例，以幫助我們學習其他的領域，如同我們在面對特異的幾何圖形時會做的一般。」

今日，數學是我們用來演繹物理原理之結果的手段。不僅如此，數學更是物理學原理在表示上不可或缺的語言。數學時常啟發了關於自然科學的新想法，而科學上的需求也常反過來驅動了數學的進展。理論物理學家愛德華・維騰（Edward Witten）的研究，在數學上提供了相當多的洞見，於是他也在一九九〇年獲頒數學界最高榮譽之一的費爾茲獎（Fields Medal）。然而，數學不是一種自然科學。若缺少對現象的觀

察，數學本身並不能告訴我們任何有關世界的事情。而且，對世界的觀察，既不能驗證也不能推翻數學定理。

上述這點對古人來講並不明朗，事實上在現代早期亦然。之前我們看到柏拉圖和畢氏學派曾認為諸如三角形或數字之類的數學物件是自然界的基本組成成分，隨後我們也會看到有些哲學家曾將數學天文學（mathematical astronomy）視為數學的一門分支，而非自然科學的一支。

如今，數學與科學之間已經得到相當明確的區分了。至於為什麼因無關乎自然界的理由而被發明出來的數學原理，時常被證明在物理理論中相當有用，這對我們來說仍是個謎。在一篇著名的文章中，物理學家尤金・維格納（Eugene Wigner）曾經探討過「數學那不合理的有效性」。但是，一般來說我們可以毫無困難地區別數學概念與科學原理，後者最終仍須經由對世界的觀察而獲得證成。

如今在數學家與科學家之間偶爾仍會產生意見上的衝突，不過這一般都與數學嚴謹性的議題有關。自從十九世紀早期以來，純數學的研究者便將嚴謹性視為不可或缺的；定義與假設必須精確，而且演繹過程必須遵從絕對的確定性。而物理學家在這方面則較為投機取巧，僅要求足夠的精確度和確定性，以便他們有很大機會可以避免犯下嚴重的錯誤即可。在我自己討論量子場論（quantum theory of fields）專書的序文中，我坦白承認「這本書有些部分，是會讓傾向數學思考的讀者流淚的。」

對嚴謹性要求的差異，導致了溝通上的問題。數學家們曾告訴我，他們常覺得物理學的文獻含糊得令人惱火。而像我自己這樣需要先進數學工具的物理學家，則時常發現數學家們對嚴謹性的尋求，使得他們的寫作在某些方面上過於複雜，而這

些方面又鮮少具有物理價值。某些傾向數學式思考的物理學家們在過去一陣子以來投入了寶貴心力，嘗試將現代基本粒子物理學的形式主義—亦即量子場論—構建於一套在數學上相當嚴謹的基底之上，而且他們在這方面已經有了些許有趣的進展。然而，在過去半世紀以來基本粒子標準模型的發展上，沒有任何新突破是依賴更高度的數學嚴謹性而來的。

　　希臘數學在歐幾里得之後依然持續蓬勃發展。在第四章中我們將談到之後的希臘化時代數學家阿基米德與阿波羅尼奧斯（Apollonius）的傑出成就。

註：

1　馬蘭‧梅森（1588-1648）為法國神學家、哲學家、數學家及樂理家。他在音樂理論上的著作《宇宙和諧》（*L'Harmonie Universelle*）包含了描述緊繃琴弦之震盪頻率的梅森定律。梅森因此成就被譽為「聲學之父」。

2　在畢達哥拉斯學派的宇宙觀中，宇宙為一球形，中央為一團中心火，而包含地球、太陽、月球以及各行星在內的天體則以同心圓軌道繞著中心火運轉，地球每一日、月球每一月、太陽每一年分別繞中心火旋轉一周。各天體的旋轉在宇宙間產生一種調和且悅耳的音響，畢達哥拉斯學派稱之為「天曲」。本段下文中的諸天球，亦來自這種宇宙觀。

3　作者註：事實上，無論泰阿泰德證明了什麼，《幾何原本》並沒有真正證明它聲稱已證明了的定理，也就是只存在五種可能的凸正多面體。《幾何原本》的確明了對正多面體而言，只存在五種每一面之稜邊數以及相交於每個頂點之面數的組合（例如對正立方體來講，此組合為四與三），但它並未證明對於每一種組合而言，僅存在一種相對應的凸正多面體。

柏拉圖之後，希臘人對自然界的推理方式轉變了方向，朝向一種較不詩化、較重論辯的形式發展。這樣的改變在亞里斯多德的研究成果中尤為明顯。亞里斯多德既非雅典人也不屬於愛奧尼亞裔，他在西元前三八四年生於馬其頓（Macedon）的斯塔吉拉（Stagira）城。西元前三六七年，十七歲的他遷往雅典，就讀於柏拉圖創辦的學校，亦即柏拉圖學院。在西元前三四七年柏拉圖過世之後，亞里斯多德與繼承該學院的高層理念不合，於是他離開雅典，在愛琴海的勒斯博斯（Lesbos）島以及海岸城市阿索斯（Assos）住了一陣子。接著在西元前三四三年，亞里斯多德應馬其頓國王腓力二世（Philip II）之邀回到本國，負責教導其子亞歷山大，也就是後來的亞歷山大大帝（Alexander the Great）。

腓力二世的軍隊於西元前三三八年的喀羅尼亞（Chaeronea）之戰中大敗雅典與底比斯（Thebes）聯軍，其後馬其頓逐步征服了全希臘。西元前三三六年，腓力二世遇刺身亡之後，亞里斯多德便回到雅典，在當地創設了自己的學校呂克昂學園（the Lyceum）[1]，成為古代雅典的四大名校之一，另三所分別為柏拉圖學院、伊比鳩魯庭園（the Garden of Epicurus），以及斯多葛學派（號稱「斯多亞」〔Stoa〕）的彩色柱廊（the Colonnade of the Stoics）。亞里斯多德的學園延續了數世紀，可能直到西元前八六年，羅馬將領蘇拉（Sulla）麾下士兵大肆劫掠雅典城時才被迫關閉。另一方面，柏拉圖學院延續

得比呂克昂學園更久，前者以各種形式一直存續到西元五二九年，歷時之長勝過至今所有的歐洲大學。

亞里斯多德傳世的著作集主要是他當時授課的講義。這些著作探討的主題展現了驚人的多樣性：從天文學、動物學、夢境、形上學、邏輯學、倫理學、修辭學、政治學到美學，以及通常被譯為「物理學」的自然哲學。根據一位現代譯者的描述，亞里斯多德的希臘文寫作「精練、簡潔、突兀，他的論辯扼要，而他的思路縝密」，與柏拉圖的詩化風格十分不同。我必須坦承，我時常覺得亞里斯多德的話語太過枯燥，不若柏拉圖來得有趣；然而，雖然亞里斯多德常做出錯誤的結論，在某層面上他並不愚蠢，反倒柏拉圖偶爾顯得有點傻。

柏拉圖與亞里斯多德師生都是實在論者（realist），但兩人的實在論在概念上相當不同。柏拉圖是中世紀概念下的實在論者，他相信抽象觀念存在於現實中，尤其是事物理型（ideal form）的存在。具體地說，柏拉圖認為松樹的理型才是真實存在的事物，而每棵松樹僅不過是這個理型不完美的投射，並不是真實的存在。再者，柏拉圖指出，巴門尼德與齊諾所主張不會變動的，正是這些理型。另一方面，亞里斯多德則是現代概念下的實在論者，對他來說，雖然物體的範疇（categories）相當有趣，但真實存在的是個別物體，例如每棵松樹，而非柏拉圖所謂的完美理型。

亞里斯多德很謹慎地運用推論而非靈感來合理化他的結論。我們可以同意專門研究古典希臘科學的學者漢金森（R. J. Hankinson）所言，「我們不能忽視一項事實，那就是亞里斯多德是他那時代的人，而以當時而言，他是格外具洞察力、機敏且先進的。」但是，在亞里斯多德的思想中充斥著一些原則，

而後繼者必須先揚棄這些原則才得以在現代科學的發現歷程中往前邁進。

首先，亞里斯多德的研究成果瀰漫著目的論（teleology）的色彩：事物乃因其存在之目的而具有其樣貌。我們在《物理學》中可以讀到，「但是自然界即是終點或目的因[2]（that for the sake of which）。因為如果一物朝著某終點經歷一連串的變化，最後一個階段事實上就是目的因。」

強調目的論對亞里斯多德這樣的人來說很理所當然，因為他相當關注生物學。在阿索斯城及勒斯博斯島生活的時候，亞里斯多德曾研究過海洋生物學，而他的父親尼科馬庫斯（Nicomachus）曾在馬其頓王國的宮廷擔任御醫。比我更懂生物學的朋友告訴過我，亞里斯多德關於動物的著作非常值得推崇。對於任何研究動物心臟或胃等器官的人，像是撰寫《論動物之部分》（Parts of Animals）的亞里斯多德來說，目的論是很自然的想法，他會忍不住想探討這件器官究竟有什麼功用。

事實上，一直到十九世紀達爾文（Darwin）與華萊士（Wallace）提出天擇論後，博物學家才瞭解，雖然生物的器官具有各式各樣的功能，這些器官的演化過程背後並不存在所謂的目的。生物器官之所以具備其形貌與功能，是百萬年來無方向性的遺傳變異經過大自然選擇後的結果。當然了，在達爾文之前，物理學家早就已經學會在不探究其目的的情況下研究物質與作用力了。

其次，亞里斯多德早年對動物學的興趣，可能也引發了他對分類學（taxonomy），亦即如何將事物歸類到各範疇中的重視。今天我們仍然使用某些分類學，例如亞里斯多德對政府體制的分類：民主政治、貴族政治與僭主政治（獨裁專制）；但大

部分的分類學似乎毫無意義。我可以想像亞里斯多德會如何將水果分類：**所有的水果共有三類，有蘋果，有柳橙，以及既非蘋果也非柳橙的水果。**

亞里斯多德的一種分類做法貫串他的作品，而這種分類法成了科學進展的一大阻礙：他非常堅持要在天然與人為之間做出區隔。他在《物理學》卷二的開頭便說道，「所有存在之物中，某些天然存在，另一些則由其他因而來。」而只有天然存在之物對他而言才值得注意。或許正是這種天然與人為的區別，造成亞里斯多德和他的追隨者們缺乏進行實驗的興趣。畢竟，若真正有意思的是自然現象，那創造人為的情境還能有什麼好處？

亞里斯多德並未忽略對自然現象的觀察。從看到閃電後才聽見雷聲，或看到三列槳座帆船的槳擊打水面後才聽見拍打聲的這些延遲現象中，他得出了聲音是以有限速度行進的結論。另外，我們會在之後看到，他也充分利用觀察結果推論出了地球的形狀與彩虹的成因。但是這些全都只是對自然現象的隨興觀察，而非為了實驗目的去製造人為的情境。

天然與人為之間的區隔，在亞里斯多德對於科學史上一個具有指標重要性的問題─自由落體運動的思考中，扮演了關鍵角色。亞里斯多德主張，固體會往下掉落是因為土元素的天然位置是往下朝向宇宙中心，而火花向上飛竄則是因火元素的天然位置在宇宙。地球的形狀近似一圓球，其中心正位於宇宙的中心點，因為如此可以讓最大比例的土元素接近宇宙中心。同時，自由下落的物體速率正比於其重量。在《論天》（*On the Heavens*）裡，亞里斯多德說道，「一給定的重量在給定的時間裡移動給定的距離；另一較大的重量則會以較少時間移動相同

的距離，兩者所花的時間恰與其重量成反比。舉例來說，如果一重量為另一重量的兩倍，它只需一半的時間便可完成同樣的運動。」

我們不能指責亞里斯多德完全忽略了自由落體運動中存在著加速度的觀察。雖然他自己並不瞭解箇中緣由，環繞著自由落體四周的空氣或其他介質的阻力會產生效應，使得落體速率最終達到一個定值，亦即所謂的終端速度（terminal velocity），而終端速度的確會隨著落體的重量而增加（請見技術箚記六）。可能對亞里斯多德來說更重要的是，自由落體速率會隨其重量而增加此一觀察結果，與物體落下乃因其材質之天然位置為宇宙中心的想法相當契合。重量越重，所需材質便越多，因此移往天然位置的速率應該要越快。

對亞里斯多德而言，空氣或其他介質的存在是理解運動現象時不可或缺的。他認為若沒有任何阻力，物體會以無限大的速率移動，這種荒謬性導致他認為虛空不可能存在。亞里斯多德在《物理學》裡說道，「讓我們解釋一下，與某些人抱持的想法恰恰相反，世界上沒有單獨存在的虛空。」然而事實上，只有自由落體的終端速度與阻力成反比；當沒有任何阻力時，終端速度確實會是無限大，但在該情況下落體永遠不會達到終端速度。

在《物理學》同一章中，亞里斯多德提出了一個比較細膩的論證，說明在虛空中沒有任何東西可以做為運動的相對參考：「在虛空中物體必為靜止，因為沒有一處可讓物體往其移動比移向另一處更多或更少的距離。虛空之所以為虛空，正是因其中任何一處均無差別。」但這僅是個反對無盡虛空存在的論點；換言之，有限虛空之中的運動仍然可以用虛空之外的任何

一物當作相對參考。

　　由於亞里斯多德僅熟知阻力存在下的運動現象，他相信所有運動（motion）[3]必有原因。（亞里斯多德將原因分為四類：物質因、形式因、動力因與目的因，目的因即屬目的論的思維，它表示變化的目的。）造成運動的原因，本身也必定是其他原因所造成，如此可以一路回溯原因的原因的原因……，但是這樣的回推不可能永無止盡地繼續下去。我們在《物理學》中讀到，「由於所有運動中的物體必定是由某物所推動，讓我們考慮一個情況：一物體處於運動狀態中，而造成該物體運動的第二物體本身也在運動，第二物體的運動又是由也正在運動的第三物體所造成，如此漸次繼續下去；但這一系列不可能無限地推展下去，而一定存在著某原動者（first mover）。」此一原動者之說後來為基督宗教（Christianity）[4]與伊斯蘭教提供了上帝存在的論證基礎。但是之後我們會討論到，中世紀時，上帝無法創造虛空，此一結論又造成了伊斯蘭教與基督宗教中亞里斯多德追隨者的許多困擾。

　　物體並非永遠往其天然位置移動的事實，對亞里斯多德來說不構成問題。在他看來，被拿在手上的石頭不會落下，僅顯示了人對自然秩序的干涉。但是，有個現象對他造成嚴重的困擾：被往上拋的石頭會持續上升、遠離地面一陣子，即使石頭已離手。他對此的解釋，其實根本不算解釋，是石頭乃因空氣的推動所以會持續向上一段時間。在《論天》的第三卷裡，亞里斯多德解釋道，「外力將運動施加於物體時，是先將運動繫於空氣中。這就是為什麼一件受外力移動的物體會持續地運動，即使在施力於它的另一物體已停止與它接觸後亦然。」我們之後會讀到，上述說法在古代和中世紀時經常被拿來討論並

遭到駁斥。

　　亞里斯多德關於自由落體的寫作方式，在他的學術討論中，至少在物理學中是相當典型的──以先行假設的原理為基礎進行詳盡的推論，而假設的原理本身又以對自然界最隨興的觀察為基礎，其中缺乏任何測試這些假設原理是否正確的嘗試或努力。

　　我不是要說亞里斯多德的追隨者與後繼者們將他的哲學視為科學外的另種選擇。在古代或中世紀世界，並不存在科學有別於哲學的概念。對自然界進行思考**就是**哲學。晚近至十九世紀，當德國的大學為藝術與科學學門的學者設立博士學位，以便給予這些學者們相當於神學、法學與醫學博士的學術地位時，校方發明了「哲學博士（doctor of philosophy, Ph.D.）」這個頭銜。雖然先前哲學曾被拿來與其他思考自然界的方式做比較，比較的對象卻非科學，而是數學。

　　哲學史上沒有其他學者像亞里斯多德影響如此深遠。我們會在第九章中討論到，某些阿拉伯哲學家極度推崇亞里斯多德，其中伊本·魯世德（Averroes）更是有如奴僕般地崇敬他。第十章則講述在西元一二〇〇年代，當托馬斯·阿奎那（Thomas Aquinas）修改亞里斯多德思想並將之與基督宗教教義整合後，亞里斯多德如何在信仰基督的歐洲地區變得深具影響力。在中世紀中期（high Middle Ages，約為十一至十三世紀），亞里斯多德被直接稱為「哲學家」，而伊本·魯世德則被稱為「評論者」。在阿奎那之後，研究亞里斯多德成為大學教育的重心；在十四世紀英國作家傑弗里·喬叟（Geoffrey Chaucer）名作《坎特伯里故事集》（*Canterbury Tales*）的序篇中，我們讀到一位來自牛津的學者：

還有一位牛津的預備修士……
因為他寧可床頭堆放
二十本黑色或紅色封面的書，
寫著亞里斯多德，與他的哲學，
也不要華美長袍或琴瑟。

　　當然，現在的情況不同於中世紀了。在發明科學的歷程中，將科學從現代所謂的哲學中抽離出來是至關緊要的。如今在**科學哲學**領域具有蓬勃且有趣的發展，但是這些發展對科學研究的影響相當小。

　　第十章中所描述的始於十四世紀、未臻成熟的中世紀科學革命，主要是針對亞里斯多德主義的一種反叛。近年來，亞里斯多德的信徒們也發動了某種反革命。極具影響力的科學史學家托馬斯・孔恩[5]（Thomas Kuhn）曾描述他是如何從蔑視亞里斯多德轉為敬佩他的：

　　特別是關於運動，不論在邏輯上還是觀察上，對我來說他的著作似乎充斥著極其拙劣的謬誤。我總覺得他不可能做出這些結論。再怎麼說，亞里斯多德可是備受推崇的古代邏輯學編纂者。在亞里斯多德過世後的近兩千年間，他的著作在邏輯學裡扮演的角色之關鍵性，正如同歐幾里得著作在幾何學裡的重要性。……怎麼可能亞里斯多德獨特的才華會在他轉而研究運動與力學時，如此全面性地背棄他？同樣的，為什麼在他過世之後的那麼多世紀期間，他在物理學方面的著作會一直被如此嚴肅地看待？……剎那間，我腦中的諸多思緒斷片以新的方

式自動重組，各自歸回正當位置。我驚訝得下巴快掉下來，因為突然之間我感到亞里斯多德似乎的確是個非常優秀的物理學家，然而是那種我從未夢想過的可能存在的物理學家。……我忽然找到讀亞里斯多德文本的正確方法了。

我是在和孔恩同時接受義大利帕多瓦大學（Uninersity of Padua）的榮譽學位時，聽到孔恩如此評論的，之後我請他詳加解釋他的意思。孔恩回答，「在我自己第一次閱讀〔亞里斯多德的物理學著作〕之後，改變的是我對亞里斯多德成就的理解，而非對其成就的評價。」我當時不懂的是，「的確是個非常優秀的物理學家」對我來說似乎比較像是一種評價。

我們回過頭來談談亞里斯多德對於實驗的興致缺缺。科學史學家大衛・林德伯格（David Lindberg）曾對此評論道，「因此，我們不應將亞里斯多德的科學實作方式解讀為他愚笨或能力不足──未能察覺明顯的程序上的改進方法──的結果，而是將他的實作視為一種與他感知的世界相容，並且適用於他感興趣之問題的方法。」而對於應當如何評斷亞里斯多德之功這個較大的議題，林德柏格補充道，「以亞里斯多德研究中具備多少現代科學的雛形來評斷他的成就，是不公平且無意義的，彷彿他的目標不在於回答他自己的問題，而是回答我們的問題似的。」接著，林德伯格在同一著作的第二版又說，「對於一套哲學思想或科學理論，適當的評量方式並非其為現代思想預作準備的程度，而是這套理論在處理當時的哲學或科學問題上成功的程度。」

我不能接受這種說法。在科學裡（我把關於哲學的討論留給其他人）重要的並非某人所處時期某些流行科學問題的解

答，而是對於世界的理解。在嘗試理解世界的過程當中，我們要找出什麼樣的解釋是可能的，而哪些種類的問題又能衍生出那些解釋。科學進步的關鍵始終都主要在於發現「我們究竟該問哪些問題」。

當然，我們必須試圖理解各種科學發現的歷史脈絡。除此之外，一位歷史學家的工作與他或她想要達成的目標有關。如果歷史學家的目的僅是重現過去，瞭解「當時到底是如何」，那麼用現代標準去評斷過去科學家的成就也許沒什麼助益。然而，如果我們想要理解科學從過去到現在究竟如何進步，這種以今斷古的討論方式就是不可或缺的。

科學進步與否的判準是客觀的，而非僅是各時期流行思想的演化。我們可能去質疑牛頓對運動的理解比亞里斯多德來得正確，或是我們對運動的理解比牛頓來得深刻這些事實嗎？去質問哪些運動是天然造成的，或這項那項物理現象之目的是如何，永遠無法帶來科學上的實際成效。

我同意林德伯格所言，若做出亞里斯多德很笨的結論會很不公平。我在這裡用現代標準去評斷過往的目的，是想讓讀者理解，學習如何去研究自然界是多麼困難的一件事，即使對亞里斯多德這樣聰明絕頂的人來說亦然。現代科學的操作模式，對於從沒看過別人這麼做的人來說，絕不會是明顯易知的。

西元前三二三年亞歷山大大帝病逝後，亞里斯多德在政治迫害下離開了雅典，而他自己則在不久後的西元前三二二年過世。根據澳洲新南威爾斯大學教授麥可・馬修（Michael R. Matthews）所言，亞里斯多德的離世是「人類史上智識成就最輝煌時期之一已屆黃昏的象徵」。這個時點確實是希臘古典時代的終點，然而我們接下來將看到，這個時點也標記了另一個

在科學上更加璀璨的年代的黎明，亦即希臘化時代的開始。

註：

1　Lyceum原為古雅典城一處林園中的會所與體育館之名，因亞里斯多德在該處創辦學校，此詞後來在英語中即表示「學園」。此處仍採原名之希臘語音譯。

2　亞里斯多德提出了「四因」說來解釋事物的存在與變化。以一把椅子的製造為例，「物質因」（Material Cause）是木材、鐵釘等原料，「形式因」（Formal Cause）是工匠製造椅子時心中所想的設計，「動力因」（Efficient Cause）是工匠，而「目的因」（Final Cause）則指事物所以存在或改變的原因，此例中完成的椅子即為工匠的目的因。

3　作者註：希臘語中的kineson一詞，英語中通常譯為「motion（運動、運行）」，事實上此希臘詞具有更一般化的意義，指涉任何狀態上的變動。因此亞里斯多德對於原因的分類不只適用於物體位置上的變動，也適用於物體形狀、溫度等任何其他的變動。另一方面，希臘詞fora專指位置上的變動，英語中通常譯為「locomotion（運動、移動）」。

4　Christianity一詞泛指所有信奉耶穌基督為救主的宗教教派，包括天主教（Catholicism）、東正教（Eastern Orthodoxy）、基督新教（Protestantism）與其他教派，而華人一般指稱的基督教為西元一五一七年馬丁路德倡議宗教改革後才出現的基督新教。換言之，華人熟悉的基督教在十六世紀以前是不存在的。為避免混淆，下文中一律將Christianity譯為基督宗教。

5　湯瑪斯・孔恩（1922-1996）為當代美國物理學家、歷史學家及科學哲學家。他最有名的著作為《科學革命的結構》（*The Structure of Scientific Revolutions*），他在其中所提出的典範（paradigm）論與典範轉移（paradigm shift）之說，為現代科學哲學研究建立了一套新的而且相當具爭議性的討論基礎。

第四章 | 希臘化時代物理學與科技

　　亞歷山大大帝去世後，他的帝國分裂為數個繼承者王國（successor state），其中在科學史上最重要的是埃及。在接下來的近三百年間，埃及王朝接連由多名希臘君主所統治，始於曾為亞歷山大大帝部將的托勒密一世（Ptolemy I），終於托勒密十五世，亦即埃及豔后克麗歐佩特拉七世（Cleopatra VII）與（或許）凱薩（Julius Caesar）之子。在西元前三一年，安東尼（Antony）和克麗歐佩特拉七世兵敗亞克興角（Actium）之後，托勒密十五世旋遭謀害，而埃及自此被併入羅馬帝國成為一省。托勒密王朝的覆滅，也代表所有繼承者王國的結束。

　　這段從亞歷山大大帝到亞克興角戰役之間的年代，一般稱為希臘化時代（Hellenistic period）；此專有名詞（德語原文為 *Hellenismus*）是由德國歷史學家約翰・古斯塔夫・朵伊森（Johann Gustav Droysen）在西元一八三〇年代所敲定。我不知道朵伊森是否故意，但在我聽來這個專有名詞中的英語後綴「istic」帶著某種貶意。正如同「archaistic（擬古風）」一詞被用來描述對「archaic（古風）」的模仿，此一英語後綴似乎意指希臘化文化不完全是希臘式的（Hellenic），而僅是對西元前第五及第四世紀希臘古典時代成就的一種臨摹。古典時代的文化成就確實相當卓越，尤其在幾何學、戲劇、史料編纂、建築與雕刻等領域，也許還包括某些古典時代作品未能流傳下來的藝術領域，例如音樂與繪畫。然而在希臘化時代，科學的研究成果被提升到前所未有的高度，不但讓古典時代的科學成就相形失

色，而且直到十六、十七世紀科學革命時才被超越。

　　希臘化科學的樞紐核心位於亞歷山卓（Alexandria），這座建於尼羅河出海口的城市為托勒密王朝的首都所在，當初由亞歷山大大帝所擘劃。希臘化時代的亞歷山卓成為希臘世界的最大城市，而在之後的羅馬帝國裡，亞歷山卓的規模與財富僅位列羅馬之後。

　　西元前二九〇年左右，托勒密一世創建了亞歷山卓博物館，做為他皇宮的一部分。博物館的初始目的是供作文學研究及文獻考據的中心，象徵著獻給九位繆斯女神（Muse）的機構[1]。然而在西元前二八五年托勒密二世登基之後，博物館也成為科學研究的中心；文學研究仍在亞歷山卓博物館與圖書館中持續進行，然而在那時的博物館裡，八位主掌詩歌藝術的繆斯女神光芒，全被她們唯一司掌科學的姊妹—天文學繆斯，烏拉尼亞（Urania）—所掩蓋。亞歷山卓博物館和希臘科學比托勒密王朝延續了更久，而且如同我們將在後面看到的，某些古代科學中最傑出的成就是在羅馬帝國的希臘地區所達成，其中又主要發生於亞歷山卓。

　　希臘化時代埃及與希臘本土之間的智識活動關係，某種程度上就像是二十世紀時美國與歐洲間的連繫。埃及的富饒與至少前三位托勒密君主的大方補助，吸引了雅典出名的學者前往亞歷山卓從事學術研究，如同一九三〇年代以降，歐洲學者成群前往美國工作的情景。前往希臘化埃及王國的學術移民潮約始於西元前三〇〇年，呂克昂學園的前成員法勒隆的德米特里（Demetrius of Phaleron, Demetrius Phalereus）從雅典帶著自己的藏書前去亞歷山卓，成為亞歷山卓博物館的首任館長。約莫同時，另一位呂克昂學園成員蘭瑟克的斯特拉托（Strato of

Lampsacus）被托勒密一世召往亞歷山卓，擔任其子托勒密二世的宮廷教師。致力於自然科學研究的斯特拉托，可能也在托勒密二世即位後將亞歷山卓博物館研究重心轉向科學的決策中，扮演了重要角色。

在希臘化時代與羅馬帝國時期，從雅典跨越地中海到亞歷山卓的航行時間，相當於二十世紀時一艘蒸汽船從利物浦航行至紐約所需的時間，而且當時埃及與希臘之間的船隻與人員往來相當頻繁。舉例來說，斯特拉托並未終身留在埃及，他後來回到雅典，成為呂克昂學園的第三任校長。

斯特拉托是位敏銳的觀察者。他見一串水滴從屋簷下墜，觀察出水滴在下降過程相隔越來越遠，於是一道連續的水流，便化為一顆顆分開的水珠，由此他得出了自由落體會向下加速的結論。這背後的原理是，掉落距離最遠的水滴落下的時間也最長，而因為水滴會向下加速，最下方水滴的速率會比隨後落下、落下時間較短的水滴來得快。（請見技術簡記七。）斯特拉托也注意到當物體由離地很近之處掉落時，對地面的撞擊甚小可以忽略，但若同一物體由很高的地方落下，就會對地面造成強烈的撞擊，這顯示落體的速率確實會在下降過程中提高。

希臘自然哲學的研究重鎮，如亞歷山卓、米利都與雅典，同時也都是希臘世界的貿易中心，這可能不單純是種巧合。活絡的市場能聚集來自不同文化背景的人，也紓解了農業社會的單調氛圍。亞歷山卓的貿易範圍十分遼闊，自印度出發前往地中海世界的海運貨物會先向西橫渡阿拉伯海，沿紅海北上，接著經由陸路到尼羅河，最後順尼羅河北上抵達亞歷山卓。

然而亞歷山卓和雅典在智識活動的風氣上相當不同。差異之一在於，亞歷山卓博物館的學者大多並未費心力去探尋先前

從泰勒斯到亞里斯多德等希臘哲人所全心關注、能包容萬有的理論。如同德國科學史學家佛羅里斯‧柯恩（Floris Cohen）所說，「雅典思想無所不包，而亞歷山卓思想只是零散碎片。」亞歷山卓的學者們集中心力在理解某些特定的現象，致力於這些他們有能力獲得實質進展的方向。他們研究的主題包括了光學、流體靜力學（hydrostatics），以及進步最顯著的天文學，亦即本書第二部的主題。

　　希臘化時代學者退而不再努力建構能解釋所有事物的普適性理論這點，並不代表他們的失敗。重大科學進步的關鍵特徵，每每在於瞭解哪些問題的研究時機已經成熟，而哪些問題又尚未到該去鑽研的時候。舉個實例，十九世紀末二十世紀初的頂尖物理學家，包括亨德利克‧勞侖茲（Hendrik Lorentz）與馬克斯‧亞伯拉罕（Max Abraham），紛紛投身研究當時剛被發現的電子之結構；事後證明那是條死胡同，在二十多年後量子力學成形之前，沒有人能在對電子本質的理解上達成任何進展。相較之下，阿爾伯特‧愛因斯坦（Albert Einstein）不去考慮電子的本質，而去思考對任何事物（包括電子在內）的觀察結果會如何隨著觀察者本身的運動而變，這才讓狹義相對論（special theory of relativity）的發展成為可能。接著，愛因斯坦自己在後半生致力研究統合自然界各種交互作用力的理論，但因為當時沒有人對這些交互作用力有足夠的認識，愛因斯坦在這方面始終沒有進展。

　　另一項希臘化時代科學家與他們古典時代先行者之間的重要差異是，希臘化時代學者較少受困於強調區隔不同性質知識的傲慢思維，亦即在純為滿足求知慾的知識以及實用的知識——希臘語中的 *episteme*（知識）以及 *techne*（技藝），或拉丁語中的

scientia 以及 *ars*—之間做出區別的想法。綜觀歷史，許多哲學家看待發明家的心態，與莎翁名劇《仲夏夜之夢》（*A Midsummer Night's Dream*）中，宮廷大臣菲勞斯特萊特（Philostrate）對於木工昆斯（Peter Quince）與其他身為工匠的業餘演員們的描述相去不遠：「手上長滿硬繭的傢伙，現下在雅典工作，卻從未動過他們的腦袋。」身為研究主題屬於基本粒子和宇宙學這些不具直接實用價值領域的物理學家，我自然不反對為求知而求知，但是為滿足人類需求而進行的科學研究有種絕佳方式可以迫使科學家停止天馬行空的吟詠，轉而面對現實層面的問題。

當然，自從早期的人類學會用火煮食以及敲擊石頭製作簡單工具後，人類一直對科技的進步抱持著興趣。然而古典時代知識分子身上一貫的傲慢思維，使得如柏拉圖與亞里斯多德之類的哲學家從未曾將他們的理論導向科技應用。

雖然這樣的偏見在希臘化時代仍然存在，其影響力卻降低了不少。事實上，當時人們能夠以發明家的身分出名，即使出身平凡的人亦然。亞歷山卓的克特西比烏斯（Ctesibius of Alexandria）就是個好例子，身為理髮師之子的他在西元前二五○年左右發明了吸壓泵（suction and force pump）以及改良式水鐘；他讓水鐘水源槽的水面維持一定高度以穩定水流量，因此計時的準確度優於之前的水鐘。克特西比烏斯的名聲遠播，兩世紀後的羅馬人維特魯威（Vitruvius）在著作《建築十書》（*On Architecture*）中仍不忘提到克特西比烏斯。

很重要的一點是，希臘化時代投入開發某些科技的學者同時亦關注系統性的科學探索，而這些科學探索本身有時也被用來輔助科技發明。舉例來說，約在西元前二五○年居於亞歷山卓的學者，拜占庭的費羅（Philo of Byzantium）本身是位軍事

工程師，他寫的《機械原理手冊》（*Mechanice syntaxism*）書中內容包含了港口修築、防禦工事、圍城戰術以及投石機（部分以克特西比烏斯的發明為基礎）等內容。然而在《氣體力學》（*Pneumatics*）當中，費羅亦提出了實驗論證，以支持阿那克西美尼、亞里斯多德與斯特拉托等人認為空氣是實體的見解。比方說，若將一空瓶開口朝下浸入水中，則水無法流入瓶中，因此時占滿瓶內的空氣無處可去；但如果在瓶身上鑽開一孔讓空氣得以洩出，那麼水即可流入並注滿空瓶。

有項具實用重要性的科學主題是希臘科學家一再探討，甚至延續到羅馬時代的，亦即光的行進。這方面的關注可溯源至希臘化時代開端時期歐幾里得的研究。

關於歐幾里得的生平後人所知甚少，一般認為他生活於托勒密一世統治時期，同時可能創始了亞歷山卓博物館中的數學研究。他最有名的著作為《幾何原本》，這部著作從數個幾何定義、公理與假定開始，然後漸次導出複雜度逐步提增之定理的嚴謹證明。但另一方面，歐幾里得亦著有探討透視圖法的《光學》（*Optics*），也有人認為他和研究鏡子反射成像的《反射光學》（*Catoptrics*）有關聯，雖然現代歷史學家並不認為歐幾里得是其作者。

若我們仔細想想，反射現象中有件事很值得玩味：當我們從平面鏡中觀察一件小型物體的反射時，我們只會在一個特定點而非整面鏡子上所有地方看到影像。但事實上，我們可以從物體劃一條假想線到鏡面上的任意一點，然後再從該點劃一條線到眼睛，如此得到許多可能的光線行進路徑[2]。顯然在這些路徑中，唯有一條是光真正遵循的路徑，因此反射影像才會僅只出現在那條路徑與鏡面的交接點。那麼，究竟鏡面上該成

像點的位置是如何決定的？《反射光學》中提供了回答這個問題的基本原理：一道光線射抵鏡子時，光線與鏡面所形成的夾角，等於反射的光線與鏡面所形成的夾角；只有一條路徑能滿足此條件。

　　我們不清楚究竟是哪位希臘化時代的學者發現前述原理的。我們知道的是在西元六〇年左右，亞歷山卓的希羅（Hero of Alexandria）在他本人的《反射光學》著述中提出了入射角等於反射角原理的數學證明，而且他的證明是以一個假設為基礎：一道光線從物體到鏡面再從鏡面到觀察者眼睛的行進會採距離最短的路徑。（請見技術箚記八。）在論證這個假設的正確性時，希羅僅滿足於說道，「我們都同意大自然不做徒勞的事，也不會無必要地發揮它的力量。」或許希羅受了亞里斯多德目的論的影響，認為所有事物的發生必有其目的。然而希羅的假設是正確的；我們在第十四章中會討論到，十七世紀時，物理學家惠更斯（Huygens）由光的波動性演繹出了最短路徑（事實上是最短時間）的原理。在探索光學基本原理時，希羅亦利用光學知識發明了實用測量工具經緯儀（theodolite），除此之外，他也解釋了虹吸管的原理，並設計了軍用投石機與原始的蒸汽引擎。

　　約莫西元一五〇年在亞歷山卓，傑出的天文學家克勞狄烏斯‧托勒密（Claudius Ptolemy，與托勒密王朝君主無親戚關係）繼續將光學研究往前推進。托勒密的著作《光學》以拉丁語的翻譯版本留存了下來，此版本譯自已佚失的阿拉伯文版本，後者又譯自已佚失的希臘文原本（或敘利亞文的中間版本）。在《光學》裡，托勒密描述了證實歐幾里得與希羅所提入射角等於反射角原理的量測方式與結果。另外，托勒密也將這個原理

應用在曲面鏡，類似我們今天在遊樂園裡看到的哈哈鏡上。他正確地認識到曲面鏡的反射成像如同將一面平面鏡沿切線方向置於曲面鏡的反射點上，其餘的原理一概相同。

托勒密在《光學》的最後一卷也探討了光的折射，亦即光線從一透明介質（例如空氣）進入另一透明介質（例如水）時產生偏折的現象。他將一邊緣刻有角度標記的圓盤懸掛於水槽內，使圓盤的一半浸入水中；接著，將長條狀物體順著裝在圓盤上的一根管子插入水中並觀察物體，如此一來即可量測入射光和折射光分別與水面法線（垂直於水面的假想線）所成的夾角，而量測的精度可達小於一度至數度間的範圍。我們在第十三章會討論到，入射角和折射角間關係的正確定律是在十七世紀時由費馬（Fermat）得出，他將希羅用在反射現象上的原理做了個簡單的延伸：在折射現象中，光線從物體行進至觀察者眼睛的路徑並非距離最短的路徑，而是所需時間最少的路徑。當探討反射現象時，最短距離與最少時間的區別無關緊要，因為入射光與反射光均在同一介質中行進，兩道光線速度相同，而距離單純與時間成正比；但是在折射現象裡，最短距離與最少時間的區別便很重要，因光線從一介質進入另一介質時，速度會出現變化。托勒密並不瞭解上述要點，事實上，正確的折射定律——一般所知的司乃耳定律（Snell's law，或就是法國人所稱的笛卡兒定律〔Descartes' law〕），直到西元一六〇〇年代初期才經由實驗被發現。

至於希臘化時代（或許所有時代）中最偉大的科學家兼科技工程師，則非阿基米德（Archimedes）莫屬。阿基米德在西元前二〇〇年代生活於西西里島的希臘城市敘拉古，而歷史學家相信他曾造訪亞歷山卓至少一次。一般認為他發明了各式滑

輪與螺旋機，以及各種軍事武器，例如基於對槓桿原理的認識所製造的「鐵爪」，可用來鉤住並掀翻錠錨停泊在近岸海域的敵船。另一項阿基米德所發明，而被應用在農業上達數世紀之久的工具是大型螺旋式抽水機，它可將水自位於較低處的溪流引至高處灌溉農地。關於阿基米德在防衛敘拉古時，利用曲面鏡聚集陽光使羅馬軍艦起火燃燒的故事，幾乎可以確定純屬傳說，但這個故事反映了他在科技才能上的卓著聲譽。

在《論物體之平衡》（*On the Equilibrium of Bodies*）中，阿基米德解釋了決定槓桿平衡的法則[3]：考慮一根撐於支點上、兩端分具重物的桿子，當從支點到兩端的距離與兩端的重量成反比時，桿子會保持平衡狀態。舉個具體的例子，若桿子一端的物體重五磅，而另一端的物體重一磅，則當支點到一磅重物體距離為支點到五磅重物體距離的五倍時，桿子會達成平衡。

阿基米德的著作《論浮體》（*On Floating Bodies*）包含了他在物理學上最卓越的成就。阿基米德推論，若流體中的某部分因受其上方的流體或浮著的物體或浸入流體中的物體之重量下壓，導致此部分受到的下壓力比流體中的其他部分受力來得強，則流體會自動產生流動，直到流體的所有部分都受到同樣的重量下壓為止。以阿基米德自己的話來說，

假設流體的特性是，當所有部分均勻且連續分布時，受推力較少的部分會被受推力較大的部分推動；而若流體中有任何物體沉入且受其他任何物體壓縮，流體的每一部份均會被位於其垂直上方的流體所推動。

從以上的推論阿基米德演繹出，一浮體會沉到使得它所排開的

水重等於浮體自身重量的深度（此即船的重量被稱為其「排水量」的原因）。同時，當一過重浮不起來的實心物體被線繫於平衡槓桿的一端，然後被完全浸入流體中且不接觸容器底部時，「物體會較其實際重量為輕，減少的重量等於它所排開的流體重量」。（請見技術箚記九。）於是，物體的實際重量與當它懸吊浸入水中時所減少的重量之比率，決定了此物體的「比重（specific gravity）」，實際上就是物體重量與同體積之水重的比率。每種材料都有其特定的比重，如金的比重是一九·三二，鉛的比重為一一·三四……等等。這個從流體靜力學的系統性理論研究中演繹而來的方法，讓阿基米德能夠辨別一頂皇冠究竟是由純金抑或是金與其他較廉價金屬的合金打造而成。我們不清楚阿基米德是否曾實際運用過這方法，但此法後來被用來判斷物體的組成成分長達數世紀之久。

阿基米德在數學上的成就更是令人嘆服。藉著一項初具積分（integral calculus）雛形的技術，他有辦法計算各種平面圖形與實心立體的面積與體積，例如圓形的面積等於其圓周長的一半乘以其半徑長。（請見技術箚記十。）阿基米德也利用純幾何的方法，證明了我們所謂的圓周率（π，阿基米德並未使用此名詞），亦即一圓形圓周長與直徑長的比率，是介於三又七分之一與三又七十一分之十間。羅馬時代作家西塞羅說他曾在阿基米德的墓碑上看到過一圓柱包含並外切一圓球的圖形，圓球表面剛好與圓柱的側邊和兩個底面接觸，如同一顆恰好可以塞入一個錫筒的網球；顯然阿基米德最自豪的是他證明了在此情況下，圓球體積恰為圓柱體積的三分之二。

關於阿基米德的離世，羅馬時代歷史學家李維（Livy）提出了一則軼事。阿基米德過世於西元前二一二年，正當第二次

布匿戰爭（the Second Punic War）期間，羅馬將領馬庫斯・馬塞盧斯（Marcus Claudius Marcellus）麾下士兵圍困並攻破敘拉古，正在城中大肆劫掠之時（在此之前敘拉古的政權已落入親迦太基的官員手中）。當羅馬士兵蜂擁進入敘拉古時，正在解一個幾何問題的阿基米德被一名士兵發現，隨後便遭該士兵殺害[4]。

除了無可匹敵的阿基米德之外，希臘化時代最傑出的數學家是較阿基米德年輕一些的阿波羅尼奧斯（Apollonius）。阿波羅尼奧斯於西元前二六二年左右出生在位於小亞細亞東南部海岸的柏加（Perga），這座城市當時為新興王國柏加曼（Pergamon）所控制；他曾於托勒密三世與四世在位期間造訪亞歷山卓，而這兩位托勒密王朝君主於西元前二四七年至前二〇三年間統治埃及。阿波羅尼奧斯的數學成就在於研究圓錐截線（conic sections）：橢圓（ellipse）、拋物線（parabola）與雙曲線（hyperbola）；這些曲線可藉由將一平面以不同角度切過一圓錐而形成。多年之後，圓錐截線的理論在克卜勒（Kepler）與牛頓的研究中扮演了關鍵角色，然而在古代這項理論並未被應用在物理學的研究上。

雖然希臘數學的研究成果輝煌，卻由於強調幾何學的發展，它缺少了現代自然科學倚賴甚深的數學技術：古代希臘人從未學會書寫及處理代數公式。如今，像 $E = mc^2$ 或 $F = ma$ 之類的公式在現代物理學中占有核心地位。（西元二五〇年左右活躍於亞歷山卓的數學家丟番圖〔Diophantus〕在純數學的研究中使用了公式，但其方程式中的變數符號僅限於表達整數或有理數，與物理學公式中的變數符號相當不同。）即使在幾何學扮演重要角色的情況裡，現代物理學家也傾向運用我們將在

第十三章中描述、笛卡兒與其他學者在十七世紀所發明的解析幾何（analytic geometry）技術，將幾何性質以代數公式表達，從而用代數方式來推導需要的結果。或許由於希臘數學實至名歸的崇高地位，以幾何學為主的表達形式一直持續到了十七世紀科學革命開始之後好一陣子。當伽利略（Galileo）在其西元一六二三年的著作《試金者》（*The Assayer*）中要讚揚數學時，他提到了幾何學[5]：「哲學就寫進了這本包羅萬象、時時攤展在我們眼前的書裡面，那本書就是宇宙；然而我們必須先學會書寫哲學所用的語言與字元，否則我們無從瞭解哲學。哲學是以數學語言書寫，而它的字元為三角形、圓形及其他幾何圖形；若缺乏對這些語言的認識，以人類的智慧根本無法理解任何哲學，而我們只能徘徊在黑暗的迷宮中。」伽利略強調幾何重於代數的態度在當時是有點落伍的，他自己的著作運用了一些代數，但比起某些同時期學者的著作來說較傾向以幾何形式表達，而伽利略著作幾何化的程度更是遠遠超過當今的物理學期刊論文。

在現代，單純以求知為目的而探尋、不考慮其實際應用的純科學，已經在學術研究裡占有一席之地。然而在古代世界，在科學家認識到驗證其理論正確與否的必要性之前，科學的技術應用具有獨特的重要性；若人們要實際運用而非僅是討論一項科學理論，確保理論正確便極具價值。舉例來說，如果阿基米德藉著量測比重的方式，誤將一頂外鑲金箔的鉛製皇冠辨認為純金打造，他在敘拉古便不免聲望掃地。

我不想誇大希臘化或羅馬時代以科學為基礎的科技發明的重要程度。許多克特西比烏斯與希羅發明的設備似乎僅屬玩具或劇場道具。歷史學家推測，如古代構建於奴隸制度上的經濟

體系並不需要節省人力的設備，例如從希羅的玩具蒸汽引擎發展出的裝置。另一方面，軍事與土木工程在古代確實重要，而且亞歷山卓的君主們會支持補助投石機和其他武器的研究，也許在博物館中推行類似的學術活動，然而這方面的研究工作似乎並未從當時的科學中獲得多少助益。

希臘科學中一門具有重要實用價值的學科，恰好也是發展程度最高的領域，那就是我們將在本書第二部中討論的天文學。

前面所提科學的實際應用為確保科學正確性，提供了強大誘因的說法有個明顯的例外，亦即醫學的實行。遲至近代，最受推崇的醫師們仍堅持採用某些從未經實驗確認過其價值，而且實際上對人體弊多於利的治療方式，例如放血療法。相對的，當十九世紀有人提出相當有效且確實具有科學基礎的新技術——消毒防腐（antisepsis）時，大多數醫師一開始是強烈抗拒這項技術的。直到二十世紀中期，才開始制訂出藥物必須通過臨床試驗方能獲准使用的規定。醫師的確從早期就開始懂得診斷各種疾病，而且知道針對某些疾病的有效療方，例如使用內含奎寧（quinine）成分的金雞納樹皮（Peruvian bark）來治療瘧疾。他們也瞭解如何製作止痛劑、麻醉劑、催吐劑、瀉藥、催眠劑與毒劑。但是一般也常提到，在二十世紀初期之前，對普通病患來說，避免就醫反而是較好的選擇。

早期醫療並非沒有理論基礎。古代醫學裡有體液學說（humorism），即關於四種體液對人體身心健康影響的理論，這四種體液為血液、黏液（phlegm）、黑膽汁（black bile）與黃膽汁（yellow bile），分別會使人樂觀、鎮定、憂鬱及躁怒。體液學說最早在希臘古典時代出現，導入的人是醫學之父希波克

拉底（Hippocrates），或著作被歸於希波克拉底名下的他的同僚。如同十六世紀末十七世紀初英國詩人鄧約翰（John Donne）在〈良辰〉（The Good Morrow）裡的簡短陳述，體液學說認為「所有死亡源於調和不均」。羅馬時代，著名醫學家柏加曼的蓋倫（Galen of Pergamon）採納了體液學說，而他的醫學著作後來在阿拉伯世界以及約西元一〇〇〇年後的歐洲具有無比的影響力。我未曾聽聞在那些體液學說被廣泛接受的年代裡，有過任何以實驗測試該學說有效性的嘗試。

除了體液學說外，現代之前的歐洲醫師還必須瞭解另一項被認為具有實用醫療價值的理論：占星學（astrology）。諷刺的是，內科醫師有機會在大學裡學習這些理論，讓學院出身的醫師擁有比外科醫師高上許多的聲望；即使外科醫師懂得某些真正有用的醫療工作，比方說接上斷骨，但在現代之前，外科醫師通常不是大學教育所訓練出來的。

那麼，究竟為什麼醫學的學說與實踐能在缺乏實驗科學更正的情況下延續了這麼久？誠然，生物學的進步比天文學的發展難上許多。如同我們到第八章就會看到的，太陽、月球與行星的視運動是如此規律，以致人們不難察覺先前理論並不十分有效；幾個世紀過後，這些對理論有效性的質疑，終究會促成更完備理論的出現。然而，若病患在久經訓練的醫師全力照護下仍然死亡，誰有辦法斷定原因為何？或許病患拖了太久才就醫，也或許是病患沒有謹慎地遵從醫師的囑咐所致。

至少體液學說與占星學還有一絲科學化的色彩。不然還有什麼替代方案？難道要回歸過去以牲禮祭祀古羅馬神話裡醫神埃斯庫拉庇烏斯（Aesculapius）的傳統嗎？

另一項可能因素是，從疾病中痊癒對病患來說極為重要，

這讓醫師具有對病患的權威性，醫師必須維持這樣的權威以便於施行療方。掌握權威的人會抗拒任何有可能減損他們權威的研究，而這種情形並非僅發生於醫學。

註：

1　在希臘神話中，繆斯是主司學思藝術的一群守護女神；在不同版本的神話當中，繆斯女神的人數不一。敘事詩人赫西俄德在《神譜》中提出了經典的九位繆斯女神之名，以及她們各自司掌的藝術領域。亞歷山卓博物館的希臘語原名Musaeum即指「繆斯的學院」，而另一表示博物館的希臘詞Mouseion本意為繆斯神廟。

2　作者註：在古代，一般認為當我們看物體時，光線是從我們的眼睛行進到物體，彷彿視覺是觸覺的一種，而我們需要將感覺往外延伸到所看的物體。在以下的討論中，我會直接使用現代對視覺的理解，亦即在視覺成像中光線是從物體行進到眼睛的。幸好，在分析反射與折射現象時，光的行進方向不會造成影響。

3　事實上，阿基米德並非發現槓桿原理的第一人；歷史學家指出亞里斯多德學派的門人即曾提到槓桿原理，也有一說認為發現槓桿原理的是第二章所提過的畢氏學派數學家阿爾庫塔斯。但是，阿基米德是首位在著作中系統性地完整描述槓桿原理的學者。

4　布匿戰爭是羅馬共和國與位於當今北非突尼西亞的古迦太基（Carthage）共和國之間，為爭奪地中海沿岸控制權而發生的一系列戰爭，時間介於西元前三世紀與前二世紀之間；地理位置處於兩國之間的敘拉古往往受到波及。第二次布匿戰爭期間，敘拉古倒向迦太基，因而遭到羅馬軍隊的圍城攻擊。前述阿基米德所發明的鐵爪即是針對羅馬戰艦的防禦武器。傳說阿基米德被羅馬士兵發現時，正在沙地上畫圖解一個幾何問題，而他在被士兵殺害前所說的最後一句話是：「別毀了我的圖形。」

5　作者註：《試金者》是伽利略寫來批駁當時耶穌會中意見對手的辯論長文，用致教廷神職人員切薩里尼（Virginio Cesarini）公開信的形式發表。如同我們將在第十一章中所見，伽利略在《試金者》裡攻擊的是第谷‧布拉赫（Tycho Brahe）與耶穌會關於彗星的正確見解，亦即彗星與地球的距離較月球離地來得遠。

第五章 | 古代科學與宗教

　　當前蘇格拉底時期的希臘哲人們開始在不論及宗教的前提下尋求自然現象的解釋時，他們已經向現代科學邁進了一大步；然而，這充其量不過是種短暫、不完整的轉變。如同我們在第一章中所見，第歐根尼‧拉爾修對於泰勒斯學說的描述不僅包括「水為宇宙基本物質」，同時也指出「世界是有生命且充滿神性的。」然而，即使僅在留基伯與德謨克利特的學說中現出端倪，某種思考方向已經起步：在他們流傳下來關於物質本質的著作裡，完全沒有提及任何神祇。

　　對科學發現來說，將對自然界的研究與宗教的思想脫鉤至關緊要。將此二者脫鉤的過程經歷了許多世紀，在物質科學（物理學、天文學、地質學、化學等）上要到十八世紀才大致完成；而即使在當時的生物學領域裡，這一過程仍在持續。

　　現代科學工作者並非從一開始就認定超自然（supernatural）的人或神不存在。我個人恰好抱持這種無神論（atheism）的觀點，但同時也有些優秀科學家具有虔誠的宗教信仰。事實上，現代科學的核心精神是在不假設超自然力量干預的前提下，看看我們對自然界的理解能達到什麼程度。唯有如此，我們才能進行科學研究，因為一旦我們在科學中引入了超自然的因素，那麼任何事物都能獲得解釋，但這些解釋方式都無法被驗證。這就是為什麼當今某些人士所倡導的「智能設計論」（intelligent design）[1] 並不是科學，毋寧說是科學放棄職守。

柏拉圖對自然界的推測瀰漫著宗教色彩。在對話錄的《蒂邁歐篇》裡，他描述了一位神祇如何將行星放置於它們的軌道上，而且柏拉圖可能也視諸行星本身為神祇。即使當希臘時代哲學家不提及神祇時，他們之中有些人亦使用與人類價值觀或情緒有關的語彙來描述自然界；對他們來說，相較於無生命的自然界，人類價值與情緒往往更有趣。如同之前我們所讀到的，在討論物質的變化時，阿那克西曼德提及了「正義」，恩培多克勒則使用了「憎惡」這般詞語。對柏拉圖而言，元素與自然界的其他面向之所以值得探究，原因不在於這些事物的本質，而是因為它們具體呈現了某種自然世界中的善，如同人類社會裡的美德。這種概念影響了柏拉圖的宗教觀，正如《蒂邁歐篇》的其中一段所言：「因為神的喜好是，只要情況許可，萬物皆應為善，無一物為惡；因此，當祂接掌了可見之世界，而且見其並非靜止，而是處於一個不協調的、無序的運動狀態時，祂便將世界從混亂無序中拉回規律裡，因祂認定後者在各方面皆優於前者。」

如今，我們持續在自然界中探尋規律性，但我們不認為那是種源自人類價值觀的秩序。並非所有人都喜歡這樣的想法。偉大的二十世紀物理學家埃爾溫·薛丁格（Erwin Schrödinger）曾力倡科學界應回歸古典時代的做法，融合科學與人類價值觀。歷史學家亞歷山大·夸黑（Alexandre Koyré）亦秉持類似的精神，認為當代將科學與現今被稱為哲學的學科脫鉤是「災難性的」做法。我個人的觀點是，此類對自然界與人類社會進行通盤性研究的渴求，正是科學家們一路走來必須努力擺脫的。我們根本無法在自然界的法則裡找到以任何形式對應善、正義、愛或憎等概念的成分，而且我們不能仰賴哲學做為科學

研究與理解的可靠指引。

要理解古希臘多神教（Paganism）信徒究竟是在何種概念下信仰他們的宗教並非易事。曾周遊各地或博覽群籍的希臘人已經知道，歐、亞、非洲各國民眾分別崇拜許多不同的神祇與女神。某些希臘人嘗試將各地區名字互異的不同神祇視為同一群神。舉例來說，虔誠敬神的古希臘史學家希羅多德（Herodotus）指出，埃及當地民眾崇拜的布巴斯提斯（Bubastis），並不是形似希臘神話裡的月亮女神阿耳忒密斯（Artemis）的另一位女神；事實上埃及人崇拜的，正是以布巴斯提斯為名的阿耳忒密斯。另一些希臘人則認為這些不同地區的神祇彼此不同且同時存在，甚至進一步地將外國的神祇導入自己的信仰系統裡。奧林帕斯山諸神中的某幾位，例如酒神戴奧尼索斯（Dionysus）與愛神阿芙蘿黛蒂（Aphrodite），皆是由希臘人自亞洲地區引入的。

另一方面，對其他的希臘人來說，神祇與女神的多樣性反而助長了他們懷疑、不信仰宗教的傾向。前蘇格拉底時期哲人色諾芬尼（Xenophanes）曾發表著名的評論：「衣索比亞人的神祇長了獅鼻與黑髮，色雷斯人的神祇則長了灰眼及紅髮，」並總結道，「但若牛（和馬）和獅子有手，或能夠繪畫並創作如人類所作之藝術品，那麼馬會畫出形似馬的神，牛會畫出形似牛的神，而且牠們會根據其所屬物種本身的形體來塑造牠們的神的形象。」同樣的，相對於虔信神祇的希羅多德，另一位古希臘史學家修昔底德（Thucydides）則未曾展現任何宗教信仰的傾向。在其鉅著《伯羅奔尼撒戰爭史》（*History of the Peloponnesian War*）中，修昔底德批判了雅典將軍尼西亞斯（Nicias）一項災難性的決策：在一場圍攻敘拉古城的戰役中，

尼西亞斯由於月食的出現，下令暫緩麾下部隊撤離，導致其部隊遭到斯巴達軍隊的反包圍。修昔底德解釋道，尼西亞斯「過於相信占卜與類似的事物」。

懷疑論思想在致力於理解自然界的希臘族群間尤其盛行。如同之前所述，德謨克利特關於原子的推測完全不涉及超自然，屬於自然主義式的思維。後代哲人則採行了德謨克利特的思想來做為抗衡宗教的一種解方，這首先展現在薩摩斯島的伊比鳩魯（Epicurus of Samos, 341－271 BC）身上。伊比鳩魯在雅典定居，於希臘化時代初始期間創設了以庭園（Garden）之名為人所知的學校。伊比鳩魯接著又啟發了羅馬詩人盧克萊修（Lucretius, 99－55 BC）；盧克萊修的詩作《物性論》（*On the Nature of Things*）本在一所修道院的圖書館裡瀕臨朽毀，直到西元一四一七年才重見天日，之後這部作品對文藝復興時期的歐洲產生了巨大影響。著名的美國文學評論家史蒂芬・葛林布萊特（Stephen Greenblatt）曾在馬基維利（Machiavelli）、摩爾（More）、莎士比亞、蒙田（Montaigne）、伽桑迪（Gassendi）[2]、牛頓與傑弗遜（Jefferson）的思想中發現來自盧克萊修的影響。

另一方面，即使某些希臘人並未完全背棄多神教，他們也逐漸傾向以寓言看待其信仰，視之為指向潛藏真理的線索。如同吉本（Gibbon）[3]所言，「希臘神話中關於諸神放肆言行的故事以清晰可聞的聲音宣告著，虔誠的修行者不該因神話的字面意義而反感或滿足，而應該勤勉地探索那些被古代的審慎及睿智所掩藏於癡愚與寓言外衣下的神祕智慧。」到了羅馬時代，對潛藏真理的探尋，催生出現代稱為新柏拉圖主義（Neoplatonism）的學派，由普羅提諾（Plotinus）和其門生波

菲利（Porphyry）在西元第三世紀所創。雖然新柏拉圖主義學者在科學上沒有太多創見，不過他們維持了柏拉圖對數學的重視；舉例來說，波菲利曾為畢達哥拉斯的生平作傳，也撰寫了一部歐幾里得《幾何原本》的評注。在事物的表象下探索潛藏的意義是科學工作中重要的一環，因此新柏拉圖主義學者對科學事務至少維持了一定程度的興趣這點，並不令人意外。

古希臘多神教的信徒並不熱衷於干涉他人的私人信仰。不同於基督宗教和伊斯蘭教，古希臘多神教沒有相當於《聖經》或《可蘭經》一類記載宗教教義的權威性文本。荷馬史詩《伊利亞德》（*Iliad*）和《奧德賽》（*Odyssey*），以及赫西俄德的《神譜》（*Theogony*）被視為文學，而非神學。即使如此，公開表示自己的無神論思想仍是種危險的行為。至少在古代雅典，指控對方是無神論者偶爾會被用來當成政治辯論裡的攻擊手法，而表示不信希臘諸神的哲學家則可能招來舉國之怒。前蘇格拉底時期的哲學家阿那克薩哥拉就曾經因倡導太陽並非神祇，而是一塊比伯羅奔尼撒半島（Peloponnesus）還大的熾熱石頭，結果被迫逃出雅典。

柏拉圖尤其迫切想保留宗教在自然研究當中的一席角色。德謨克利特無涉神祇信仰的原子論思想使柏拉圖大為震驚，於是在對話錄《法律篇》（*Laws*）的第十卷中，柏拉圖規定在他的理想社會裡，任何拒絕相信神祇真實存在且具體地干預人類事務的人，都應被判以獨囚五年的刑罰，接著若囚犯沒有懺悔之意，則應處以死刑。

在這點上，如同在前一章裡所述的各方面，亞歷山卓的學術精神與雅典的大不相同。我未嘗聽聞任何在著作裡表達對於宗教之興趣的希臘化時代科學家；我也不知道有任何科學家因

不信宗教而受害。

羅馬帝國統治時期的宗教迫害史實，已為後人所熟知。帝國官方並不反對將外來神祇導入多神教信仰裡；事實上在稍晚的羅馬帝國裡，羅馬神廟裡的神位名單已擴大到包含弗里吉亞（Phrygia）的地母神希栢利（Cybele）、埃及的女神伊西斯（Isis）以及波斯的光神密德拉斯（Mithras）。然而無論羅馬人民信奉哪位神祇，其信仰都必須誓言效忠國家，並且公開頌揚官方羅馬宗教。根據吉本所言，羅馬帝國的神祇信仰「對民眾來說，全都同樣真實；對哲學家來說，全都同樣虛假；而對統治階層來說，全都同樣有用。」基督教徒當時遭到迫害的原因並非信奉耶和華或耶穌，而是因為他們公開拒斥羅馬宗教；若其中有基督徒後來轉變態度，在羅馬諸神的祭壇前焚香，往往便能獲得開釋。

前述的宗教環境完全沒有在羅馬帝國時期對希臘科學家的研究工作產生干擾。喜帕洽斯（Hipparchus）和托勒密從不曾因他們對行星的無神論式學說而受到迫害。虔信古希臘多神教的羅馬皇帝尤利安（Julian）曾批判伊比鳩魯學派的跟隨者，但並未對其採取任何迫害手段。

雖然基督宗教對羅馬國教的拒斥使其持續處於非法地位，在西元第二到第三世紀間，基督宗教仍在羅馬帝國廣為流傳。在西元三一三年，君士坦丁大帝（Constantine I）頒布米蘭敕令（The Edict of Milan），終於承認基督宗教合法地位；到了西元三八〇年，狄奧多西一世（Theodosius I）更進一步將基督宗教定為唯一合法宗教。在那段期間，希臘科學的偉大成就逐漸邁向終結。此現象自然引發了歷史學家的質疑：科學原創研究的衰落，是否與基督宗教的興起有關？

在過去，對於上述問題的討論，聚焦在基督宗教的教諭與科學的發現間可能產生的衝突。舉個著名的例子，哥白尼（Copernicus）將其鉅著《天體運行論》（*On the Revolutions of the Heavenly Bodies*）獻給教宗保祿三世（Paul Ⅲ）時，在序文中提出警語，認為不該用《聖經》篇章去否定科學研究的成果。哥白尼在文中引述身為君士坦丁大帝長子導師的基督徒拉克坦提烏斯（Lactantius）的觀點，舉了一個糟糕的例子：

但如果偶爾有些「空談者（idle talkers）」[4]，雖然本身對數學一竅不通，卻又自以為是，妄做論斷，還恬不知恥地曲解《聖經》篇章所述觀念來強化自己的說法，更斗膽譴責、攻擊我的研究成果；這些人士困擾不了我，我甚至會嘲笑他們的妄下斷語是有勇無謀的行為。因為我們都熟知，拉克坦提烏斯固然是位優異作家，卻算不上數學家，當他訕笑論稱地球呈球體外形的人士時，他所說的話是全然幼稚的。

哥白尼的這番話不盡公平。沒錯，拉克坦提烏斯的確說過天不可能在地之下；他論辯道，若世界為球形，則必然有人類和動物居於另一個位處下方的半球上。這說法很荒謬；人類與動物沒有道理非得生活在球狀世界表面的每一地區。而且，就算下方的半球上有人類或動物又有什麼關係呢？拉克坦提烏斯指出他們會墜入「天空的底部」。他接著提到了亞里斯多德的相反觀點（雖未具體提到亞里斯多德之名）：「具重量物體的天性是被吸往宇宙中心」，用意卻是以此指控抱此觀點的人不過是在「用無稽之論為無稽之論做辯解」。當然，在此議題上，想法真正無稽的是拉克坦提烏斯自己，但相反於哥白尼所指稱的，拉

克坦提烏斯的想法並非以《聖經》為本，而僅是來自一些對自然現象極為淺薄的推論。大致說來，我個人不認為《聖經》文本和科學知識的直接衝突，是當時基督宗教與科學間重大緊張因素的來源。

在我看來，更重要的因素似乎是早期基督徒間普遍抱持的一種觀點：古希臘多神教時期的科學是讓人分心的事物，會將我們的注意力自真正該致力探索的精神層面上轉移開來。這種想法可溯源至基督宗教最初時期，例如使徒保羅（Saint Paul）就曾告誡信眾：「要小心，別讓任何人藉著哲學與無用的欺瞞帶壞了你，誤導你跟隨人的傳統、跟隨世界的基本原理，而非追隨基督。」順此脈絡，最有名的話語則來自教廷主教特土良（Tertullian），他在西元二○○年左右曾問道：「雅典與耶路撒冷何干，而柏拉圖學院又與教廷何干？」（特土良以雅典和柏拉圖學院做為希臘哲學的象徵，可能是由於他較不熟悉亞歷山卓的科學。）最後，我們可以在該時期最重要的教廷主教——希波的奧古斯丁（Augustine of Hippo）身上，發現古希臘學術在他心目中的幻滅。奧古斯丁年輕時研習希臘哲學（僅透過拉丁語翻譯的版本），而且以他對亞里斯多德學說的理解而自豪，然而之後他問道：「縱使我能閱讀並理解我所能接觸到的所有屬於所謂『博藝（liberal arts）』的典籍，對我又有什麼好處呢，畢竟，我其實只是邪惡慾望的奴隸？」另一方面，奧古斯丁也關注基督宗教教義與古希臘多神教哲學之間的矛盾。隨著奧古斯丁邁向晚年，在西元四二六年時，他回顧自己過往著作，做出了如下的評論：「同樣的，我也（正確地）為自己曾經給予柏拉圖、柏拉圖學派中人或柏拉圖學院哲學家超過了他們此等不信上帝者該有的讚頌而感到不悅，尤其針對當中那些見解嚴重

錯誤，使基督教論必須被捍衛、以免他人受到誤導的學者。」

除此之外還有另一項因素：基督宗教提供了有才智的年輕人在教會裡晉升、就任高級神職的機會，而其中某些人本來是有機會成為數學家或科學家的。教會神職帶有很大的誘因，主教（bishop）與長老（presbyter）通常可享有一般民事法庭管轄與納稅義務上的豁免權。類似亞歷山卓之區利羅（Cyril of Alexandria）以及米蘭之安波羅修（Ambrose of Milan）這樣的主教能夠行使可觀的政治權力，影響力遠大於亞歷山卓博物館或雅典柏拉圖學院裡的學者。這是種嶄新的現象。在以前多神教時代，只有官方將神職授予富人或有權者，而沒有財富和權力流向神職人員的慣例。舉例來說，凱薩大帝和他的後繼者之所以能贏得大祭司之位，並非是因他們對宗教的虔誠或修習獲得認可，而是其政治權力的實質影響。

在羅馬帝國將基督宗教定為國教之後，希臘科學的研究工作仍維持了一段時間，但主要是以對早先科學成果之評註的形式呈現。在第五世紀時任職於雅典柏拉圖學院的新柏拉圖主義哲學家普羅克洛（Proclus）撰有一部歐幾里得《幾何原本》的評述，並在其中加入了一些創見。本書第八章中將偶爾提及一位稍晚的柏拉圖學院成員辛普利修（Simplicius），說明辛普利修在一篇評論亞里斯多德的文章中，對柏拉圖所持行星軌道觀點的見解。此外，在西元三〇〇年代後期，亞歷山卓的塞翁（Theon of Alexandria）為托勒密的天文學鉅著《天文學大成》（Almagest）寫了一部評註，同時也編纂了《幾何原本》的增修版。塞翁的女兒，著名的女哲人希帕提婭（Hypatia），後來成為亞歷山卓城內新柏拉圖學校的校長。最後，在一個世紀後的亞歷山卓，身為基督徒的菲洛波努斯的約翰（John of

Philoponus）則撰寫了對亞里斯多德的評析，並在其中對亞里斯多德關於運動的見解提出質疑。約翰申論道，被往上拋的物體不會立即下墜的原因，並非如亞里斯多德所認為的物體被空氣托著向上，而是當物體被拋出時，便獲得了某種可以維持其向上運動的性質；這預示了後來衝力（impetus）或動量（momentum）的概念。然而，在那段時期，並沒有出現任何與歐多克索斯、阿里斯塔克斯（Aristarchus）、喜帕洽斯、歐幾里得、埃拉托斯特尼（Eratosthenes）、阿基米德、阿波羅尼奧斯、希羅或托勒密等人具同等才能的、更具開創性的科學家或數學家。

　　無論原因是否為基督宗教地位的上升，很快地連希臘科學的評註者也消失了。西元四一五年，在亞歷山卓之區利羅的教唆下，一群暴徒殺害了希帕提婭，不過我們很難斷定這起事件是出於宗教上還是政治上的理由。西元五二九年，東羅馬帝國的查士丁尼大帝（Justinian I，他上任後收復了非洲與義大利等古羅馬帝國時代的舊土、編纂了羅馬法典，並在君士坦丁堡〔Constantinople〕修建聖索菲亞〔Santa Sophia〕大教堂，取得了崇高地位）下令關閉雅典的新柏拉圖學院。雖然吉本抱持反基督宗教的預設立場，但他針對此一事件之評論的文才實在太過便給，不引可惜：

　　對雅典的學校來說，哥德人（Gothic）鐵蹄的威脅遠不如一個新宗教體制的建立來得致命，這個體制的領袖們以意志取代了理性的實踐，用一篇篇關於宗教信念的文章來解決每項疑問，並譴責異端或懷疑論者，將其貶入永恆之火受苦。在罄竹難書的複雜爭議裡，他們擁抱對事物理解的薄弱與心靈上的腐

化，侮蔑古代賢者的人性，剝奪哲學探究的精神，因為他們認為這些都違逆了謙卑信徒信守的教義，或至少背離了他們的脾性。

希臘這一部份的羅馬帝國一直存續到西元一四五三年，然而如同我們將在第九章中看到的，遠早在那之前，科學研究的中心樞紐已經東遷到阿拉伯世界的巴格達了。

註：

1　智能設計論是基於《聖經》直譯主義（Biblical literalism）的科學神創論（scientific creationism）所衍生出的意識形態，主張生物體中的某些結構太過於複雜，不可能純粹經由遺傳演化與天擇等機制而產生，而一定是某超自然的智能設計者（intelligent agency）介入的結果。在宗教保守主義勢力強大的社會如美國，演化論及其意涵與《聖經》文本的牴觸，造成許多民眾拒斥演化論對現今生物（尤其是人類）形成方式的解釋，轉而接受科學神創論或智能設計論。

2　作者註：皮埃爾・伽桑迪（Pierre Gassendi, 1592-1655）為法國神父、哲學家，他曾嘗試將伊比鳩魯與盧克萊修的原子論以及基督宗教的教義做出整合。

3　愛德華・吉本（Edward Gibbon, 1737-1794）為英國歷史學家，曾任國會議員。自西元一七七六年至一七八八年間，吉本出版《羅馬帝國衰亡史》（*The History of the Decline and Fall of the Roman Empire*）一書共六卷，引起廣大迴響。

4　Idle talkers 一詞本來是指《聖經》中所提不信上帝，且議論、攻擊基督宗教教諭的人士；哥白尼在此用這個詞指稱挾天主教基本教義觀點來批判他的人。

希臘天文學

在古代，科學各學門中進步幅度最大的是天文學。原因之一在於，天文現象要比接近地球表面的自然現象來得簡單。雖然古代人不明瞭，但當時如同現在，地球與其他行星均以近似圓形的軌道、且幾乎保持等速率繞著太陽公轉，而影響公轉的作用力只有一項，亦即重力；同時地球和各行星也各自以近似定值的速率自轉。另一方面，月球自轉及繞地球公轉的情形亦與行星自轉及繞日公轉類似。因此，從地球看出去，太陽、月球與行星都以規律且可預測的方式在天空中運行，人們於是可以研究其中的規則，也確實得到了精確度可觀的成果。

古代天文學的另一項特徵，是它具有實際用途，而在此層面上，古代物理學往往不具類似價值。我們將在第六章中討論天文學的用途。

第七章將討論希臘化時代天文學中，即使並不完美，仍可視為天文學家一大勝利的研究成果：對太陽、月球與地球的大小，以及地球至太陽與地球至月球之間距離的量測。第八章則將探討行星運行的問題；此問題直到中世紀時仍持續挑戰著天文學家們，而且最終引致了現代科學的誕生。

即使早在有歷史記載之前，天空一定已常被人用來當羅盤、時鐘與年曆。人們不難注意到：每天早晨，太陽都從差不多的方向升起；在一天當中，我們可以從太陽在天空中的高度來判斷還有多久時間才到夜晚；以及，當一年中白晝最長的日子過去之後，天氣就要開始變熱了。

我們知道在歷史的非常早期，人們也拿恆星來做類似用途。在西元前三○○○年左右，埃及人已經知道他們農耕生活中的重要大事——每年六月的尼羅河氾濫，剛好與天狼星偕日升（heliacal rising）的日期重合。（這是一年當中，首次可以在破曉前觀測到天狼星的日子；在那之前，夜空中看不到天狼星，而在那之後，黎明前一段時間便可以見得到它。）約莫在西元前七○○年，史詩詩人荷馬便將神話英雄阿基里斯（Achilles）比喻為夏末時高懸夜空中的天狼星：「那顆在秋天來到夜空中，其耀眼光芒讓其它可數亮星遠遠失色的星星；那顆人們名之為獵戶座（Orion）之犬，在群星間最為閃亮，卻被描述為邪惡的象徵、且為不幸生靈帶來嚴重熱疾的星星。」稍後，詩人赫西俄德在詩作《工作與時日》（*Works and Days*）中告訴農人們，最適合採收葡萄的日子是在大角星（Arcturus）偕日升那天，而犁地則該在七姊妹星團（Pleiades constellation，在華文世界稱為昴宿星團）日升沒（cosmical setting）當日完成。（這是一年當中，人們首次可於拂曉前看到這些亮星在地平線西落的日子；在那之前，此星團在太陽東升前不會落下，

而在那之後，黎明前它們早已西沉。）在赫西俄德之後，希臘人開始普遍使用稱為「帕拉梅格瑪塔」（*Paramegmata*）的星曆，這份星曆記載了一年當中每天各顯眼亮星東升西落的時刻，讓彼此間沒有其他可共同遵循、用來辨明日期方式的各城邦有了統一的計日準則。

在沒有現代城市光害的干擾下看向夜空時，許多早期文明的觀星者可以清楚發現，除了少數例外（我們稍後會說明），各星星彼此間的相對位置總是保持固定。這就是為什麼星座形狀從前一晚到這一晚、從這一年到下一年都不會改變。然而，整個這些星星「鑲」在其上的天空，每晚看起來都繞著天空中恆指向北的某一點──所謂的北天極（north celestial pole），由東向西轉。以現代用語來說，這個點即是地球的自轉軸從地球北極向天空無盡延伸出去所指向之處。

這樣的觀察讓航海者很早就能夠用星星在夜裡辨別方向。在《奧德賽》裡，荷馬說到故事主人翁奧德修斯（Odysseus）在航行回家鄉綺色佳（Ithaca）的路上，被海之女神卡呂普索（Calypso）困在她位於西地中海上的小島七年，直到宙斯命令她放奧德修斯離開上路的故事。卡呂普索告訴奧德修斯在行程中，要「在穿越大海時，保持天上大熊，又有人稱之為馬車（the Wain）……在他的左手邊。」當然，此處的大熊即是指大熊座（Ursa Major），亦以馬車之名為人所知，也就是現代所稱的北斗七星（the Big Dipper）。大熊座就位於北天極附近；因此在地中海所處緯度，大熊座永不西沉（以荷馬的話來說，「絕不會浸入海平面之下」），而且永遠在正北方附近。若保持大熊座在左手邊，奧德修斯就能持續往東，朝向綺色佳的方向前進。

某些希臘人學會了更佳地利用其他星座的方式。根據羅馬時期希臘史學家阿里安（Arrian）所撰寫的亞歷山大大帝傳記，在亞歷山大時代，大部分的水手都利用大熊座來辨別方位，然而古代世界最傑出的航海者腓尼基人卻是利用小熊座（Ursa Minor）；小熊座雖不若大熊座明亮，卻比後者更接近北天極。根據第歐根尼・拉爾修（Diogenes Laertius）引述，古希臘著名詩人卡利馬科斯（Callimachus）聲稱使用小熊星座來辨別方位的方法可回溯至泰勒斯。

　　在日間，太陽看起來也繞著北天極由東向西轉。當然，我們通常無法在晝間看到星星，但赫拉克利特以及其他比他更早期的人似乎已經了解，縱使星星的光在晝間被日光所屏蔽，它們仍高掛於天空中。某些星星恰好會在黎明前或日落後出現，而在這些時候太陽在天空中的位置是已知的（即地平線附近），由此可以推知，太陽並不會保持在一個相對於星星的固定位置上。事實上，巴比倫人和印度人非常早就知道，太陽除了每日看起來隨著星星由東向西轉之外，每一年它也會由西向東、通過一條稱為黃道帶（Zodiac）的帶狀路徑繞著天空運轉，依順序分別經過黃道帶內的十二個傳統星座：牡羊座（Aries）、金牛座（Taurus）、雙子座（Gemini）、巨蟹座（Cancer）、獅子座（Leo）、處女座（Virgo）、天秤座（Libra）、天蠍座（Scorpio）、射手座（Sagittarius）、摩羯座（Capricorn）、水瓶座（Aquarius）與雙魚座（Pisces）。我們後面將討論到，月球與行星的運行也會通過黃道帶，雖然其運行軌跡與太陽的軌跡並不完全相同。太陽所遵循、經過黃道帶十二星座的特定路徑被稱為「黃道（ecliptic）」。

　　一旦人們清楚了黃道帶的概念，就可以輕而易舉地將太陽

在背景星空的位置上標示出來。只要注意在某天午夜時，哪個黃道帶星座處於天頂最高之處，則太陽就位在正好相對於該星座的另一星座間。一般認為，泰勒斯就是將太陽繞著黃道帶運行一周（即為一個「太陽年」）所需時間訂為三百六十五日的人。

我們可以將眾星所在的天空想成一個繞著地球轉的球體，而北天極就位於地球北極的正上方。但是，黃道帶並非此天球旋轉所切過的赤道面（equator）。據說，阿那克西曼德已經發現，黃道帶相對於天球赤道傾斜了二十三點五度，其中巨蟹座與雙子座離北天極最近，而摩羯座和射手座離北天極最遠。若用現代用語來描述，此傾斜來自於地球自轉軸並非與公轉軌道面垂直的事實，這也造成了地球上的季節變化。地球的公轉軌道面相當接近幾乎所有太陽系內天體運行的軌道面，但地球的自轉軸相對於此軌道面的垂直方向傾斜了二十三點五度。在北半球的夏季，地球北極的傾斜方向恰好指向太陽，而在北半球的冬季時，地球北極則遠離太陽方向。

隨著日規（gnomon）的出現，天文學開始形成一門精確的科學。日規是一種可對太陽的運行做出精準量測的儀器；它單純由一根垂直的桿子置於日光照射之處的水平板子上所構成。第四世紀的凱撒利亞（Caesarea）主教優西比烏（Eusebius）將日規的發明歸功於阿那克西曼德，希羅多德則認為它是巴比倫人的發明。有了日規，我們可以準確地判別何時是正午：那是一天當中太陽處於最高位置的時候，所以日規的影子會是一天中最短的。此外，在熱帶以北的任何一地，正午時分太陽在天上正南方，這表示日規的影子會指向正北方，於是依此為準，我們可以在地上永久標出東西南北各方向。最後，日

規也具有年曆功能。在春季和夏季時，太陽從東北方的地平線升起，而在秋季和冬季時，它則從東南方地平線升起。若一年中某日拂曉時，日規的影子指向正西方，表示太陽是從正東方升起，那麼這一天必定是代表冬去春來的春分（vernal equinox），或是代表夏去秋來的秋分（autumn equinox）。至於夏至（summer solstice）與冬至（winter solstice），則分別是一年當中正午時分日規影子最短與最長的兩個日子。（日晷〔sundial〕與日規不同；日晷的桿子並不呈垂直，而是平行於地球的自轉軸，這使得日晷的影子在每天中的同一時刻都會指向相同方向。這個特性使得日晷比日規更適合被用來當時鐘，但卻完全不具曆法功能。）

日規是一個科學研究與科技應用間重要連結的好例子：為滿足實用目的而被發明出來的科技設備，能夠為科學發現開闢一條路。有了日規，人們便可以準確地計算每個季節所涵蓋的日數，例如從春分到夏至或從夏至到秋分間到底各包含幾日。利用這種方法，與蘇格拉底同時期的雅典天文學家優克泰蒙（Euctemon，活躍於西元前四三二年左右）發現了四季的長度並不完全均等。這項觀測結果令人意外，因為若太陽（或地球）是以等速率循著圓形軌道，以地球（或太陽）為圓心，繞著地球（或太陽）運行的話，四季的長度就應該是完全相等的。後世的天文學家們花了十數世紀的努力，試圖理解四季長度不均等的原因，然而此問題和其他天體運行的異常現象，要到十七世紀時才得到正確的解釋。十七世紀的德國天文學家約翰尼斯・克卜勒（Johannes Kepler）發現，地球繞日公轉的軌道並非圓形而是橢圓形，太陽也不在這個軌道的正中心，而是偏向一側、落在此橢圓形的焦點（focus）上；地球繞日的速率亦

非定值，當地球離太陽較近時，公轉速率會增加，而當地球逐漸遠離太陽之時，公轉速率就會減慢。

月亮看起來也和星星一樣，每晚繞著北天極由東向西轉；且如同太陽，月亮在更長時間中亦循著黃道帶由西向東移，但月亮只需花二十七天又多一點而非一年的時間即可完成一周相對於背景星空的運行。由於太陽看起來也以同樣方向順著黃道帶東移（雖然速度要慢得多），月亮必須經過二十九又二分之一日才會回到相對於太陽的同一位置上。（精確地說，所需時間為二十九日十二小時四十四分又三秒。）由於月相的盈虧取決於月球與太陽的相對位置，此二十九又二分之一日的週期即代表一個太陰月（lunar month），即從某次新月到下次新月中間的時間長度[1]。另外，人類很早就注意到月全食發生在每隔十八年的滿月，這是當月亮相對於背景星空的運行路徑與太陽相對於背景星空的運行路徑相交之時[2]。

某些層面上，拿月亮來當曆法準則，要比使用太陽來得便利。在任一夜晚，我們可以藉著觀察月相，知道從上次新月以來約略已經過了多少天──這比單憑觀察太陽來推算當時是一年中的哪一天來得容易許多。因此，在古代世界，陰曆（lunar calendar）相當常見，而且在某些區域持續被使用到現在，例如伊斯蘭教依信仰需求而沿用了陰曆。但顯而易見的是，為了農業、航海或戰爭等目的，實用的曆法要能夠預測季節的變化，而四季變化是由太陽而非月球的運行所主導的。不巧的是，一太陽年無法包含整數個太陰月──一個太陽年比十二個太陰月多了約十一天──所以在純以月相為基礎的曆法上，春分、夏至、秋分、冬至的日期並無法固定。

另一個我們所熟悉、使曆法更複雜的事實是，太陽年本身

　第六章
天文學的用途

也不是整數日所構成的。在凱撒大帝統治時期，針對此點，羅馬制定了每四年一次的閏年（leap year）來修正曆法；此新曆法即所謂的儒略曆（Julian calendar）。然而，這樣的修正進一步造成了其他的問題，因為一太陽年並非恰好為三百六十五又四分之一日，而是多了十一分鐘。

綜觀歷史，人們耗費了無數精神與努力在制定一套能統合這些複雜因素的曆法上，這些龐大的工程，礙於篇幅，此處無法盡述。大約在西元前四三二年，一位可能為優克泰蒙同僚的天文學家，雅典的默冬（Meton of Athens），在曆法制定上做出了基礎性的貢獻。也許得益於巴比倫人的觀測資料，默冬注意到十九個太陽年的時間長度幾乎恰好等於兩百三十五個太陰月；兩者之間只相差了兩小時。因此，我們可以制定一套涵蓋十九年的曆法，在其中正確地標明每一天在一太陽年裡的何處，以及當晚的月相；而這套曆法每十九年便可重複使用一次。美中不足的是，雖然十九個太陽年幾乎與兩百三十五個太陰月的時間等長，十九年還是比六千九百四十日短了約三分之一日，是以默冬必須事先規定，每經過幾個十九年週期後，此曆法必須刪去一日。

天文學家們在整合陽曆與陰曆上的努力，由復活節（Easter）的定義可窺得一二。在西元三二五年所舉行的第一次尼西亞大公會議（The First Council of Nicaea）上，宗教領袖們頒令，復活節的慶祝應於每年春分後的第一個滿月之後的第一個週日舉行。隨後到了皇帝狄奧多西一世治下，羅馬帝國明定，在錯誤日期慶祝復活節的行為是死罪。不幸的是，在地球表面觀測到春分的日期會隨地區而有所不同[3]。為了避免造成各地在不同日期慶祝復活節的集體恐慌，官方有必要明定春分

與其後第一個滿月的確切日期。古典時代晚期（late antiquity，約為西元二世紀至八世紀間）的羅馬教廷採用了默冬曆法來決定這些日期，而愛爾蘭的修道院系統則採用了另一套較為古老的猶太八十四年週期曆法，做為制定這些日期的準則。七世紀時，羅馬傳教士與愛爾蘭僧侶間因爭奪英格蘭教會控制權而起的衝突，大部分來自於在復活節日期上的意見不合。

晚至近代，曆法的制定始終是天文學家們的重要職責之一，這些努力最後引致了現代公曆的制定與採用。公曆乃於西元一五八二年由教宗額我略十三世（Gregory XIII，「格里高利十三世」）頒行，因此亦名格里高利曆（Gregorian Calendar）。為計算復活節的日期，春分的日期自此固定為每年的三月二十一日，但西方世界採用格里高利曆的三月二十一日，而東方的正教（Orthodox）教會仍採用儒略曆的三月二十一日。所以，至今世界上的不同地區，依然在不同日期慶祝復活節。

縱然希臘時代的人們發現科學化的天文學具有絕佳的實用價值，柏拉圖對此點卻沒有多大興趣。我們可以從對話錄《理想國》裡，一段蘇格拉底與意見對手格勞康（Glaucon）[4]的談話中，看出柏拉圖想法的端倪。蘇格拉底提出培養哲人王的教育中應納入天文學，而格勞康馬上表示同意：「我是說，不僅農人和水手們需要對四季、月份與一年中的節氣保持敏感，這些事情以軍事目的而言同等重要。」但蘇格拉底斥此為天真淺薄之見。對蘇格拉底來說，天文學的重點在於「學習這樣的主題可以滌清並重燃一特定的心智器官……而維持此器官具有千倍於保全任何肉眼的價值，因為它是唯一能看清真理的器官。」在亞歷山卓的學術環境中，這等智識上的傲慢要比在雅典來得少見，但仍然不時出現。舉例來說，西元一世紀哲學家亞歷山

卓的費羅（Philo of Alexandria）在著作中提到，「可為心智所欣賞的事物永遠都比外在感官可見之事物來得優越。」還好，或許是由於承擔實用需求的壓力，天文學家們已經了解，研究天文學時，不靠觀察而單憑心智是行不通的。

註：

1　作者註：此即所謂的「朔望月（synodic lunar month）」。前述月球運行一周回到相對於恆星的同一位置所需的二十七天週期，則稱為「恆星月（sidereal lunar month）」。

2　作者註：由於月球繞地球公轉的軌道面略為傾斜於地球繞太陽公轉的軌道面，因此這種現象不會每個月都發生。每個恆星月中，月球會與地球公轉軌道面相交兩次，但每隔大約十八年，此二軌道的相交才會發生在滿月當天，亦即地球正位於太陽與月球間之時。

3　作者註：春分或秋分的定義是，太陽相對於星空背景的運行軌道恰好與天球赤道（可想成地球赤道圈往外投影在天球上的圓）相交的時刻。以現代用語來說，此即為地球與太陽的連線恰好垂直於地球自轉軸之時。由於地球的自轉，在地球上經度不同的各點，會在一天中的不同時刻觀察到這個現象，因此不同地區的觀察者所回報的春分或秋分日期可能相差一天。這裡描述的狀況也適用於在地表對月相的觀察；「第一個滿月」發生的日期亦會隨地區而不同。

4　格勞康為柏拉圖之兄，本身亦為雅典的哲學家，在《理想國》中以與蘇格拉底看法相左的角色出現。

第七章 | 量測太陽、月球與地球

　　希臘天文學的發展中最了不起的成就之一，就是對地球、太陽、月球之大小，以及地球與太陽、地球與月球之間距離的量測。稱其了不起的原因，並非量測所得的結果在數值上多麼精確；當時做為計算基礎的觀測太過粗糙，以至於無法推知準確的天體大小與距離等結果。然而，這是在人類史上頭一遭，人們正確地利用數學來推導關於世界本質的數量性結論。

　　要進行這類的量測工作，人們首先必須理解日食和月食現象的成因，以及發現地球為一球形的事實。基督宗教受難者希波呂托斯（Hippolytus）與西元一或二世紀的哲學家埃提烏斯（Aëtius）兩人均將最早對日、月食現象的理解歸功於阿那克薩哥拉（Anaxagoras），一位約西元前五〇〇年出生於克萊索門奈（Clazomenae，鄰近司麥納〔Smyrna〕），並曾任教於雅典的愛奧尼亞裔希臘哲學家。阿那克薩哥拉可能參考了巴門尼德所觀察到的月球亮面總是面向太陽的現象，而做出這樣的結論：「正是太陽以其閃耀照亮月球。」以此為基礎，他很自然地推論出，當月球行經地球的陰影時，月食便會發生。據推測，阿那克薩哥拉也了解到，當月球的陰影落於地表、將太陽遮蔽時，我們便會看到日食的發生。

　　而在探究地球的形狀上，亞里斯多德將推論及觀察此兩種手段併用得非常好。雖然為古希臘哲人作傳的第歐根尼‧拉爾修與古希臘地理學家史特拉波（Strabo）都認為，早在亞里斯多德之前，巴門尼德已經知道地球為球形，但我們不知道巴門

尼德是如何得出這個結論的（假設真的是他發現的）。在《論天》一書中，亞里斯多德則為地球的球體形狀提供了理論與觀察兩方面的論證。如同第三章所述，根據亞里斯多德對物質的先驗理論，較重的土元素與水元素會設法往宇宙中心移動（水元素移動的程度較低），而空氣元素與火元素傾向遠離宇宙中心（火元素移動的程度較高）。由這點出發，亞里斯多德推論地球必為一球形，而且其中心正位於宇宙中心，因為如此才能讓最大比例的土元素接近此中心。亞里斯多德並不是在提出這個論證之後就此打住，他還更進一步為地球的球體形狀提供了觀察上的證據。例如，在月食的過程中，地表映照在月球上的影子邊緣是彎曲的[1]，而且當我們由北向南行時，群星在天空中的位置看起來會改變：

　　在月食中影子邊緣總是彎曲的，而且由於月食乃地球位於日月之間所造成，影子邊緣必定是由地球表面的形狀所造成，因此可知地球是一球形。再者，我們對星空的觀察結果清楚顯示，地球不但是球形的，而且這球不會太大。這是因為當我們向南或向北移動、位置僅改變一點點時，就會造成地平線的明顯改變。我是指，當我們向北或向南移動時，頭上的星空就會有巨大的變化，而且看到的星星明顯不同。事實上，某些在埃及以及塞浦路斯（Cyprus）周邊觀測得到的星星，在較北方的地區是看不到的；而在北方永遠不會超出觀測範圍的某些星星，在埃及與塞浦路斯周邊則會從地平線東升西落。

由於亞里斯多德對數學一貫的輕忽態度，他未曾嘗試利用這些觀測星空的結果來對地球大小進行定量的推導與估測。除此之

外，我發現令人困惑的一點是，亞里斯多德並未引用一項每位航海者必定都很熟悉的現象來幫助其論證。若我們在天氣晴朗時觀察一艘由遠處駛來的船，我們會先看到「船體在地平面以下」—彎曲的地表會將桅桿頂部以下的船體遮掩住—而之後當船駛近時，我們即可逐漸看到整艘船其餘的部分[2]。

亞里斯多德能夠理解地球為球形此一成就不可謂不大。更早的阿那克西曼德曾認為地球為一圓柱體，而我們生活在其中一端的平面上。而根據阿那克西美尼的想法，地球是平的，太陽、月球與星辰則漂浮在空中，當它們運行至地表較高處後面時，我們就看不見它們了。另一方面，色諾芬尼曾寫道，「我們腳下所見的為地球的最上端；但其下的部分則往下延伸至無窮遠。」之後，德謨克利特與阿那克薩哥拉都如同阿那克西美尼一般，認為地球是平的。

據我猜測，古代人對地球為平面的堅信，來自於球狀地球會引發的明顯問題：如果地球為球形，為什麼行至遠處的人不會掉下去？亞里斯多德關於物質的理論有效地回答了此一問題。亞里斯多德理解到，對全世界來說並不存在一致稱為「往下」的單一方向。在地表的任何一處，由土和水等較重元素所構成的物體傾向往世界的中心移動，這點與觀察結果一致。

在此層面上，亞里斯多德關於重元素之天然位置乃為宇宙中心的理論和現代重力理論的解釋很類似，但兩者之間有一大不同：亞里斯多德認為宇宙中心只有一個，而今天我們了解，任何大質量的物體都會在自身重力下逐漸變成球形，而且會吸引其他物體向其質心靠攏。亞里斯多德的理論並未解釋為什麼除了地球以外的物體會呈球狀，但從他對月相逐漸變化、從滿月到新月再回到滿月的推論看來，他分明知道月亮也是球形

的。

　　在亞里斯多德之後，哲學界（除了少數人如拉克坦提烏斯以外）和天文學界壓倒性的共識是地球為一圓球。阿基米德憑著心智甚至從水杯裡的水看出了地球的形狀；在《論浮體》的命題二中，阿基米德推導出，「任何靜止流體的表面均為一球形表面，此球形以地球為中心。」（這點只在表面張力不存在的狀況下為真，而阿基米德忽略了表面張力。）

　　接下來我們要開始討論，就某些層面而言，古代世界中將數學應用在自然科學上最令人嘆服的例子：薩摩斯島之阿里斯塔克斯（Aristarchus of Samos）的研究工作。阿里斯塔克斯約在西元前三一〇年出生於愛奧尼亞地區的薩摩斯島；他曾以門生身分求教於雅典呂克昂學園的第三任校長斯特拉托；隨後阿里斯塔克斯在亞歷山卓從事研究，直到約西元前二三〇年去世為止。我們很幸運，他的傑作《論日與月之大小及距離》（*On the Sizes and Distances of the Sun and the Moon*）完整流傳了下來。在該著作中，阿里斯塔克斯用了四項天文觀測結果作為假定（postulates）：

　　假定一：「在弦月（Half Moon）時分，月球至太陽的距離比一個四分圓（quadrant）少了三十分之一個四分圓。」（亦即，當月相剛好為弦月時，地球和月球連線與地球和太陽連線所成夾角比九十度少三度，也就是八十七度。）

　　假定二：在日食發生時，從地表觀察，月球恰好完全將太陽遮蔽。

　　假定三：「地球影子之寬度恰為月球寬度的兩倍。」（對此最簡單的詮釋是，在月球的位置，當月食發生時，某一直徑為

月球直徑兩倍的球體恰可填滿地球所造成的陰影。據推測，這點可藉由量測月食時，從月球邊緣開始被地球陰影遮蔽至月球開始完全消失之間的時間、月球持續完全消失的時間、以及從月球邊緣開始出現至月食完全結束之間的時間而推導得出。）

假定四：「月亮橫跨黃道帶視角的十五分之一。」（整個黃道帶為一個三六〇度的完整圓，但此處阿里斯塔克斯顯然是指黃道帶諸星座之一；黃道帶由十二星座組成，所以一個星座約佔三〇度，而三〇度的十五分之一是二度。）

由這些假設開始，阿里斯塔克斯逐步演繹出下列結論：

結論一：地球與太陽間的距離為地球至月球間之距離的十九倍至二十倍。

結論二：太陽直徑為月球直徑的十九倍至二十倍。

結論三：地球直徑為月球直徑的一〇八／四三倍至六〇／一九倍。

結論四：地球與月球間之距離為月球直徑的四五／二倍至三〇倍。

在阿里斯塔克斯的年代，三角學（trigonometry）尚屬未知，因此他必須透過精巧複雜的幾何構形來推估上述結果中的上下界。如今，若利用三角學，我們便可得到比較精確的結果；例如，由假定一，我們可推得地日距離與地月距離的比值為八十七度的正割函數（secant，即餘弦函數〔cosine〕之倒數）值，亦即一九・一倍，此數值確實是在十九倍與二十倍之間。（在技術箚記十一中，我們會將此點與上述其他阿里斯塔克斯

的結論，用現代數學重新推導一遍。）

　　憑藉這些結論，阿里斯塔克斯得以將太陽與月球的直徑，以及它們與地球間的距離，全都以地球直徑的有理倍數計算並表示出來。特別是若結合結論二與結論三，阿里斯塔克斯就可推導出，太陽直徑是地球直徑的三六一／六〇倍到二一五／二七倍。

　　從數學上來看，阿里斯塔克斯的推論無懈可擊，然而他得到的結論在數值上與正確答案相去甚遠，這是由於他用來當起始點的天文觀測資料裡，假定一和假定四離真實數據誤差極大。當月相為弦月時，地月連線與地日連線的夾角值事實上是八九·八五三度，而非八七度，由此推算，太陽離地球比月球離地球遠三九〇倍之多，這比阿里斯塔克斯所推得的數值要大多了。雖說如此精準的量測對僅憑裸眼觀測的天文學家來說是不可能辦到的，但若阿里斯塔克斯在著作裡是記載，弦月時地月連線與地日連線所成的夾角**不小於**八七度，那他便會是正確的。同樣的，由地表所見的月球所對應的視角寬僅有〇·五一九度，而非二度，這使得地球與月球間之距離較接近月球直徑的一一一倍。針對此點，阿里斯塔克斯應當可以設法做出更精準的量測，而在阿基米德所著的《數沙者》（*The Sand Reckoner*）裡有線索顯示，在阿里斯塔克斯較晚的研究中，他也的確得到了比較準確的量測結果[3]。

　　標誌著阿里斯塔克斯的研究成果與現代科學之間龐大距離的，並非是他觀測結果裡的誤差。長期以來，偶爾發生的嚴重誤差持續困擾著從事觀測天文學與實驗物理學的學者們。舉個實例，在一九三〇年代，天文學家與物理學家所認為宇宙擴張的速率，是我們現在所知的真實數值的七倍之多。阿里斯塔克

斯與現代的天文學家、物理學家們之間真正的差異，並不在於他的觀測結果存在誤差，而在於他從未試圖去判斷其結果的不確定性（uncertainty），他甚至未嘗承認其結果有可能是不完美的。

今日的物理學家與天文學家所受的訓練，已讓他們懂得要非常嚴肅地看待實驗結果的不確定性。即使我個人在大學部求學時期就知道，自己以後想當個永遠不會親自動手作實驗的理論物理學家，我仍有必要和其他物理系的同學一起修習實驗課程。在我們的實驗課裡，大部分的時間都花在評估量測所得結果的不確定性上。然而在科學史的發展上，這種對不確定性的關注實在來之不易。據我所知，在古代與中世紀，從未有人嘗試認真地評估量測結果的不確定性；而如同第十四章中將會提到的，即使牛頓也對實驗結果的不確定性表現得漫不經心。

在阿里斯塔克斯身上，我們看到了數學的高度影響力所造成的負面效應。他的著作讀起來就像歐幾里得的《幾何原本》：以假定一至假定四裡所提的觀測數據為前提，由這些假定開始，循著數學的嚴謹性逐步演繹，推導出他的結論。在他所得到的結論裡，觀測誤差的影響遠大於他所嚴謹推導出來的各天體大小與彼此距離的各個狹窄區間。或許阿里斯塔克斯的本意並非強調當月相為弦月時，地日連線與地月連線所成夾角確實是八十七度，而僅是以之為範例來顯示，當給定某項觀測結果時，我們可以演繹出什麼樣的結論。相較於他的老師，被同時期學者稱為「物理學家」的斯特拉托，阿里斯塔克斯被其他人稱為「數學家」確實其來有自。

無論如何，阿里斯塔克斯的確推得了一個定性層面上相當正確的要點：太陽要比地球來得大多了。為了強調此點，阿里

斯塔克斯寫道太陽體積至少為地球體積的三六一／六〇之三次方（約為二一八）倍。當然，今天我們知道正確的數值遠大於此[4]。

在阿基米德與普魯塔克（Plutarch）[5]的著作中都有些引人深思的敘述，記載著阿里斯塔克斯從太陽相對於地球的巨大體積，得到並非太陽繞著地球公轉，而是地球繞著太陽公轉的結論。根據阿基米德在《數沙者》裡所述，阿里斯塔克斯不僅指出地球繞著太陽運行，而且認為相較於地球與恆星間的距離，地球繞日運行的軌道大小微不足道。關於後半句話，當時阿里斯塔克斯可能在試圖處理一項任何關於地球公轉的理論都必然會引致的問題：視差現象（parallax）。正如同坐在旋轉木馬上往外看時，地面上的固定物會看起來忽前忽後，若地球本身在動，從地球往外看，在一整年中，星星也應該看起來時而前進時而後退。亞里斯多德似乎早就了解了這點，他曾評論道如果地球本身在公轉，則「必然會有恆星移動與轉向的現象。然而從未有人觀察到這種現象。同一群恆星永遠在地球的同一方位升起及落下。」具體來說，若地球繞太陽公轉，則每顆恆星一年中的位置應可以形成天空中的一個封閉曲線，而此封閉曲線的大小會隨地球軌道直徑與地球至恆星間距離的比例而變。

那麼，若地球繞著太陽公轉，為什麼古代的天文學家們沒有觀察到恆星發生這種稱為周年視差（annual parallax）的移動現象？要讓視差小到肉眼無法察覺，就必須假設地球與恆星間的距離至少在一龐大的特定值以上。不巧的是，阿基米德在《數沙者》裡沒有特別提及視差現象，而且我們無從得知古代是否有人利用這樣的論證去推導地球與恆星距離的下限。

除了觀察不到視差之外，亞里斯多德也提出了其他論證

來否定地球在公轉的說法。某些論證是建立在重元素之天然移動方向為朝向宇宙中心的理論（如第三章中所述）之上，但有一項論證是以觀察為基礎。亞里斯多德推論，若地球在公轉，則被垂直往上拋的物體會跟不上運動中的地球，因此應該會落在不同於被拋出點的位置。然而，如他所言，「被用力垂直往上拋的重物會回到它們的起始點，即使它們一開始是被拋至無窮高之處亦然。」這一論證被一再引用，例如在西元一五〇年左右，克勞狄烏斯·托勒密（我們在第四章中提過他）就引用過，而中世紀的讓·布里丹（Jean Buridan）也曾舉過此論證，直到尼克爾·奧里斯姆（Nicole Oresme）提出對此論證的反駁為止。（這部分的細節我們將會在第十章中討論到。）

如果我們能找到關於古代的太陽系儀（orrery，一種模擬太陽系運行之機械模型）的詳細敘述，或許我們就有辦法判斷地球繞日公轉這種概念到底傳播得多廣[6]。羅馬時代的作家西塞羅在《論共和國》中提到了一段發生於西元前一二九年，也就是他本人出生前二十三年，有關某件太陽系儀的對話。在這段對話中，某位羅馬共和國執政官（consul）費勒斯（Lucius Furius Philus）描述了一件阿基米德所製作的太陽系儀，這件儀器遭當初攻陷阿基米德所在之敘拉古城的羅馬將領馬塞盧斯所奪，而且之後出現在馬塞盧斯的孫子家中。從這段第三手的記載中不易看出此太陽系儀的運作方式（而且《論共和國》一書中這部分的某些頁面已經佚失），然而在故事中的某段落，西塞羅記載道，費勒斯說在這件太陽系儀上，「太陽、月球與那五顆被稱為漫遊者（行星）之星星的運動，都被準確地呈現出來。」這句話清楚顯示了那件太陽系儀具有一顆會動的太陽，而非會動的地球。

第八章中將會提到，早在阿里斯塔克斯之前，畢達哥拉斯學派學者已經有了地球與太陽皆環繞著一團中心火（central fire）而運行的概念。畢氏學派中人沒有證據支持這種想法，但不知為何他們的推測被後人記憶而流傳了下來，反倒是阿里斯塔克斯關於地球繞日公轉的想法遭到了遺忘。據我們所知，僅有一位古代天文學家繼承了阿里斯塔克斯的日心（heliocentric）概念，他就是活躍於西元前一五〇年左右，不甚著名的塞琉西亞之塞琉古（Seleucus of Seleucia）。在哥白尼與伽利略的時代，當天文學家與教會人士提及地球繞日公轉的想法時，他們稱之為畢達哥拉斯學說，而非阿里斯塔克斯學說。當我自己在二〇〇五年造訪薩摩斯島時，我發現島上有許多以畢達哥拉斯命名的酒吧與餐廳，卻沒有任何一間以薩摩斯島出身的阿里斯塔克斯命名。

　　我們不難看出為何地球繞日公轉的概念沒有在古代世界成為主流。我們感覺不到地球在動，而在十四世紀之前還沒有人理解，其實我們沒有理由**應該要**感覺到地球的運動。另一方面，無論阿基米德還是其他學者，都沒有人提及，阿里斯塔克斯曾研究出從繞日而行的地球上看出去，行星會如何運動。

　　對於地球與月球間距離的量測工作，在一般公認古代最傑出的天文觀測者—喜帕恰斯（Hipparchus）手上，得到了長足的改進。喜帕恰斯於西元前一六一年至前一四六年間在亞歷山卓從事天文觀測，而且將此工作延續至前一二七年，地點可能在羅德（Rhodes）島。幾乎所有他的著作都已佚失；我們主要是從三個世紀之後的克勞狄烏斯·托勒密的轉述中得知喜帕恰斯的研究成果。喜帕恰斯的計算之一是以某次日食的觀測結果為基礎；我們現在知道該次日食發生在西元前一八九年的三

月十四日。在那次日食發生時，從亞歷山卓完全看不到太陽，但在赫勒斯滂（Hellespont，即現今位於歐亞邊界的達達尼爾〔Dardanelles〕），太陽卻只有五分之四的部分被遮蔽。由於從地球上看起來太陽與月球的直徑非常接近，而且根據喜帕恰斯的量測，太陽的視角寬為三十三角分（minutes of arc）或○‧五五度，於是他推論出，從赫勒斯滂與從亞歷山卓觀察月球的兩條視線相差○‧五五度的五分之一，亦即○‧一一度。另一方面，藉著觀察太陽，喜帕恰斯知道赫勒斯滂與亞歷山卓兩地的緯度，而他也知道在那次日食時月球在天空中的位置，據此他便可以用地球半徑為單位，計算出地球與月球間的距離。在考量一個太陰月中從地表看到的月球大小有所變化之後，喜帕恰斯算出地球與月球間的距離在地球半徑的七一至八三倍間變動。今天我們知道，地月距離的真實平均值約為六十倍的地球半徑。

這裡我應該暫時打住，岔題談談喜帕恰斯的另一項重要成就，即使該成就與天體大小或距離的量測並不直接相關。喜帕恰斯製作了一份包含約八百顆恆星的星表，並記錄了每顆恆星在天空中的位置。今日，我們最詳盡的一份星表包含了十一萬八千顆恆星的位置，觀測資料皆來自一具以喜帕恰斯為名的人造衛星，這無疑是個相當恰當的致敬方式。

喜帕恰斯對於恆星位置的量測使他發現了一項令人驚嘆的自然現象，而此現象之謎直到牛頓出現才得以解開。為解釋這項發現，我們必須先介紹一下天文學家是如何描述天體在天空中的位置。喜帕恰斯編纂的星表並未留存下來，而我們也不知道他是如何描述恆星位置的。我們知道的是，自羅馬時代以降，有兩種常用的描述天體位置的可能方式。方式之一，

如同托勒密之後在他自己的星表中所採用的，是將恆星群視為天球上的一個個點，此天球上下兩半的分界面為黃道，亦即太陽一年中行經背景星空的軌跡。恆星位置在此天球上以黃緯（celestial latitude）與黃經（celestial longitude）度數表示，規則如同我們用緯度與經度來表示地表上的位置一般[7]。方式之二，也是喜帕恰斯可能採用的方式，同樣將恆星群視為天球上的點，但此時這個天球是以地球自轉軸而非黃道為基準；此天球的北極即為恆星群看起來每晚環繞轉動的北天極。在此天體座標系統內，經度與緯度分別稱為赤經（right ascension）與赤緯（declination）。

根據托勒密的轉述，喜帕恰斯對恆星位置的量測足夠準確，使他得以注意到處女座角宿一（Spica）這顆恆星的黃經（或赤經），與更早之前天文學家提摩恰利斯（Timocharis）在亞歷山卓所觀測到的相較，差了約二度。這並非是因為角宿一相對於其他恆星的位置產生了變化；而是太陽在秋分當天的位置，也就是當時計算黃經（或赤經）的基準，發生了變動所致。

要推算這樣的變動花了多長的時間並非易事。我們知道提摩恰利斯生於西元前三二〇年左右，比喜帕恰斯早出生了約一百三十年；然而，一般相信提摩恰利斯在非常年輕時，約西元前二八〇年就過世了，比喜帕恰斯的逝世早了約一百六十年。若我們粗略地猜測他們二位觀測角宿一的時間點差了一百五十年左右，那麼這些觀測結果表示，太陽於春（秋）分當天在天球上的位置每隔七十五年會改變約一度[8]。依此速率，此進動（precession）現象會使太陽的春（秋）分點每二七〇〇〇（三六〇乘以七五）年完整地通過三六〇度的黃道帶一次。

如今，我們已經了解，此種春（秋）分點進動的現象係由地球自轉軸的擺動（類似陀螺頂端的晃動）所造成，此一擺動以與地球繞太陽公轉軌道面垂直的方向為中心，而此方向與地球自轉軸之間的夾角幾乎固定在二三‧五度。春（秋）分恰好是太陽與地球連線與地球自轉軸成垂直之日，是以地球自轉軸的擺動會造成春（秋）分點的進動。我們將在第十四章討論到，對地球自轉軸擺動的解釋最早是由牛頓所提出的，他以太陽及月球對地球赤道地區的重力吸引效應來說明此現象。另一方面，今日我們知道，地球自轉軸實際上要花二五七二七年才會完成一周三六〇度的擺動。喜帕恰斯的研究成果能夠如此精準地預測這麼長的時間間隔，實在不能不讓我們讚嘆。（順帶一提，春〔秋〕分點的進動現象，正好解釋了古代的航海者為何必須仰賴北天極附近的星座，而不是北極星〔Polaris〕的位置，來判明北方。相對於其他恆星與星座，北極星在天上的位置沒有改變，但在古代，地球的自轉軸並非如今日一般直指北極星，而在未來，地球自轉軸的擺動將再次使得北極星的位置遠離北天極。）

讓我們將話題帶回天體大小的量測上。前述阿里斯塔克斯與喜帕恰斯的估測，均以地球大小的倍數來表示月球與太陽的大小，以及其與地球間的距離。在阿里斯塔克斯研究工作的數十年之後，埃拉托斯特尼（Eratosthenes）完成了對地球大小的量測。埃拉托斯特尼於西元前二七三年出生在昔蘭尼（Cyrene），一座建於約西元前六三〇年，位處今日利比亞地中海岸，後來成為托勒密王朝一部分的希臘城市。他在雅典受教育，其中部分時間於呂克昂學園求學，緊接著在西元前二四五年左右，他被托勒密三世召至亞歷山卓，成為亞歷

山卓博物館的成員，以及後來的托勒密四世的宮廷教師。其後，約在西元前二三四年，他奉任命為亞歷山卓圖書館的第五任館長。埃斯托拉特尼的主要著作，包含《論地球之測量》（*On the Measurement of the Earth*）、《地理回憶錄》（*Geographic Memoirs*），以及《赫爾密斯》（*Hermes*）等，不幸都沒有留存下來，但在其他古代哲人的著作裡被廣為引述。

埃拉托斯特尼對地球大小的量測工作，由斯多葛（Stoic）學派的哲學家克雷奧米德（Cleomedes）在西元前五〇年後左右記載於《論天》（*On the Heavens*）一書中。埃拉托斯特尼的量測方法始於一項觀察：在他認為地處亞歷山卓正南方的埃及城市賽伊尼（Syene），夏至當日正午時分的太陽恰好位於正上方天頂處，而另一方面，根據日規的量測結果，夏至正午時在亞歷山卓所看到的太陽，和垂直於地表的方向相差了正圓的五十分之一，亦即七‧二度。根據此一現象，埃拉托斯特尼推論出地球的周長為亞歷山卓至賽伊尼距離的五十倍。（請見技術簡記十二。）由亞歷山卓至賽伊尼的距離之前已經過量測（也許是由受過訓練、步伐可保持固定長度的步行者所測得）為五千視距（stadia），因此地球的周長必為二十五萬視距。

埃拉托斯特尼的這項估測有多準確呢？我們並不知道他所使用的視距這一單位的實際長度，而克雷奧米德很可能也不知道，因為不像現今的英哩或公里等長度單位，視距從未有過標準的定義。但是，雖然我們不確定視距的實際長度，但卻可以判斷埃拉托斯特尼對天文學之利用的精確度。地球的周長事實上為亞歷山卓至賽伊尼（即今日的埃及城市亞斯文〔Aswan〕）距離的四七‧九倍，所以無論視距的長度為何，埃拉托斯特尼所得到地球周長為此兩城市間距離之五十倍的結論其實頗為準

確[9]。由此可知，若不討論埃拉托斯特尼對地理學的利用，而僅看他對天文學的應用，他的研究工作無疑是相當成功的。

註：

1　作者註：有人指出，亞里斯多德關於地球投射在月球上影子形狀的推論不具決定性，因為有無限多種地表與月球形狀的組合都能導致同樣邊緣彎曲的影子。（請參見天文學史權威紐格博爾〔O. Neugebauer, 1899-1990〕所著之《古代數理天文學史》〔*A History of Ancient Mathematical Astronomy, Springer-Verlag, New York*, 1975〕一書，1093至1094頁）

2　作者註：美國航海史學家、海軍少將莫瑞森（Samuel Eliot Morison, 1887-1976）在他所著的哥倫布傳記《大洋的上將》（*Admiral of the Ocean Sea, Little Brown, Boston, Mass.*, 1942）中，引了這個論點來顯示，與常見的推測相反，早在哥倫布啟航之前，世人就已熟知大地為球形。在西班牙卡斯提爾（Castile）宮廷針對是否應補助哥倫布所提探險計畫的爭論中，爭點並不在地球的形狀，而在於其大小。哥倫布本來認為地球很小，而且他能在不耗盡食物與清水的情形下，從西班牙一路航行到亞洲東岸。後來證明，哥倫布對地球大小的推測是錯誤的，但如我們所知，他的艦隊遇見了歐洲與亞洲間預期之外的美洲新大陸，因而獲救。

3　作者註：阿基米德的《數沙者》中有一段很有意思的記載，寫道阿里斯塔克斯曾發現「太陽看起來佔了黃道帶所對應視角的一／七二〇。」也就是說，從地表觀測，太陽所對應的視角寬為三六〇度的一／七二〇，即〇‧五度，這與正確數值〇‧五一九度相去不遠。阿基米德甚至在書中聲稱他已經用自己的觀察驗證過此一量測結果。然而，如前文所述，在阿里斯塔克斯留下來的著作中，他已經將從地表所見的月球視角寬定為二度，且他也提到太陽和月球具有同樣的視角寬。那麼，究竟阿基米德是在引述阿里斯塔克斯的後期量測結果，而此結果沒有相應的著作留存下來？抑或是，阿基米德在說的是他自己的量測結果，並將其歸功於阿里斯塔克斯？我曾聽學者提出，這一前

後矛盾的問題來自文本抄錄時的錯誤，或是對文本的誤譯，但這些解釋聽起來可能性都非常低。如前述，阿里斯塔克斯已經從他對月球視角寬的量測結果推導出，地球與月球間距離肯定比月球直徑大四五／二倍至三○倍，此一結論與約○‧五度的視角寬相當不吻合。而另一方面，若利用現代三角學，我們可知，若月球可見視角寬為二度，則它與地球間距離會是其直徑的二八‧六倍，此數值的確在四五／二與三○之間。（值得注意的是，《數沙者》並非一部嚴謹的天文學著作，阿基米德寫作此書的目的在顯示他有能力處理與計算非常龐大的數字，例如需要多少撮沙粒才能填滿恆星所在的天球。）

4　今天我們知道太陽的直徑約為地球直徑的一○九倍，亦即太陽體積約為地球體積的一二九五○二九倍，或約一百二十九萬五千倍。

5　普魯塔克為羅馬時代的希臘作家，最有名的著作為描寫古希臘與古羅馬歷史人物的《希臘羅馬名人傳》（Lives of the Noble Greeks and Romans）。

6　作者註：有一件稱為安提基瑟拉機械（Antikythera Mechanism）的著名古代儀器，由採集海綿的潛水者在西元一九○一年，於位處克里特島與希臘大陸之間的地中海小島安提基瑟拉島附近所尋獲。考古人員咸信這件儀器是在西元前一五○至前一○○年間的某次船難中落海的。雖然安提基瑟拉機械如今已是一塊遭嚴重腐蝕的青銅，但學者們已利用X光研究過它的內部，且據此推演出其運作原理。據我們所知，安提基瑟拉機械顯然不是一件太陽系儀，而是一座曆法裝置，它可顯示在任何給定日期當天，太陽與眾行星在黃道帶上的位置。這座儀器最重要的一點在於，其複雜精密的齒輪與機關，為希臘化時代科技的高度工藝水準提供了有力證據。

7　作者註：黃緯度數是地球至恆星的視線與黃道面所成的夾角度數。另一方面，在地表我們是以經過格林威治（Greenwich）的子午線（meridian，即經線）為基準來量測經度，而黃經的測量則是在一固定黃緯度數所構成的圓圈上，以恆星與太陽春分點所在的子午線之間的夾角度數來決定。

8　作者註：根據托勒密自己對獅子座軒轅十四（Regulus）的觀測，他在《天文學大成》（Almagest）中提出了太陽位置約每一百年改變一度這樣的估測。

9　作者註：埃拉托斯特尼的成功其實頗具運氣成分。事實上，賽伊尼並非位於亞歷山卓的正南方（賽伊尼位於東經三二‧九度，而亞歷山卓位於東經二九‧九度），且在夏至正午時，太陽也不在賽伊尼的正上方天頂處，而是和垂直於地表的方向相差了○‧四度。這兩項觀測誤差在某種程度上彼此抵消了。埃拉托斯特尼真正量測的，是地球周長與亞歷山卓至北回歸線（Tropic of Cancer，克雷奧米德稱之為夏季回歸圈〔summer tropical circle〕）之間距離的比值。北回歸線，如我們所知，是夏至正午時太陽恰好位於天頂、直射而下的地理圈。在此問題上，亞歷山卓位於北緯三一‧二度，而北回歸線位於北緯二三‧五度，比亞歷山卓的緯度少了七‧七度，因此，地球周長事實上是亞歷山卓與北回歸線間距離的四六‧七五倍（三六○度／七‧七度＝四六‧七五），僅比埃拉托斯特尼所推得的五十倍略小一點。

第八章 | 行星問題

　　太陽與月亮除了每日繞著北天極相對於背景星空由東向西行之外，也會在更長的週期中循著黃道帶由西向東移動，不過在黃道帶上這般移動的天體不只它們兩顆。在好幾個古文明中，人們早已注意到，有五顆「星星」亦會在一段較長的時間中，循著與太陽、月亮幾乎相同的軌跡，由西而東穿越背景星空。希臘人稱這些天體為徘徊之星（wandering stars）或行星（planets），並以神祇之名稱呼它們：赫爾密斯（Hermes）、阿芙蘿黛蒂（Aphrodite）、阿瑞斯（Ares）、宙斯（Zeus）與克羅諾斯（Cronos）；羅馬人則將此五星之名譯為墨丘利（Mercury，水星）、維納斯（Venus，金星）、瑪爾斯（Mars，火星）、朱彼特（Jupiter，木星）與薩坦（Saturn，土星）。羅馬人亦依循巴比倫文明的傳統，將太陽與月亮納入行星之林[1]，使行星總數來到七顆，並以它們做為一週七日的基礎[2]。

　　行星穿越星空的速率各自不同：水星與金星一年繞行黃道帶一周，而火星需耗時一年又三百二十二日、木星需耗時十一年又三百一十五日、土星則需耗時二十九年又一百六十六日才完成一周繞行。以上這些數值都是平均週期，因為行星並非以等速率穿越黃道帶——它們有時甚至會朝反方向運行一段時間，然後才回到原來向東的路徑上。現代科學誕生的故事，有很大一部分是關於人類兩千多年來，試圖解釋行星特異運行現象的努力。

　　在歷史早期，一項建構關於日、月與行星之理論的嘗試

係來自畢達哥拉斯學派。在他們的想像中，五顆行星與日、月以及地球皆圍繞著一團中心火（central fire）運行。畢氏學派學者認為我們生活在地球朝向外、遠離中心火的那一面，這解釋了為何我們在地球上看不到中心火。（如同幾乎所有前蘇格拉底時期哲人一般，畢氏學派學者認為地球是平的；他們將地球想成一個圓盤，其中一面永遠朝向中心火，而我們生活在圓盤的另外一面上。地球每日繞著中心火的規律運行，則應該是用來解釋太陽、月亮、行星與其他恆星每日可見但較慢的繞地球運行的現象。）而根據亞里斯多德與埃提烏斯所述，西元前第五世紀的畢氏學派學者菲洛勞斯（Philolaus）提出了「反地星」（counter-Earth）此一天體存在之說，反地星運行於我們生活的地球這一面所看不到之處，位在地球與中心火之間，或是地球相對於中心火的另外一側。亞里斯多德將反地星一說的出現解釋為畢氏學派執著於數字的結果。地球、太陽、月球、五顆行星，以及恆星所在的天球，構成九個繞中心火運行的天體，然而畢氏學派學者認為天體的總數必定為十，因為十才是完美的數字：10＝1＋2＋3＋4。根據亞里斯多德略帶蔑視口吻的敘述，畢氏學派：

認為數字的元素乃構成萬物之元素，而且整個宇宙為一音階，同時亦為一數字。對於數字與音階的所有特性，只要畢氏學派學者能顯示其與天界之屬性、組成與整體構造相吻合，他們就將這些特性集合起來，融入他們的體系當中；設若體系中哪裡有漏洞，他們便毫不猶疑地進行補充，以使整體理論維持一致性與連貫性。舉例來說，由於他們認為十是完美之數且包含數字的一切本質，他們聲稱運行在宇宙中的天體總數為十

個，然而因為可見的天體只有九個，他們便發明了第十個天體——「反地星」。

顯然，畢氏學派從未試行證明，他們這套理論能詳細解釋日月與行星的視運動（apparent motion，亦即從地球上所觀察到天體在空中的實際運行現象）。找出一套能解釋這些天體視運動的理論，遂成為往後十數世紀的科學研究標的之一，而這項工作直到克卜勒的時代才畢竟全功。

對天體運行的研究工作，得益於各種天文儀器的導入，例如被用來研究太陽運行現象的日規，以及其他能讓人們量測地表至各天體所成視線間之夾角，或量測地表至上述天體所成視線與地平線間之夾角的工具。當然，這些天文觀察與量測工作都僅止於裸眼觀測。說來諷刺的是，曾深入研究光線反射與折射現象（包括大氣使光產生折射的現象是如何讓星星的可視位置發生變動），而且在天文學史上扮演舉足輕重角色的克勞狄烏斯‧托勒密，竟從未了解到透鏡與曲面鏡其實可被用來放大天體的影像，從而打造出如同伽利略所製的折射式天文望遠鏡，或牛頓所造的反射式天文望遠鏡。

事實上，實體儀器的運用，並不是讓希臘的科學化天文學得以向前開展、獲得長足進步的唯一因素。數學方面的精進，亦使天文學的進展成為可能。就史實來看，在古代與中世紀時代，天文學領域內的重大爭論，並非發生在認為地球在動以及認為太陽在動的兩派人馬之間，而是存在於分別描述日月與行星如何環繞一個靜止地球運行的兩套概念之間。如同接下來所述，此一爭論主要源自對數學在自然科學中所扮演角色的不同看法。

整個解開行星運動之謎的故事，起自一個我個人喜歡稱為「柏拉圖的家庭作業」的問題。根據新柏拉圖學派學者辛普利修在西元五三〇年左右所撰寫的對亞里斯多德《論天》的評註所述：

　　柏拉圖設下準則，認為所有天體的運動都循圓形軌道、等速率且依恆常規律。於是，他為數學家們出了下面這個問題：什麼樣的等速率、完全規律的圓周運動，可以作為假設來「維持」行星表現的舉止？

文中「維持」（save，或保有〔preserve〕）某天文現象是種傳統的翻譯方式；柏拉圖想問的是，什麼樣的行星（此處包含太陽與月球）以等速率、永遠維持同一方向進行圓周運動的組合，才會形成我們實際觀察到的天文現象。

　　最早試行解答此一問題的，是與柏拉圖同時期的數學家，本書第二章中提到的尼多斯的歐多克索斯（Eudoxus of Cnidus）。他在一本已佚失的著作《論速率》（On Speeds）中建立了一套行星運動的數學模型；現在我們對此著作內容的認識，則來自亞里斯多德與辛普利修對它的二手敘述。根據歐多克索斯的模型，恆星彷彿是鑲嵌在一個以地球為中心的隱形球殼上，被此球殼帶著，每日由東向西繞地球旋轉一周，而太陽、月亮與其他行星亦類似，是被隱形球殼帶著以地球為中心旋轉，只不過對這些天體而言，帶著它們旋轉的球殼本身又被別的球殼帶著旋轉。在最簡化的模型裡，有兩個隱形同心球殼帶著太陽以地球為中心進行旋轉：外層的球殼每日由東向西旋轉一周，此球殼的自轉軸和速率與帶著恆星繞地球轉的球殼一

致；而太陽則位在內層球殼的赤道上，此內層球殼彷彿依附在外層球殼上，與外層球殼一同每日繞地球自轉一周，但內層球殼亦繞著本身的自轉軸、每年由西向東自轉一周。內層球殼的自轉軸與外層球殼的自轉軸形成一個二三・五度的夾角。這樣的模型既能解釋太陽每天東升西落的視運動，亦能說明太陽每年循黃道帶運行一周的現象。另一方面，與太陽的狀況類似，我們可將月球想成被兩個旋轉方向互異的球殼帶著繞地球旋轉，差別僅在描述月球的模型裡，月球所在的內層球殼每個月（而非每年）由西向東旋轉一周。此外，因為不明原因，歐多克索斯另外為太陽與月球繞地的模型各加上了第三個球殼。我們稱這樣的理論為「同心說（homocentric）」，因為與行星及日月相對應的球殼全都以同一點為球心，亦即地球中心。

行星的不規則運行現象，則讓此類模型的建構變得棘手許多。歐多克索斯將每顆行星對應到四個球殼：最外層的球殼每天由東向西繞著地球旋轉一周，其自轉軸及速率與恆星所對應的球殼以及日月所對應的外球殼相同；往內一層的球殼則與日月所對應的內球殼一樣，以慢上許多且每行星各自不同的速率由西向東旋轉，此球殼的自轉軸與最外層球殼的自轉軸形成一個二三・五度的夾角；最後，最內層的兩個球殼以完全相等的速率但恰好相反的方向旋轉，兩個球殼的自轉軸相當接近平行，而且和外層兩球殼的自轉軸也都成一大夾角，行星則是依附在最內層的球殼上被帶著繞地球旋轉。在此模型中，兩個外層球殼的旋轉分別說明各行星每日隨恆星繞地球的運行，以及該星在長時間中穿越黃道帶的**平均**軌跡。至於內層兩個旋轉方向相反的球殼，若它們的自轉軸恰好平行，則其效應會彼此抵消，但因在模型中它們的自轉軸不完全平行，此二

內層球殼的轉動就會在行星穿越黃道帶的平均運行軌跡上疊加出一道阿拉伯數字8字形的軌跡，如此便可以解釋行星偶爾發生的逆行現象。希臘人稱此疊加上去的軌跡為「馬的腳鐐（*hippopede*）」，此乃因其狀似防止馬匹逃逸的繫繩之故。

　　歐多克索斯所提出的模型與天文學家對日月及行星的實際觀測結果不甚吻合。舉例來說，此模型所描述的太陽之運行無法解釋四季長短的不同，但如我們在第六章中所提，季節長度不均一的現象早已由優克泰蒙藉由日規而發現。除此之外，歐多克索斯模型所顯示的水星運行與實情相去甚遠，也無法很有效地描述金星或火星的運行。為了改善歐多克索斯的理論，基齊庫斯的卡里普斯（Callippus of Cyzicus）提出了一套新的模型。在此模型中，卡里普斯為太陽及月球各增添了兩個球殼，並為水星、金星及火星各添加了一個球殼。雖然卡里普斯的模型會引致某些新的、並不實際存在的行星運行特異現象，大抵說來，他的模型要比歐多克索斯的模型來得準確。

　　在歐多克索斯與卡里普斯的同心說模型裡，日、月及每顆行星均各自分配到一組球殼，而這些球殼組的最外一層皆與帶著恆星旋轉的球殼以一致方向、一致速率同步旋轉。這點是現代物理學家稱為「宇宙微調論證（fine-tuning）」的一項早期實例。若一套理論被提出時，某些特性經過調整、以便讓兩件事物相等，卻缺乏任何對它們為何應該相等的理解和證明，我們便會批判該理論是經過微調（fine-tuned）的。在科學理論裡，微調的存在就如同來自自然界沉重的抗議，疾呼抱怨道某些細節需要有更好的解釋方式。

　　對宇宙微調論證的嫌惡態度，引領現代物理學家完成了一項具有根本重要性的發現。在一九五○年代晚期，物理學家們

已經辨明兩類分具不同衰變模式的不穩定粒子：τ 子（tau）與 θ 子（theta），其中 θ 子會衰變為兩個較輕的 π 介子（pion）而 τ 子則會衰變為三個 π 介子。然而 τ 子與 θ 子不僅具有相同的質量，它們還具有相等的平均壽命，即便兩者表現出了截然不同的衰變模式！起初物理學家們假設 τ 子與 θ 子不可能為同一粒子，因為根據複雜的理由，自然界在左手座標系與右手座標系之間的對稱性（此對稱性要求當我們從鏡子裡觀察世界時，自然法則必須如同世界被直接觀察一般看起來不變）會禁止同一粒子有時衰變成兩個 π 介子、有時卻衰變為三個 π 介子。以當時我們所具備的物理學知識，物理學家們是可以調整原本理論裡的常數，使得 τ 子與 θ 子兩者的質量和平均壽命相等，但這樣的理論令人難以接受——這感覺起來就是無可救藥的微調。最後，物理學家們發現根本不需要進行任何微調，因為 τ 子與 θ 子事實上就是同一種粒子。究其原因，雖然將原子與原子核綁在一起的交互作用力確實遵守左手座標系與右手座標系的對稱性，但粒子衰變過程根本不遵守對稱性，而這其中包含了 τ 子與 θ 子的衰變[3]。發現此點的物理學家們在不願相信 τ 子與 θ 子只是剛好具有同樣的質量和平均壽命這點上是正確的—那會牽涉到太大程度的微調。

今日，我們正面臨一種更令人絕望的微調。在一九九八年，天文學家們發現，宇宙的擴張並沒有如預期般由於其中各銀河系之間彼此的重力吸引而減緩下來，反而正在加速。我們把這樣的加速歸因於一種與宇宙本身有關的能量，亦即所謂的暗能量（dark energy）。理論指出，暗能量的形成來自數種不同原因的貢獻，這其中有一些我們可以計算，其餘的則不行。結果，我們所能計算出構成暗能量的成分，要比天文學家所觀測

到的暗能量總值大上一百二十個數量級，亦即一後面接一百二十個零。這點並不會構成什麼矛盾，因為我們可以假設這些可被計算的構成暗能量的成分會剛好被那些不能被計算的成分抵銷，然而這樣的抵銷需要精確到一百二十位數。這種程度的微調是令人難以接受的，而理論物理學家們已經投入努力尋找一套較佳的解釋，說明為何實際上暗能量的總和會比計算所顯示的少那麼多。在第十一章中，我們會提到其中一種可能的解釋方式。

同時，我們必須承認某些明顯的微調例證剛好只是巧合。舉例來說，地球至太陽間的距離與地球至月球間的距離所成之比例，恰好與太陽與月球直徑之比例相當，所以從地表望去，太陽與月亮看起來約一樣大，這點可由日全食發生時月球恰好將太陽完全遮蔽可知。我們沒有理由去假設除了巧合之外，還有什麼其他原因造成這個現象。

在降低歐多克索斯與卡里普斯的模型微調程度上，亞里斯多德往前邁進了一步。在《形上學》一書裡，亞里斯多德提出將所有卡里普斯模型的球殼整合至單一相連體系的想法。不像歐多克索斯和卡里普斯將四個球殼分配給最外層的行星——土星，亞里斯多德僅將他們土星模型中的三個內層球殼分配給土星；而藉著整合這三個內層球殼與恆星所在的球殼，他便能夠解釋土星每天由東向西的運行。在這三個球殼之內，亞里斯多德又加上了三個與其旋轉方向相反的球殼，好抵銷掉土星所對應球殼的旋轉對次一行星木星所形成的效應；木星的最外層球殼則與三個多出來的球殼中，最內層的那一個彼此相連。

藉著將土星整合進恆星所在的球殼，並在土星與木星間引入額外三個旋轉方向相反的球殼，亞里斯多德頗為成功地達成

了一個目標。我們不再需要去揣測為何土星每天的運行會剛好與恆星每天的運行同步，因為現在土星就直接位於恆星所在的球殼上。然而接下來，亞里斯多德又搞砸了這個模型：他將歐多克索斯與卡里普斯模型中所對應到木星的**四個**球殼**全部**分配給自己模型中的木星。這樣做的問題在於，如此一來，模型中的木星會同時具有土星每天繞地球的運行，以及本身四個球殼中最外層那一個每天繞地球的運行，亦即**木星每天會繞地球旋轉兩次**。亞里斯多德是否忘了，模型中土星內層那多出來的三個以反方向旋轉的球殼只會抵銷土星本身的特異運行現象，卻不會抵消土星每天繞地球的旋轉？

更糟的是，亞里斯多德僅在木星所對應的四個球殼內加上了三個以反方向旋轉的球殼，以抵銷木星本身的特異運行，卻沒能抵銷木星每天運行的現象，然後他又將卡里普斯模型中對應到次一行星（火星）的五個球殼全數分配給自己模型中的火星，於是他的火星每天會繞地球旋轉三次。依此繼續進行下去，亞里斯多德模型中的金星、水星、太陽與月球，每天就會分別繞地球旋轉四、五、六與七次。

在我閱讀亞里斯多德的《形上學》時，此一明顯的謬誤令我震驚，接著我發現已經有好幾名作者注意到了這個問題，包括德雷爾（J. L. E. Dreyer）、希斯（Thomas Heath）與羅斯（W. D. Ross）。他們其中有些人將此點歸咎於文本的混淆或錯誤。然而，若亞里斯多德確實是以標準版本《形上學》中的文字描述他的行星模型，我們便不能將此解釋為他在使用不同的語言邏輯思考，或他在解決的是不同於我們所關注的問題。我們必須做出的結論是，他在使用自己的語言邏輯，研究一個讓他感興趣的問題時，表現得漫不經心甚或愚蠢。

縱使亞里斯多德在他的模型裡放進了正確數目的反方向旋轉球殼，使得每個行星每天僅隨著恆星繞地球旋轉一周，這個模型仍然仰賴了相當高程度的微調。被引入土星對應球殼內層、用以抵銷土星自身運行對木星所造成之影響的三個反方向旋轉球殼，必須和土星對應的三個球殼以完全一致的速率旋轉，抵銷作用才會發生；對其他離地球較近的行星而言亦復如此。而且，和歐多克索斯與卡里普斯的模型一樣，在亞里斯多德的模型裡，水星和金星的第二層球殼必須以恰等於太陽第二層球殼的速率旋轉，如此一來才能解釋為何水星、金星和太陽總是一起穿越黃道帶，還有我們為什麼不能在離太陽很遠之處觀察到水星和金星。舉例來說，金星若非在清晨便是在黃昏出現於地平線上，絕不會在午夜時分高懸於空中。

　　至少有一位古代天文學家似乎非常嚴肅地看待微調論證的問題，那就是出身自龐都斯的赫拉克雷德斯（Heraclides of Pontus）。他在西元前四世紀時在柏拉圖學院求學，而且可能在柏拉圖前往西西里島時，被留下來掌理學院事務。根據辛普利修與埃提烏斯兩人的說法，赫拉克雷德斯主張地球繞著自轉軸自轉[4]，此想法一舉解釋了恆星、行星、太陽與月球每天以同等速率繞地球旋轉的現象。赫拉克雷德斯的此一學說在古代晚期與中世紀偶爾會被其他作者提及，但一直要到哥白尼的時代才成為顯學，這可能又是因為我們感覺不到地球的自轉。沒有任何證據顯示，比赫拉克雷德斯晚一個世紀的阿里斯塔克斯在寫作時，曾經想過地球在繞著太陽公轉的同時，也在進行著自轉運動。

　　根據第四世紀時將柏拉圖對話錄的《蒂邁歐篇》由希臘文翻譯為拉丁語版本的基督徒卡西底烏斯（Calcidius）所述，赫

拉克雷德斯亦主張，由於我們絕不會在離太陽很遠之處觀察到水星和金星，這兩顆行星應是繞著太陽公轉，而非繞著地球公轉。這個想法進一步移除了歐多克索斯、卡里普斯與亞里斯多德之行星模型裡的另一項微調成分，也就是太陽、水星和金星所對應的第二層球殼的人為同步。另一方面，在赫拉克雷德斯的模型中，太陽、月球、火星、木星與土星依然環繞（雖有自轉，但在宇宙中保持固定不動的）地球公轉。這套理論將水星與金星的運行解釋得相當好，因為它讓水星和金星表現完全相同於最簡化版本的哥白尼日心說模型裡的視運動。在最簡版本的哥白尼模型中，水星、金星和地球皆以等速率圓周運動繞著太陽公轉。若僅考慮水星和金星，赫拉克雷德斯模型和哥白尼模型唯一的差別僅在於觀點不同，前者以地球為觀測基準，而後者則以太陽為觀測基準。

　　歐多克索斯、卡里普斯與亞里斯多德的同心說模型，除了具有潛在的微調論證外，還有另一個顯而易見的問題：這些模型皆與實際的觀測結果不甚吻合。在當時，人們相信行星與恆星同樣是靠自力發光，而由於在這些同心說模型裡，行星所在的球殼皆與地球表面保持固定距離，理論上，行星的亮度應該不會變動。然而，從實際觀測的結果來看，行星的亮度顯然變動頗大。根據辛普利修的轉述，在西元二〇〇年左右，逍遙學派哲學家索西琴尼（Sosigenes the Peripatetic）[5]曾評論道：

　　　　然而，歐多克索斯等人〔的假說〕無法保有實際的天文現象，即使僅是那些人們先前已知且歐多克索斯等人自己也接受的現象。況且，又有什麼必要去討論其他議題，包括某些歐多克索斯自己的模型無法保有、而卡里普斯亦嘗試修改模型以求

保有的現象，無論卡里普斯是否確實真已辦到？……我的意思是，有很多時候行星看起來離我們很近，有些時候它們看起來又遠離我們而去。而且，在某些〔行星的〕案例上，這樣的差別是肉眼可以輕易觀察到的。舉例來說，被稱為金星與火星的兩顆行星在它們逆行的過程中會顯得大上許多，使得在看不見月亮的夜晚，金星亮到足以照出物體的陰影。

對於上述辛普利修或索西琴尼的文字中所提到的行星大小，我們應該將之理解為行星的視光度（apparent luminosity）；當我們以裸眼觀測時，其實看不見任何行星的盤面，但若一個光點越亮，它**感覺起來**就越大。

　　事實上，這個論點在否定同心說模型的效力上並不如辛普利修所想的那麼具決定性。行星（如同月球）是靠反射陽光來發亮，所以即使是在歐多克索斯等人的模型中，它們的亮度也會因經歷不同的相位盈虧而有所改變（如同月相）。直到伽利略的研究成果出現後，人們才理解這點。然而，即使我們將行星的相位納入考量，同心說模型所預測的行星亮度改變也無法和實際觀測結果相符。

　　對專業天文學家來說，到了希臘化時代和羅馬時代，歐多克索斯、卡里普斯與亞里斯多德的同心說理論，已被另一項能夠將太陽與行星的視運動解釋得好上許多的理論所取代。這套理論以三項數學工具為基礎，分別是本輪（epicycle）、偏心輪（eccentric）以及偏心勻速輪（equant），這些概念在接下來的篇幅中會有詳細說明。我們不清楚是誰發明了本輪和偏心輪，但可以確知希臘化時代的數學家阿波羅尼奧斯與天文學家喜帕恰斯（他們已在本書的第四章與第七章中分別出現過）已熟知這

些概念。我們是透過克勞狄烏斯·托勒密的著作認識到本輪與偏心輪的理論，而托勒密進一步發明了偏心勻速輪，而且人們從此便將這套關於行星運行的理論與托勒密聯結在一起。

托勒密活躍於西元一五〇年左右，正值羅馬帝國黃金時代兩位安東尼皇帝（Antonine emperors）在位期間。他在亞歷山卓博物館從事研究工作，後於西元一六一年後某年過世。我們已在第四章中討論過他對光線反射與折射現象所進行的研究。托勒密的天文研究記載在《偉大論文集》（*Megale Syntaxis*）一書中，書名後來被阿拉伯人譯為《天文學大成》（*Almagest*），其後在歐洲，此書便以後者之名為人所熟知。《天文學大成》取得了巨大的成功，甚至使得書籍謄寫人員停止了對較早的天文學家——例如喜帕恰斯——等人之著作的抄錄；因此，現在我們很難區分到底哪些是托勒密自己的研究，哪些又是較早天文學家的成果。

《天文學大成》改進了喜帕恰斯的星表，書中共列出了一〇二八顆恆星的資訊，比喜帕恰斯的星表多了數百顆，並提供了這些恆星的亮度與其在天空中的位置等資料[6]。另一方面，托勒密關於行星與日月的理論則對科學的進展重要得多。就一特定層面而言，《天文學大成》裡所描述的這套理論在研究方法上呈現了驚人的現代化程度。托勒密先提出關於行星運動的數學模型，其中包含了數個未決定的參數值，再藉著讓模型的預測與實際觀測結果相符來決定這些參數值。隨後討論偏心輪和偏心勻速輪在模型中的角色之時，我們就會看到這個過程運作的實例。

在最簡化版本的托勒密行星運動理論中，每個行星各自依循一個稱為「本輪」的圓運行，此圓周運動並不以地球為圓

心，而是以另一個移動點為中心，這個點在另一稱為「均輪（deferent）」的圓上以地球為圓心、進行圓周運動。水星和金星這兩顆內行星，分別以八八天一周與二二五天一周的速率繞本輪運行，而模型則經過微調，使本輪的圓心恰好花一年的時間循均輪繞地球運行一周，而且永遠都位於地球和太陽的連線上。

我們可以了解為何這樣的模型會有效。我們無法從所觀察到的行星運行現象裡，得知行星究竟離地球有多遠。所以，在托勒密的理論中，天空中任何行星的視運動並不與本輪和均輪的絕對大小相關，而僅與本輪和均輪的大小**比例**有關。若托勒密想要的話，他可以在金星的本輪與均輪之大小比例保持固定的前提之下，同時調整本輪和均輪的大小，並且對水星進行同樣調整，使得這兩顆行星共享同一個均輪，也就是太陽的軌道。如此一來，太陽便成為這兩顆內行星在本輪上運行時環繞的均輪定點。這和喜帕恰斯或托勒密所提理論並不相符，但它會讓水星和金星表現與原模型完全相同的視運動，因為調整後的模型僅在軌道的整體尺度上有所改變，而整體尺度不會影響行星的視運動。此一本輪理論中的特例恰等同於我們前面提過的赫拉克雷德斯模型：水星和金星繞太陽公轉，而太陽繞地球公轉。上文中已經提到，赫拉克雷德斯的模型之所以有效，乃因其等同於最簡版本的哥白尼模型—水星、金星和地球均繞著太陽公轉，唯一差別僅在於天文學家的描述觀點不同。因此，毫不令人意外的，能夠賦予水星和金星與赫拉克雷德斯模型裡相同視運動的托勒密理論，在與實際觀測結果相比較時，亦顯得十分有效。

托勒密本可以將同樣的本輪均輪理論套用在三顆外行星

一火星、木星和土星上，但若要讓理論適用，就必須讓行星繞著本輪運行的速率比本輪圓心繞均輪運行的速率慢上許多。我不清楚這麼做會有什麼問題，但托勒密為了某種理由選擇了另一種不同的做法。在他模型最簡化的版本裡，每顆外行星皆以均輪上的某點為圓心、每年繞本輪運行一周，而該均輪上的本輪圓心則以較長的週期繞地球旋轉：火星的本輪圓心每一‧八八年、木星的本輪圓心每一一‧九年，而土星的本輪圓心每二九‧五年繞地球運行一周。這裡存在另一種不同形式的微調—各行星與其本輪圓心所成的連線，永遠平行於地球與太陽的連線。這套模型和實際觀察所得到的外行星視運動頗為相符，因為正如同內行星的情形，這套模型在本輪和均輪尺度不同、但大小比例固定的各種特例下，均會產生完全相同的行星視運動，而正好有一種尺度的選擇可以讓這套模型等同於最簡版的哥白尼日心說模型，兩者差別僅在於以地球或太陽為描述基準。對外行星而言，此一特例尺度的選擇即是讓本輪的半徑恰等於地球與太陽間的距離。（請見技術箚記十三。）

托勒密的理論充分地解釋了行星視運動中的逆行現象。舉例來說，火星在穿越黃道帶的過程中，當其位於本輪上最接近地球的那點時，看來就是在逆行，因為此時它在本輪上的運行方向正好與本輪繞均輪的方向相反，而且運行速率較快。以現代的用語來說，地球與火星同時繞著太陽運轉的過程中，當地球超越火星時，火星看起來就會逆行，而托勒密模型的解釋只不過是將此現象轉為以地球為基準的描述。這也正是火星亮度最大的時刻（如同上引辛普利修的敘述中所提到的），因為此時火星最接近地球，而我們所看到的火星那一面恰好面向太陽。

由喜帕恰斯、阿波羅尼奧斯與托勒密所建構的理論，並

非僅是交上好運，恰巧與觀測結果相當吻合，卻與實際天文實相無關。若僅以太陽與諸行星的視運動來說，托勒密模型的最簡版本—每個行星只有一個本輪一個均輪，沒有其他更複雜的設定—給出的預測，與最簡化的哥白尼日心說模型—亦即地球與各行星以等速率繞著太陽進行圓周運動—所給出的預測**完全相同**。如同我們在前文提到水星與金星時所點出（且在技術箚記十三中進一步解釋）的，這是因為托勒密模型不過是一群會賦予相同太陽和行星視運動之模型中的一個特例，而這群模型其中之一（雖然不是托勒密所採用的）所實際給出的太陽和各行星之間彼此的相對運動，恰好與最簡版本的哥白尼模型**完全相符**。

　　希臘天文學的故事講到這裡結束，應該會是個不錯的收尾。可惜的是，哥白尼本人也深刻了解，最簡化版本哥白尼模型所給出的行星視運動預測，仍然與實際觀測所得結果不完全吻合，因此最簡化版本托勒密模型所給出的、實際上與最簡化版本哥白尼模型一模一樣的預測，同樣會與觀測結果有所出入。在克卜勒與牛頓之後，我們已經知道地球和其他行星的公轉軌道不是正圓形，太陽亦不位於這些公轉軌道的正中心，而且地球與行星並非以等速率繞軌道公轉。當然，希臘天文學家沒能了解上述這些事實。克卜勒之前的天文學發展史，有相當大一部份都是關於處理最簡化版本的托勒密理論與哥白尼理論中細微的不準確之處。

　　柏拉圖一開始便將天體運行設定為循圓形軌道的規律運動，而據我們所知，雖然托勒密願意在**規律運行**這點上做出妥協，但在古代沒有人曾想過天體可能是以圓形組合之外的軌道進行運動。在軌道由圓形所構成這個前提限制下，托勒密與其

前輩遂發明了各種將理論複雜化的方式，以讓他們的理論能較精確地符合對太陽、月球乃至各行星的實際觀測結果。[7]

　　一種將模型複雜化的方式即是加上更多的本輪。托勒密發現唯一需要如此調整的僅有水星，其軌道與單一圓形相差的幅度比其他行星的軌道來得大。另一項複雜化的方式則是引入「偏心輪」；在模型裡，地球的位置並非位於各行星均輪的圓心，而是位於與圓心有一段距離之處。舉例來說，在托勒密的模型裡，金星均輪的圓心與地球隔了均輪半徑百分之二的距離。[8]

　　偏心輪的概念可以進一步和托勒密發明的另一項數學工具「偏心勻速輪」加以整合。這是除了本輪外，另一項讓行星可在軌道上以變動速率運行的設計。我們可以想像，從地表往夜空看，我們應該可以看到每顆行星——或者精確地說，每顆行星的本輪圓心——以等速率（例如用天體每日移動的弧角為測量單位）繞著我們運行，然而托勒密知道實際的天文觀測結果並非如此。當行星模型加入了偏心輪後，我們則會想像行星的本輪圓心是以等速率繞著行星的均輪圓心——而非地球——運行。不巧的是，這仍舊與觀測結果不吻合。為了解決這個問題，托勒密在模型中為**每顆**行星導入了一個我們所稱的偏心勻速輪[9]，亦即一個相對於地球位在均輪圓心**另一側**的點，而此點到均輪圓心的距離則等於地球到均輪圓心的距離；托勒密認為，行星本輪圓心相對於偏心勻速輪的繞行是維持等速率的。地球至均輪圓心與偏心勻速輪至均輪圓心等距的事實並非根據什麼先驗性哲學理念的假設，而是先將這些距離設為未定參數，再藉著讓理論之預測符合實際觀測，而求出這些參數實際數值所得結果。

　　與實際的天文觀測結果相較，托勒密的模型仍有相當大的

差距。如同我們接下來在第十一章中提到克卜勒時會提到的，倘若理論的建構維持一致，那麼在描述每顆行星的運行時使用一個本輪，以及對太陽與每顆行星均採用一組偏心輪和偏心匀速輪這樣的組合，可以非常準確地模擬包括地球在內的行星實際在橢圓形軌道上的運行狀況—好到足以與任何裸眼觀測的結果相吻合。然而托勒密的理論建構過程並不一致。在探討太陽繞地球的運行現象時，托勒密並未使用偏心匀速輪，而由於對各行星位置的描述皆是以太陽的位置為基準，這套忽略了太陽偏心匀速輪的模型對行星運行的預測效力也因此大打折扣。誠如喬治·史密斯（George Smith）曾經強調的，在托勒密之後，沒有人曾認真地看待這些模型上的缺失，並以之做為構建一套更佳理論的指引這點，正是古代或中世紀天文學與現代科學之間存在著龐大鴻溝的跡象。

在各天體之中，月球的運行是一項特殊的難題：那些能將太陽及各行星的視運動解釋得相當好的理論，並不能有效地說明月球實際的運行現象。在牛頓的研究成果發表之前，沒有人理解到，這是因為月球的運行乃是受到兩個天體—太陽以及地球—重力的顯著影響，而其他行星的運行幾乎僅受單一天體，亦即太陽的重力所控制。喜帕恰斯曾提出具有一個本輪的月球運行理論，以此來解釋月食之間的時間間隔；但托勒密知道，此理論無法很好地預測月食之間月球在黃道帶上的位置。托勒密自己提出了一套較複雜的模型以改正這項缺失，但他的理論本身也有問題：在這套模型裡，月球與地球之間的距離會有相當大的變動，導致從地表所見的月球大小之變動幅度會比實際所觀測到的高上許多。

如前所述，在托勒密與其前輩所發展的天體運行系統裡，

我們無法藉由對行星的觀測結果而得知其均輪與本輪的實際大小；觀測結果只能決定每顆行星均輪與本輪的大小比例。[10] 在《天文學大成》的續作《行星假說》（*Planetary Hypotheses*）中，托勒密針對這項缺漏做了增補。在該作品裡，托勒密採用了一項也許是援引自亞里斯多德的先驗原則：宇宙體系中不應存在任何空缺。他認為太陽、月球與每顆行星均各自佔據一個球殼狀空間，每一球殼分別從太陽、月球或行星與地球的最近距離延伸至該天體離地球最遠之處，而各球殼之間則緊密貼合，沒有缺口。在這樣的模型中，一旦決定了從地球往外各天體的排列順序，太陽、月球與各行星的**相對**軌道大小即得以固定。另外，月球距離地球夠近，因此月地間絕對距離（以地球半徑為單位）可用數種方式直接估測，其中包含第七章提到的喜帕恰斯的量測方法。托勒密自己發展出了利用視差（parallax）的估測法：以某時某地所量測到的月球方向與天頂（zenith）所成之夾角，與先前所算出的、該時點在地球中心觀測月球時此夾角所應有的數值為基礎，我們便可計算地球至月球距離相對於地球半徑的比例。（請見技術箚記十四。）如此一來，根據托勒密的假設，要求出太陽與各行星至地球間的距離，我們僅需要知道各天體繞地球運行軌道的順序即可。

當時人們總將月球軌道視為最內層的軌道，這是由於太陽和其他行星均偶爾會被月球擋住，形成日食等現象。再者，將那些要花最久時間才繞行地球一周的行星視為軌道離地球最遠，是再自然不過的想法，因此人們一般認定離地球最遠的天體由地球向外依序是火星、木星與土星。但是，太陽、金星與水星皆以一年一周的平均速率繞地球運行，因此它們的順序始終是爭議的來源。托勒密猜測，由地球往外，各天體的順序為

月球、水星、金星、太陽、火星、木星，最後是土星。他所計算出的以地球直徑為單位的各天體至地球距離，均比真實數值小了許多，而就地日距離與地月距離來看，托勒密的估測結果與第七章所提到的阿里斯塔克斯的結果相去不遠（也許並非巧合）。

因導入本輪、偏心勻速輪以及偏心輪所造成的模型複雜化，給托勒密的天文理論帶來負評。然而，我們不該認為托勒密只是為了修正以地球為太陽系靜止中心而衍生的種種錯誤，才固執地硬加上這些讓模型變得複雜的數學工具。除了為每顆行星引入一個本輪（而太陽則沒有）之外，這些理論的複雜化與地球繞太陽運行還是太陽繞地球運行並無關係。諸如偏心輪與偏心勻速輪等數學工具的導入，乃是為了因應太陽系實際運行的現實，而這些事實直到克卜勒的時代才為人所知：行星與地球公轉的軌道不是正圓形，太陽不是位於公轉軌道的正中心，而且天體公轉的速率並非定值。這些複雜的因素同樣影響了哥白尼最初的理論，他假設行星和地球的公轉軌道必為正圓形，而公轉速率為定值。所幸，這個假設和實情非常近似，而只為每個行星加上單一均輪，並未替太陽加上均輪的最簡版本的本輪理論，表現遠比歐多克索斯、卡里普斯與亞里斯多德的同心說理論來得優秀。倘若托勒密在處理太陽運行的模型時除了偏心輪外也使用了偏心勻速輪，那麼其理論所做出的預測與實際觀測結果之間的差異便會大幅縮小，小到以任何當時可行的觀測手段皆無法察覺。

然而，這點並無法解決亞里斯多德的行星運行理論與托勒密的理論之間的爭議。托勒密的行星運行理論比較符合實際的天文觀測結果，但這套理論的確違反了亞里斯多德學說中，

所有天體運行軌道必由以地球為圓心的圓形所構成的假設。確實，行星沿本輪與均輪運行所形成的怪異圈狀現象，即使對於不偏好其他理論的人來說，也是難以接受的。

　　往後一千五百多年間，亞里斯多德的捍衛者—通常被稱為物理學家或哲學家，與托勒密的支持者—一般被稱為天文學家或數學家—之間，持續為了兩套理論的爭議而辯論不休。亞里斯多德的擁護者大抵承認托勒密的模型較符合實際觀測結果，但他們認為這僅是會讓數學家們感興趣的事物，而與對現實世界的理解而言並不相關。我們可以從活躍於西元前七〇年左右的羅德島的革米努斯（Geminus of Rhodes）的一段話裡，得知亞里斯多德擁護者的態度。大約三個世紀後，這段話被阿弗羅戴西亞斯的亞歷山大（Alexander of Aphrodisias）所引述，此後再由辛普利修轉錄在他對亞里斯多德《物理學》的評註中。這段陳述清楚地說明了自然科學家（有時被譯為物理學家）與天文學家之間的重要爭辯：

　　物理學研究所關注的重點，在於探究天界物質與天體的本質、它們的力量，以及它們的生成與消逝之謎；藉宙斯之力，這樣的探索可以揭露關於它們大小、形狀與位置的真相。天文學則不企圖探討上述這些問題，而將重點放在展現天文現象的規律性質，顯示天界的確是有序的，同時也討論地球、太陽及月亮的形狀、大小與相對距離，以及日、月食、天體之間的連結、它們運行軌跡中各種定性與定量的問題。由於天文學的課題涉及數值、大小以及天體和軌道的形狀，在此層面上它很自然地可以利用算術和幾何學等工具。而就天文學唯一關注的這些問題而言，它也能夠透過算術與幾何學以獲致所需的成果。許

多時候，天文學家與自然科學家會著手探索同樣的目標、獲得同樣的成果，例如太陽是相當大的物體，以及大地為球狀等結論，然而他們所採用的研究方法與手段是不同的。其中的差別在於，自然科學家會由天體的本質出發來證成他的各項論點，這些本質可能是天體的力量，可能是天體既為如此必有其因、其當前狀態即是最適切狀態之事實，也可能是它們的形成與改變；而天文學家則以天體的形狀或大小，或是以其運行的量值與所對應的時間長短為出發點，來進行討論……一般來說，天體中何者本為靜止、何者又本來就在運動，並非天文學家所關心的重點；他必須先就何者靜止，何者運動做出假設，再考慮什麼樣的假設會與天文現象達成一致。天文學家必須從自然科學家那裡得到一些初步的大原則，也就是天體的運行是簡單、規律且有秩序的；從這些原則出發，他才能夠證明所有的天體運行都為圓形的，包括方向一致的以及沿著傾斜圓形的運動都如此。

革米努斯的話中所提到的「自然科學家」，與今日的理論物理學家有些共同的特質，但兩者之間大不相同。在思想上跟隨亞里斯多德的革米努斯認為，自然科學家仰賴基本原理，其中包括了目的論的原理：自然科學家認為天體「當前之狀態即為其最適切的狀態」。對革米努斯而言，只有天文學家才使用數學做為輔助其觀測結果的工具。革米努斯沒有想像到的是理論與觀察二者之間所發展出的彼此妥協與整合的關係。現代的理論物理學家確實是從基本原理開始進行理論上的演繹，但他會在研究過程當中使用數學，而基本原理本身也以數學形式表示，並且是從觀察結果而來，當中絕沒有何者為「最適切」之類的價值考量。

從革米努斯在前文提到的「方向一致的以及沿著傾斜圓形」的行星運動中，我們可以看到歐多克索斯、卡里普斯與亞里斯多德模型裡，繞著傾斜自轉軸旋轉的同心球殼，而身為亞里斯多德的擁護者，革米努斯自然是支持同心說理論的。另一方面，在西元一〇〇年左右為柏拉圖對話錄《蒂邁歐篇》撰寫評註的阿弗羅戴西亞斯的阿德剌斯托斯（Adrastus of Aphrodisias），以及一個世代之後的數學家，士麥那的提翁（Theon of Smyrna），則都充分地信服阿波羅尼奧斯與喜帕恰斯的理論；為了提高該理論的地位，他們將本輪與均輪詮釋為類似亞里斯多德同心說理論中的透明固形球殼，只不過這些球殼並非同心球。

　　在面臨彼此對立的行星理論間的衝突時，有些作者乾脆兩手一攤，宣稱人類註定無法理解天文現象。於是，在西元五世紀中期，屬於新柏拉圖主義學派的多神教信徒普羅克洛（Proclus）在他所撰寫的《蒂邁歐篇》評註中聲稱：

　　在處理凡塵事物時，由於構成它們的材料的不穩定性，大多數情況下我們都可以滿意於所掌握的事態。但當我們想要了解天上的事物時，我們卻使用感性，並仰賴各式各樣在現實中可能性甚微的新發明……關於天體運行的各種發現已經清楚地證明了現狀就是如此──從不同的假設出發，我們導出了相對於同樣天體的相同結論。在這些假設當中，某些使用本輪和均輪等工具來保有天文現象，某些則使用偏心輪來達成目的，更有些假設是藉助旋轉方向相反的球殼來保有天文現象。無庸置疑的是，神的判斷是比較精確的。對人類來說，我們只能滿足於「近似」這些天體運行的真相，因為我們僅是凡人，我們講的只是可能的事情，我們的放言高論如同無稽之談。

普羅克洛在三個層面上是錯的。首先，他忽略了使用本輪與偏心輪的托勒密理論在「保有天文現象」的表現上要遠優於使用同心「旋轉方向相反球殼」為假設的亞里斯多德理論此一事實。其次，有個技術上的細節：在提到「某些使用本輪和均輪等工具來保有天文現象，某些則使用偏心輪來達成目的」的假設時，普羅克洛似乎並不了解在本輪可以扮演偏心輪角色的狀況中（參考本章註八、九），此二者並非不同的假設，而僅是數學上同一假設的不同描述方式。最重要的是，普羅克洛對於天體的運行要比月球軌道以下、發生在地表的運動難以理解的認知是不正確的。今日，我們曉得如何精密地計算太陽系天體的運行，卻仍舊無法預測地震或颶風的到來。然而，有此想法的並非只有普羅克洛。在後面的章節中我們將會看到，普羅克洛對於理解行星運動可能性的莫須有悲觀想法，在數個世紀之後的猶太哲學家摩西・邁蒙尼德（Moses Maimonides）身上再度出現。

　　因為托勒密模型與觀測結果較為吻合，多年之後，由物理學家轉為哲學家的皮埃爾・迪昂（Pierre Duhem）在他二十世紀初期的著作中選擇支持托勒密等人的行星運行理論，但他不贊同提翁和阿德剌斯托斯試圖為模型增添真實性的做法。或許是因為迪昂本身具有虔誠的宗教信仰，他試圖將科學的角色限縮於構建符合觀測結果的數學理論，而非可以解釋現象的通盤性努力。我不同意這樣的觀點，因為我這一世代物理學家的工作確實比較像是一般所謂的「解釋（explanation）」，而不僅僅是「描述（description）」。誠然，要在解釋與描述之間劃出一道精確的界線並非易事。我會說，對於某項關於世界的一般性原則，我們會藉著展現其如何來自另一些更基本

（fundamental）的通則來解釋它，然而，所謂的「基本」究竟定義為何？無論如何，當我們說牛頓的萬有引力和運動定律比克卜勒的行星運動三定律更為基本時，我們很清楚其中的意義。牛頓的偉大之處就在於他**解釋**了行星的運動，而非僅止於描述其現象。另一方面，牛頓並未解釋萬有引力，而他也知道他沒有，但這就是「解釋」這件事的常態——永遠會有未竟之處留待未來進一步的解釋。

由於行星的特異運行現象，它們無法被用來當成時鐘、年曆或羅盤。自希臘化時代以降，行星被應用在另一項主題上，也就是從巴比倫人那裡習得的一種偽科學（false science）：占星學（astrology）。天文學與占星學之間在現代所存在的鮮明差異，在古代與中世紀時期就不是那麼明朗，因為那時人們尚未認識到，人類所關注的世俗事物，與主導恆星行星運動的自然法則毫不相關。從托勒密王朝開始，政府對天文學研究進行補助的一大原因是希望它能揭示未來，因此天文學家很自然地耗費了大多數時間在占星學上。事實上，克勞狄烏斯·托勒密不僅是古代最偉大的天文學著作《天文學大成》的作者，他也撰寫了占星學的經典著作《占星四書》（*Tetrabiblos*）。

無論如何，我不能以這麼負面的筆調結束對希臘天文學的描寫。為了讓本書第二部有個比較愉快的結尾，請容我引述托勒密在天文學上得到的喜悅：

> 我知道我只是個凡人，生命有如朝露；但當我發現了星體複雜的圓形運轉軌跡，我的雙足不再觸及大地，卻與宙斯比肩同席，飽食仙饌蜜酒，共享神祇仙物。

註：

1　作者註：為免造成混淆，當本章中提及行星時，指的只有下列五顆行星：水星、金星、火星、木星與土星。

2　作者註：我們可以在英文名詞中，看出一週七日與前述七顆行星以及相應神祇名的對應關係。Saturday、Sunday 與 Monday 很明顯地與 Saturn、Sun 與 Moon 有關；Tuesday、Wednesday、Thursday 與 Friday 則是以日耳曼文明中與羅馬神祇相對應的名字為本：Tyr（對應到 Mars）、Wotan（對應到 Mercury）、Thor（對應到 Jupiter）與 Frigga（對應到 Venus）。

3　此即諾貝爾物理學獎得主華裔物理學家楊振寧博士與李政道博士關於宇稱不守恆的發現。

4　作者註：在一年三百六十五又四分之一日中，地球事實上會繞自轉軸旋轉三百六十六又四分之一次。在這段時間中，太陽感覺上僅繞地球旋轉三百六十五又四分之一次，這是因為當地球自轉三百六十六又四分之一次時，它也正以同一方向（從地球北極上空看下去為逆時針方向）繞太陽公轉一次，地日相對位置的改變，使我們只會觀察到三百六十五又四分之一日日出。由於地球要花三六五‧二五天完成三六六‧二五次相對於恆星的自轉，而每天有二十四個小時，我們可算出，地球自轉一周所需時間為 (365.25 x 24 小時)/366.25，亦即二十三小時、五十六分又四秒鐘。我們稱地球自轉的週期為恆星日（sidereal day）。

5　逍遙學派學者意指亞里斯多德學派的門人弟子。

6　作者註：從托勒密的時代到今日，天文學家皆是以「星等（magnitude）」為單位，來描述恆星的視光度（apparent luminosity，即我們從地表所能觀測到的天體光度）。一顆恆星的星等數值越大，其視光度越低。夜空中最亮的恆星天狼星，其星等為負一‧四，另一亮星織女星之星等為〇，而裸眼勉強可見的恆星星等為六。西元一八五六年，天文學家諾曼‧波格森（Norman Pogson）針對數顆恆星，將它們被測定的視光度與歷史上人們賦予它們的星等相比較，並在該基礎上判定，若一顆恆星的星等是另一顆恆星的星等大五個單位，則前者比後者黯淡一百倍。

7　作者註：在為數不多提到本輪概念來源的線索中，有一樁可在《天文學大成》的卷十二開頭找到。在該處，托勒密將一項定理的證明歸功於阿波羅尼奧斯，該項定理是關於用本輪與偏心輪來解釋太陽的視運動。

8　作者註：在關於太陽運行的理論中，偏心輪可視為一種本輪，在此本輪上，本輪圓心與太陽的連線永遠平行於地球與太陽均輪圓心的連線，使太陽運行軌道的中心遠離地球。類似的說明亦適用於月球與行星的運行理論上。

9　作者註：托勒密本人並未使用「偏心勻速輪」一詞。在對行星模型的描述中，他提到的是「二等分的偏心輪」，這表示均輪的圓心是位於地球與偏心勻速輪之連線的中心點。

10　作者註：這點在模型加入偏心輪與偏心勻速輪之後依舊相同；對每顆行星而言，觀測結果只能決定地球和偏心勻速輪至均輪圓心距離相對於均輪半徑、本輪半徑的大小比例。

第
三
部

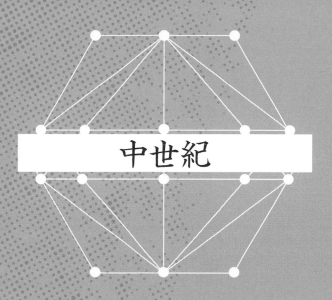

中世紀

科學在古代世界的希臘部份發展到了頂峰，此後盛況不再，直到十六和十七世紀科學革命時期，才重現昔日風采。希臘人做出重大發現，察覺自然的某些層面，特別是光學和天文學方面，可以採用與觀測結果相符的數理博物學精確理論來描述。有關於光和天空的知識是很重要，不過還更重要的則是有關於哪種事情可以學習得知，還有關於如何習知那些事情的學識。

　　在中世紀期間，無論是伊斯蘭世界或信奉基督宗教的歐洲，都沒有任何成就能與此相提並論。不過從羅馬衰亡到科學革命爆發這千年期間，卻也不是一片智識荒漠。希臘科學的成就，在伊斯蘭各研究機構和歐洲各大學保存了下來，而且就某些情況還有所改進，為科學革命奠定了基礎。

　　在中世紀期間保存下來的，不只是希臘的科學成就。我們在中世紀的伊斯蘭和基督宗教國家，都能見到有關於哲學、數學和宗教在科學中所扮演角色的古老爭議依然延續不絕。

第九章 | 阿拉伯人

　　西羅馬帝國在第五世紀覆亡之後，講希臘語的東半部疆域，以拜占庭帝國稱號存續下來，甚至還對外拓展。拜占庭帝國的軍事力量在席哈克略（Heraclius）皇帝統治期間達到顛峰。西元六二七年，拜占庭軍隊在尼尼微戰役摧毀了羅馬宿敵波斯帝國的部隊。然而不到十年，拜占庭就得面對一個更可怕的對手。

　　阿拉伯人在古代被稱為蠻族，在羅馬和波斯帝國的接壤地帶生活，住在「沙漠和耕地的分界線上。」他們是異教徒，宗教中心在麥加城，位於阿拉伯西部稱為漢志（Hejaz）的定居區域。從五○○年代末開始，麥加居民穆罕默德開始向同胞宣揚一神論。六二二年，他和隨員受迫於反對力量，逃往麥地那，並把那裡當成征服麥加的軍事基地，隨後還囊括了阿拉伯半島大半範圍。

　　穆罕默德在六三二年逝世，他的四位夥伴和親人相繼接任為領導人，也獲得多數穆斯林的擁戴，都城首先設在麥地那，四位繼承人分別為：阿布・伯克爾（Abu Bakr）、歐麥爾（Omar）、歐斯曼（Othman）和阿里（Ali）。如今遜尼派穆斯林尊稱他們為「四大正統哈里發」（four rightly guided caliphs）。六三六年，尼尼微戰役過後才短短九年，穆斯林就征服了拜占庭的敘利亞省，接著又相繼攻下了波斯、美索不達米亞和埃及。

　　他們的征服行動引領阿拉伯人走向更寬廣的世界。舉例來

說，阿拉伯將軍阿穆洛（Amrou）征服了亞歷山卓之後向哈里發奧馬爾報告戰果，「我拿下了一座城市，就此我只能說，那裡有六千座宮殿、四千間澡堂、四百家戲院、一千兩百個菜販和四萬名猶太人。」

　　當時一個少數派（當今什葉派的前身）只承認阿里（第四名哈里發，也是穆罕默德女兒法蒂瑪〔Fatima〕之夫）的統治權威。隨後一場反阿里叛變，導致阿里和兒子胡笙（Hussein）遇害，終致伊斯蘭世界永久分裂。六六一年，遜尼派烏麻耶哈里發王朝（Ummayad caliphate）建立於大馬士革。在烏麻耶王朝統治下，阿拉伯征服行動擴大，領土及於今天的阿富汗、巴基斯坦、利比亞、突尼西亞、阿爾及利亞和摩洛哥等國以及西班牙大半疆域，加上中亞遼闊地帶並越過阿姆河（Oxus River）。阿拉伯人到這時便統治了原拜占庭帝國的疆土，從那裡他們開始吸收希臘科學。還有些希臘知識則來自波斯──當初新柏拉圖學院（Neoplatonic Academy）被查士丁尼大帝關閉之後，波斯統治者趁勢迎來希臘學者（包括辛普利修），在那時候伊斯蘭還沒有崛起。基督宗教國家的損失，成為伊斯蘭的收穫。

　　遜尼派的下一個政權是阿拔斯（Abbasids）哈里發王朝，阿拉伯科學在這時進入黃金時期。阿拔斯都城巴格達設於美索不達米亞，跨坐底格里斯河兩岸，由七五四至七七五年在位的哈里發曼蘇爾（al-Mansur）建立。巴格達成為世界上最大城，或起碼是中國境外的最大城。巴格達最著名的統治者是哈倫・拉希德（Harun al-Rashid），從七八六至八〇九年在位，並以《一千零一夜》著稱的哈里發。就在拉希德和他的兒子馬蒙（al-Mamun，從八一三至八三三年在位的哈里發）統治之下，希臘

文、波斯文和印度文著作的翻譯工作發展達到鼎盛。馬蒙曾派團前往君士坦丁堡取回希臘文手稿。代表團員有可能包含醫師侯奈因・伊本・伊斯哈格（Hunayn ibn Ishaq），他是第九世紀最偉大的翻譯家，他訓練兒子和甥姪繼承衣鉢，建立了一個翻譯王朝。侯奈因翻譯了柏拉圖和亞里士多德的作品，還有戴奧科里斯（Dioscorides）、蓋倫和希波克拉底的醫學文稿。歐幾里得、托勒密等人的數學著作也在巴格達經翻譯成阿拉伯文，其中部份先經譯為敘利亞文再轉譯成阿拉伯文。這段期間巴格達的求知盛景和中世紀早期歐洲的蒙昧處境形成強烈對比，歷史學家菲利普・希提（Philip Hitti）便曾漂亮地比較了這兩邊的情形：「正當東方的拉希德和馬蒙浸淫鑽研希臘和波斯哲學，同時代西方的查理大帝（Charlemagne）和他的領主們則淺薄涉獵他們自己姓名的書寫技藝。」

偶有人說阿拔斯王朝哈里發對科學的最大貢獻是創辦了一所從事翻譯和原創研究的研究院—智慧之家（Bayt al-Hikmah，或譯為「智慧宮」）。這家研究院對阿拉伯人的功能，想必約略等同於亞歷山卓博物館和圖書館對希臘人的作用。這個看法如今已經有阿拉伯語言文學學者迪米特里・古塔斯（Dimitri Gutas）提出質疑。他指出，智慧之家一詞翻譯自波斯詞彙，在伊斯蘭興起之前，這個波斯名詞已經用來代表藏書庫，而且藏品多半是波斯的歷史和詩篇作品，並非希臘科學著述。就我們所知，智慧之家在馬蒙時代只翻了幾部作品，而且是從波斯文而非希臘文翻譯過來的。有些天文學研究確是在智慧之家進行，稍後我們就會見到，不過所涉範圍我們知之甚少。不論翻譯和研究是否在智慧之家進行，在馬蒙和拉希德時代，巴格達市本身正是這方面工作的樞紐重鎮，這點倒是無庸置疑。阿拉

伯科學並不侷限於巴格達，它還向外拓展，西至埃及、西班牙和摩洛哥，東達波斯和中亞。參與這項工作的不只阿拉伯人，還包括了波斯人、猶太人和土耳其人。當時他們大體都屬於阿拉伯文化的一環，而且以阿拉伯文（起碼以阿拉伯書寫字母）來寫作。當時阿拉伯人在科學的地位，就有點像是如今英文在科學界的現況。在某些情況下，這些人物的族裔背景是很難判別的。所以我就把他們全部歸入「阿拉伯人」。

大致來講，我們可以約略依循兩類不同的科學傳統來區辨阿拉伯學者。就一方面是真正的數學家和天文學家，他們並不是太關心我們如今所稱的哲學。接著還有一群哲學家和醫師，對數學不是那麼嫻熟，而且深受亞里士多德的影響。他們的天文學興趣主要偏向占星學方面。果真考量到行星理論之時，哲學家／醫師偏好以地球為中心的亞里斯多德派球殼理論，而天文學家／數學家則一般都依循托勒密的本輪與均輪理論（見第八章討論內容）。後面我們還會見到，這種學術分歧現象在歐洲還會延續到哥白尼時代。

阿拉伯科學的成就歸功於許多人的努力成果，他們沒有人真正鶴立雞群，像伽利略和牛頓在科學革命時期的情況。接下來我要簡短介紹一下中世紀時期的阿拉伯科學家，期望這能讓各位稍微認識一下他們的成就和多樣化類型。

巴格達天文學家／數學家當中的第一位重要人物是七八〇年生於今烏茲別克斯坦（Uzbekistan）的波斯人花剌子模（al-Khwarizmi）。[1] 花剌子模在智慧之家工作，編纂了廣泛使用的天文表，基本數據部份得自印度觀測結果。他寫了一部數學名著，《積分和方程計算法》（*Hisab al-jabr w-al-Muqabalah*），奉獻給哈里發馬蒙（他本人具有一半波斯血統）。西文 algebra（代

數）一詞正是源出本書書名。不過這本書談的並不真的是今天我們所說的代數。二次方程式的解並不是以符號（代數的基本元素）來表示，卻是以文字來說明。（就這點來看，花剌子模的數學並不如丟番圖的數學那麼先進。）此外代表解題規則的西文 algorithm（演算法）名稱則是源出 al-Khwarizmi（花剌子模）。《積分和方程計算法》內容含有種種繁複的數字體系，包括羅馬數字、巴比倫六十進位制數字，以及一種習自印度的十進制新式數字系統。花剌子模的最重要數學貢獻，或許就是他向阿拉伯人解釋了這套印度數字，後來這在歐洲便稱為阿拉伯數字。

除了花剌子模這樣的資深人物之外，巴格達還集結了一群成就非凡的第九世紀天文學家，包括法甘尼（al-Farghani，拉丁名「阿爾法甘努」〔Alfraganus〕），[2] 他為托勒密的《天文學大成》寫了一本通俗摘要，還就托勒密《行星假說》（*Planetary Hypotheses*）書中所述行星體制發展出他自己的版本。

巴格達這群學者針對埃拉托斯特尼對地球大小的量測結果，完成了一項重大成果。其中尤以法甘尼更值一提，他提出了較小周長結果，幾個世紀之後，哥倫布受此鼓舞（如第七章一〇一頁註二所述），認為他能從西班牙揚帆西行，直抵日本，這或許是歷史上最幸運的誤算了。

對歐洲天文學家影響最深遠的阿拉伯人是約西元前八五八年生於美索不達米亞北部的巴塔尼（al-Battani，拉丁名「阿爾巴騰紐」〔Albatenius〕）。他使用並修訂托勒密的《天文學大成》，就多項數值完成更準確測量，包括太陽路徑和黃道與天赤道面的 ~23½° 交角、一年和各季節的長度、晝夜平分時（春分、秋分點）的進動和恆星的位置。他從印度引進了一種

三角學量值，正弦（sine），而且取代了先前喜帕洽斯曾使用、計算的另一種與此關係密切的弦（見技術簡記十五）。他的作品經常被哥白尼和第谷・布拉赫（Tycho Brahe）引述。

波斯天文學家蘇菲（al-Sufi，拉丁名「阿左飛」〔Azophi〕）成就了一項發現，然而其宇宙學重要意義，卻是直到二十世紀才為世人體認。他在九六四年發表的《恆星之書》（*Book of the Fixed Stars*）書中描述仙女星座裡面總是有一縷「細小雲霧」。這是如今所稱星系的已知最早觀測發現，就這個例子是指大型螺旋星系M31。蘇菲在伊斯法罕（Isfahan）工作時，也曾參與把希臘天文學著作翻譯成阿拉伯文。

阿拔斯時代最令人嘆服的天文學家或許當數比魯尼（al-Biruni）。他的作品在中世紀歐洲鮮少人知，所以他的名字並沒有拉丁化版本。比魯尼住在中亞，一〇一七年前往印度講授希臘哲學。他深思地球自轉的可能性，準確評估了不同都市的經緯度，還制定了號稱正切（tangent）三角量值的對照表，並測量了不同固體和液體的比重。他譏諷占星術是矯揉造作。比魯尼在印度時發明了一種測量地球周長的新做法，他描述如下：

　　我那時正住在印度大地南達納堡（fort of Nandana），我在那城堡西方一座高山上觀察，只見山南一片大平原。我突然想到，應該在那裡試驗這種做法（那種做法在前文已經描述過了）。因此我在那處山頂對天地交界處做了一次實證測量。我發現〔到地平線的〕視線落在參考線〔水平線〕以下，落差為34角分。接著我測量山的垂直距離〔亦即山的高度〕，結果發現山高為652.055肘（cubit，又稱「腕尺」），這裡肘是那個地區用來測量布匹的標準長度。[3]

根據這些數據，比魯尼歸結認定，地球半徑為12,803,337.0358肘。他的計算出了一點差錯；從他引述的數據，他算出的半經應該約等於13,300,000肘。（見技術箚記十六。）當然了，他提出的山峰高度，不可能達到他所述準確程度，所以12,800,000肘和13,300,000肘實際上是沒有差別的。不過比魯尼算出的地球半徑具有十二位有效數字，這在精確度方面犯了個錯，和我們前面所見阿里斯塔克斯所犯的錯誤相同：進行計算和引用結果所採精確度遠高於做為計算基礎之測量精確度。

我有一次也遇上過這樣的麻煩。許久之前我做過一次暑期工作，負責計算原子通過一種原子束裝置之連串磁體所依循的路徑。在那時候，桌上型電腦和口袋型電子計算器都還沒有問世，不過我有一台能做加減乘除並達八位有效數字的機械式電動計算機。我寫報告時一時疏懶，把計算機求出的結果依八位有效數字直接抄寫上去，沒有費心四捨五入至實際精確度。我的老闆對我不滿表示，我的計算使用的磁場測量值基礎，精確度只能達到百分之幾，凡是高於該數值的精確度，全都沒有意義。

不論如何，如今我們沒辦法判斷比魯尼所得結果（地球的半徑約等於一千三百萬肘）的精確度為何，因為如今也沒有人知道，他使用的肘究竟是多長。比魯尼說過，四千肘等於一英里，不過他所說的英里又代表多長呢？

奧瑪・開儼（Omar Khayyam）是位詩人暨天文學家，一○四八年生於波斯內沙布爾（Nishapur），約死於一三一一年。他曾在伊斯法罕擔任天文台台長，期間他編纂了天文表並籌劃曆法改革。他在中亞撒馬爾罕（Samarkand）撰寫有關於代數

的論述，好比三次方程的求解。對於講英語的讀者來講，開儼最為人熟知的事跡是他是位詩人。開儼用波斯文寫了眾多四行詩，其中七十五首由十九世紀的翻譯泰斗愛德華·菲茨杰拉德（Edward Fitzgerald）集結翻成英文，書名《魯拜集》（*The Rubaiyat*）。這些詩歌的作者是這樣一位頑強的現實主義者，難怪他會大力反對占星術。

阿拉伯人對物理學的最大貢獻在於光學領域，這方面的功臣首先是十世紀末的伊本·塞赫勒（Ibn Sahl），用來確定折射光線方向的法則也許就是他想出來的（第十三章還會就此著墨），接著是偉大的海什木（al-Haitam，拉丁名「阿爾海桑」〔Alhazen〕）。海什木九六五年左右生於美索不達米亞南方的巴士拉（Basra），隨後在開羅工作。他的現存著作包括《光學》（*Optics*）、《月光》（*The Light of the Moon*）、《暈圈與彩虹》（*The Halo and the Rainbow*）、《拋物面燃燒鏡》（*On Paraboloidal Burning Mirrors*）、《陰影的形成》（*The Formation of Shadows*）、《恆星的光》（*The Light of the Stars*）、《論光》（*Discourse on Light*）、《燃燒的球殼》（*The Burning Sphere*）和《食的形狀》（*The Shape of the Eclipse*）。他正確認定，光之所以在折射時彎折，乃是由於從一種介質進入另一種時，光的速度會出現變化所致。他還實驗發現，只有在角度較小時，折射角才與入射角成正比。然而就此他並沒有擬出正確的通用公式。就天文學方面，他遵循阿德拉斯托斯和西昂的做法，試行從實質層面，對托勒密的本輪和均輪提出解釋。

早期有一位化學家名叫賈比爾·伊本·哈揚（Jabir ibn Hayyan），如今我們認為他活躍於第八世紀晚期或第九世紀早期。賈比爾生平不詳，我們也不清楚他名下的大量阿拉伯文著

作，是否真正出自單獨一人。十三和十四世紀期間，歐洲出現了大批推斷為「賈伯」（Geber）所著之拉丁文作品，如今則認為，這些著述的作者和署名賈比爾‧伊本‧哈揚的阿拉伯文作品的作者並非同一人。賈比爾開發出蒸發、昇華、熔解和結晶等技術。他關切如何把卑金屬轉變成黃金，也因此經常被稱為煉金術士，然而在他那個年代，化學和煉金術之間的區別純屬人為，因為當時並沒有基本科學理論來告訴大家，這樣的轉變是不可能辦到的。在我看來，對於科學的未來影響更深遠的區別，乃在於這些化學家或煉金術士所依循的途徑，一類依循德謨克利特，從純自然主義角度來看待物質的作用，至於他們的理論對錯，就先擺在一旁，另一類則如柏拉圖（或者如同阿那克西曼德和恩培多克勒之屬，除非他們的論述都不過是種隱喻），將人類價值觀或宗教價值觀導入物質研究。賈比爾大概屬於後面這個類別。舉例來說，他認為數字二十八具有極端重要的化學意涵，而這個數也正是阿拉伯文（即《古蘭經》所採語文）的字母總數，於是七和四的乘積等於二十八，這點也因故變得相當重要，這當中七想必就是金屬類別之總數，而四則是物質屬性（冷、熱、濕、乾）的總數。

就阿拉伯的醫學／哲學傳統方面，最早的重要人物是肯迪（al-Kindi，拉丁名「阿爾肯達斯」〔Alkindus〕）。他出身巴士拉一個貴族家庭，不過在第九世紀時前往巴格達工作。他擁戴亞里斯多德，並嘗試讓亞里斯多德學說能與柏拉圖學說和伊斯蘭教義融通調合。肯迪的學識淵博，對數學非常感興趣，不過他和賈比爾同樣依循畢達哥拉斯學派的心態，只把數學當成一種數字魔法。肯迪為文論述光學和醫學，他抨擊煉金術，卻為占星術辯護。肯迪還負責指導將希臘原著翻成阿拉伯文的部份工

作。

那個時期還有一位作者更令人嘆服，他是說阿拉伯語的波斯人，屬於肯迪的下一個世代，名叫拉齊（al-Razi，拉丁名「拉齊斯」〔Rhazes〕）。拉齊的著作包括《論天花和痲疹》（*A Treatise on the Small Pox and Measles*）。他在《關於蓋倫的疑慮》（*Doubts concerning Galen*）書中向這位羅馬醫學泰斗的權威提出挑戰，並質疑一則可以上溯至希波克拉底的理論：健康取決於四種體液之平衡（如第四章所述）。他解釋道：「醫學是一門哲學，既然如此，就不該放棄對首要作者提出批評。」拉齊曾對阿拉伯醫界典型觀點提出非難，他質疑亞里斯多德學說中如空間必有侷限之教誨。

最有名的伊斯蘭醫生是伊本‧西那（Ibn Sina，拉丁名「阿維森納」〔Avicenna〕），他也是位說阿拉伯語的波斯人。九八〇年，伊本‧西那出生在中亞布哈拉附近，後來成為布哈拉蘇丹的宮廷醫師，還奉任命為一省省長。伊本‧西那奉守亞里斯多德學說，他就像肯迪，也試圖融通調合亞里斯多德學說和伊斯蘭教義。他的《醫典》（*Al Qanum*）鉅著是中世紀最富影響力的醫學文獻。

在此同時，醫學也開始在信奉伊斯蘭統治的西班牙蓬勃發展。九三六年，宰赫拉威（Al-Zahrawi，拉丁名「阿爾布卡西斯」〔Abulcasis〕）生於安達魯西亞（Andalusia）首府哥多華（Córdoba）附近，並在當地工作直至一〇一三年去世為止。他是中世紀最偉大的外科醫生，在信奉基督宗教的歐洲具有很大的影響力。和其他醫學分科相比，外科手術較少被根基薄弱的理論所宰制，或許就是這樣，宰赫拉威才極力把醫學和哲學與神學區隔開來。

醫學與哲學的分離並沒有延續長久。到了下一個世紀，伊本‧巴哲（Ibn Bajjah，拉丁名「阿芬巴塞」〔Avempace〕）出生於薩拉戈薩（Saragossa），他成為醫師並在故鄉以及在費茲（Fez）、塞維亞（Seville）還有格拉納達（Granada）工作。他篤信亞里斯多德學說，批評托勒密並抵制托勒密天文學，不過他也就亞里斯多德的運動理論提出非議。

伊本‧巴哲的學生—同樣出生在西班牙的穆斯林伊本‧圖斐利（Ibn Tufayl，拉丁名「阿布巴塞」〔Abubacer〕）承繼其衣缽。伊本‧圖斐利曾在格拉納達、休達（Ceuta）和丹吉爾（Tangier）行醫，後來還擔任阿爾摩哈德王朝（Almohad dynasty，這是西班牙文稱法，阿拉伯名「穆瓦希德王朝」）蘇丹的大臣暨御醫。他論稱亞里斯多德學說和伊斯蘭教義不相矛盾，而且就如同他的老師，伊本‧圖斐利也駁斥托勒密天文學的本輪和偏心輪概念。

接著伊本‧圖斐利本身也教出了一位出色的弟子，名叫比特魯吉（al-Bitruji）。他是一位天文學家，卻繼承了他的老師對亞里斯多德的忠誠，並拒絕接受托勒密學說。比特魯吉嘗試以同心球來解釋行星在本輪上的運動，結果並無所獲。

穆斯林統治下的西班牙有一位醫師後來以哲學家身分著稱於世。伊本‧魯世德（Ibn Rushd，拉丁名「亞維侯」〔Averroes〕）一一二六年出生於哥多華，是該城教長伊瑪目之孫。一一六九年擔任塞維亞的法官，一一七一年成為哥多華的法官，接著獲伊本‧圖斐利推薦，在一一八二年當上宮廷醫師。身為醫學科學家，伊本‧魯世德最著名的成就是確認眼睛視網膜的功能，不過他的名聲主要得自對亞里斯多德學說的評論著述。他對亞里斯多德的稱頌，讀了真要讓人感到難為情：

〔亞里斯多德〕創立並完備了邏輯學、物理學和形而上學。我說他「創立了」這些學科，是由於在他之前就這些科學撰寫的著作都不值一提，而且和他本人的著作相較都黯然失色。我說他「完備了」這些學科，是由於在他之後迄至我們這個時代，也就是說在將近一千五百年間，完全沒有人能夠對他的著作做任何增補，或者在作品當中找出任何稍具重要意義的錯誤。

現代作家薩爾曼・魯世迪（Salman Rushdie）的父親原本不姓魯世迪，為了表彰伊本・魯世德的世俗理性主義才改姓。

當然了，伊本・魯世德排斥托勒密天文學，因為他這門學問忤逆了物理學，意思是亞里斯多德的物理學。他知道亞里斯多德的同心球殼並不能「保住面子」，而且他嘗試融通調合亞里斯多德學說與觀測結果，不過到頭來仍歸結認定，這件事情尚須留待未來解決：

我年輕時曾期望自己能為這項（天文學）研究帶來美好的句點。現在我已經老了，我已經失去指望，好幾項障礙始終擋在我的面前。不過我就此發表的說法，或許會引來未來研究人員的矚目眼光。我們這個時代的天文科學，當然完全不能讓我們從中推行出現存實相。目前在我們生存年代所開發出來的模型，符合計算所得，和現實卻是不相符的。

當然了，伊本・魯世德對未來研究者的期許最終是落空了，始終沒有人有辦法讓亞里斯多德的行星理論發揮效用。

穆斯林西班牙也有嚴謹的天文學研究。十一世紀時，托萊多（Toledo）的查爾卡利（al-Zarqali，拉丁名「阿爾扎赫爾」〔Arzachel〕）成為率先測量太陽繞地球視軌道進動現象的第一人（實際上當然是地球繞日軌道的進動），如今我們知道，這大半是由於地球和其他行星之間的重力作用所致。他求出的進動值為每年12.9"（角秒），和每年11.6"的現代數值相當吻合。包括查爾卡利在內的一群天文學家使用花剌子模和巴塔尼的早期研究成果編製出《托萊多天文表》（*Tables of Toledo*），替代了托勒密的《實用天文表》（*Handy Tables*）。這些天文表以及後續編製的各式天文表，詳細描述了太陽、月球和行星穿越黃道帶的視運動，成就了天文學史上的里程碑。

　　在烏麻耶王朝以及隨後由柏柏爾人建立的穆拉比特王朝（Almoravid dynasty）後續政權統治之下，西班牙成為世界性的學術研究中心，在這裡猶太人與穆斯林同獲禮遇。就在這個美好的時代，猶太人摩西・本・邁蒙（Moses ben Maimon，拉丁名「邁蒙尼德」〔Maimonides〕）於一一三五年生於哥多華。在伊斯蘭統治之下，猶太人和基督徒的地位從來沒有超過二等公民，不過在中世紀期間，住在阿拉伯國家的猶太人，處境一般都遠勝於住在基督宗教歐洲的同胞。不幸的是，本・邁蒙在年少時期，西班牙已經由狂熱的伊斯蘭政權阿爾摩哈德王朝統治，於是他不得不避走他鄉，先後在阿爾梅里亞（Almeira）、馬拉喀什（Marrakesh）、凱撒利亞（Caesarea）和開羅等地尋求庇護，最後才在開羅郊區的福斯塔特（Fustat）落腳。在那裡直住到一二〇四年辭世之前，他一邊擔任拉比，影響力遍及中世紀整個猶太世界，同時他也擔任醫師，並獲得阿拉伯人和猶太人的高度敬重。他最為人熟知的著作是《迷途指津》（*Guide to the Perplexed*），以寫給一名惶惑年輕人的書信文體撰述。信中他傳達自己對托勒密天文學的排斥態度，因為它違逆了亞里斯多德學說：

你所瞭解的天文學，完全出自我門下學習所得，還有從《天文學大成》學來的；此外我們的時間就不足以再涉獵其他。球殼規律運動的理論，還有恆星理應遵循的路徑，都與觀察結果一致相符，這取決於各位都已知曉的兩項假設：我們必須假定存有本輪抑或存有偏心球殼，抑或結合兩種假設。現在我就說明，這兩項假設都不合常理，完全違背了自然科學所得結果。

接著他認可托勒密的體制與觀察結果相符，而亞里斯多德的則否，而且誠如前輩普羅克洛所述，本‧邁蒙也灰心表示，要認識上天，實在是太難了：

不過就天上的事物而言，人類除了少許數學計算之外就一無所知，而且你也看得出這達到了何等程度。我用詩句來說明「上天是上帝的，地球是祂對人類之子的賜予」；這也就是說，唯有神對上天事物擁有完備的真正認識，包括天界的性質、要素、型式、運動還有它們的成因；不過祂賜予人類認識上天之底下事物的能力。

結果事實剛好相反；在現代科學時期的早期，我們首先認識的卻是天體的運動。

　　阿拉伯科學對歐洲的影響，從一長串衍生自阿拉伯原

文的西文單詞便可獲得驗證：這些語彙不單有 algebra（代數）和 algorithm（演算法），連許多恒星的西文名稱也是，好比 Aldebaran（畢宿五）、Algol（大陵五）、Alphecca（貫索四）、Altair（牛郎星）、Betelgeuse（參宿四）、Mizar（開陽）、Rigel（參宿七）、Vega（織女星）等。就化學名詞方面則有 alkali（鹼）、alembic（蒸餾器）、alcohol（酒精）和 alizarin（茜草素）等，當然還有 alchemy（煉金術）。

　　這樣簡短審視之後，我們不禁要提出一道問題：為什麼行醫的人，如伊本‧巴哲、伊本‧圖斐利、伊本‧魯世德，還有後來的本‧邁蒙等，特別堅守亞里斯多德的教誨？我能想到三點可能的理由。首先，醫師對亞里斯多德的生物學相關著作自然最感興趣，而且這些也正是亞里斯多德最擅長的領域。還有，阿拉伯醫師深受蓋倫著作的影響，而蓋倫又深自景仰亞里斯多德。最後，在醫學領域要進行理論和觀測的精確對比是非常困難的（迄今依然如此），所以，即便亞里斯多德的物理學和天文學與觀測結果並不是密切吻合，對醫師來講，似乎也不是那麼重要。相較而言，天文學家的研究成果，則是要拿來在絕對必須有正確精密結果的情況下運用，好比編製曆法、測定地球上的距離、推斷日常禮拜的正確時間，以及朝拜方向（qibla），也就是禮拜時必須面對的麥加所處方向。即便應用本行科學來占星的天文學家，也必須能夠精確推斷，太陽和行星在任意日期位於黃道帶上哪個星座，而且他們恐怕不能容忍像亞里斯多德理論這般會得出錯誤答案的學理。

　　一二五八年，蒙古人在旭烈兀可汗統領下攻克巴格達，殺死哈里發，消滅了阿拔斯王朝。不過在此之前，阿拔斯的統治早就開始分崩離析。政治和軍事力量早都轉由土耳其蘇丹掌

控，就連哈里發的宗教統治權威，也由於獨立的伊斯蘭政府接連建立而逐漸式微，這些政權包括：播遷西班牙的烏麻耶王朝、埃及的法蒂瑪王朝、摩洛哥和西班牙的穆拉比特王朝，還有繼承其政權在北非和西班牙建立的阿爾摩哈德王朝。敘利亞和巴勒斯坦部份地區曾短暫由基督徒再次征服，首先是拜占庭人，後來則是法蘭克十字軍。

阿拔斯王朝結束之前，阿拉伯科學已經漸漸衰頹，這大概是從一一○○年左右就開始。此後再也找不到能與巴塔尼、比魯尼、伊本·西那以及海什木等人並駕齊驅的科學家。不過這是個存有爭議的觀點，如今由於政治介入，爭議還愈演愈烈。有些學者認定並無所謂衰頹可言。

當然了，即便在阿拔斯時代結束之後，部份科學依然在蒙古人統治地區持續發展，包括波斯以及隨後的印度，還有往後到了鄂圖曼土耳其帝國時期也確實如此。舉例來說，一二五九年在波斯建立的蔑剌哈天文台（Maragha observatory，蔑剌哈今稱馬拉蓋），就是旭烈兀在攻佔巴格達短短一年之後為酬謝占星術士才敕令興建，因為他認為先前占星術士曾協助他的征服大業。天文台創台台長是天文學家圖西（al-Tusi），他曾撰寫球面幾何學相關論述（球面大圓所遵循的幾何學，恆星的象徵性球面就是這類表面之一例），還投入編製天文表，並針對托勒密的本輪說提出修改建議。圖西建立了一個科學王朝：他的學生設拉子（al-Shirazi）是位天文學家暨數學家，而設拉子的學生法里西（al-Farisi）則成就突破性光學成果，解釋了彩虹和所含色彩是照射雨滴的陽光折射所致。

在我看來，更令人讚嘆的是十四世紀大馬士革天文學家伊本·沙提爾（Ibn al-Shatir）。他因循蔑剌哈天文學家的早期

工作，發展出一套行星運動理論，其中托勒密的偏心勻速輪由一對本輪所取代，這樣就能滿足柏拉圖有關行星運動必須由等速圓周運動複合而成的要求。伊本·沙提爾還以本輪為基礎，提出了一項月球運動理論：它能修正托勒密月球理論的缺憾，避免地球和月球間距離變動過劇現象。哥白尼在他的《短論》（*Commentariolus*）書中論述的早期成果，便提到一項和伊本·沙提爾所述一模一樣的月球理論，還有一項行星理論則提出了和伊本·沙提爾理論雷同的視運動。如今我們認為，哥白尼年輕時曾負笈義大利，在那裡學到了這些結果（說不定還得知其來龍去脈）。

圖西從事行星運動研究時，發明了一種幾何結構，稱為「圖西雙輪」（Tusi couple），後來哥白尼還曾予採用，有些作者認為這件事情茲事體大。（圖西雙輪是把兩相觸球殼的旋轉運動轉換成一種直線擺動的數學運算。）不過哥白尼是從阿拉伯文獻得知圖西雙輪，或者是他自己的發明，這點依然存有爭議。哥白尼並不吝於頌揚阿拉伯人的貢獻，他五度引用阿拉伯文獻，作者包括巴塔尼、比特魯吉和伊本·魯世德，卻沒有提到圖西。

有一點很值得深思，不論圖西和伊本·沙提爾對哥白尼有什麼影響，他們的工作總歸並沒有在伊斯蘭天文學界傳承下來。不論如何，圖西雙輪和伊本·沙提爾的行星本輪，都是用來處理複雜亂象的做法，而亂象的根源則出自行星軌道其實都是橢圓形的，而且太陽也偏離中心點所致（不過圖西和伊本·沙提爾以及哥白尼都不知道這點）。這些複雜現象同樣波及托勒密和哥白尼的理論（見第八章和第十一章討論），而且和太陽繞地或者地球繞日也毫無關係。進入現代之前，從沒有任何

阿拉伯天文學家曾經認真提出日心理論。

天文台繼續在伊斯蘭國家建立。其中最大的或許就是撒馬爾罕的一所天文台，由帖木兒王朝統治者烏魯伯格（Ulugh Beg）敕令興建並在一四二〇年代啟用。帖木兒王朝由跛子帖木兒（Timur Lenk，又稱Tamburlaine）建立。該天文台求出了一些更準確的數值，包括恆星年（三百六十五天，五小時，四十九分鐘和十五秒鐘）和春秋分點的進動（即歲差，每度進動為七十年而非七十五年，相較之下則現代數值為每度71.46年）。

阿拔斯時期結束之際，醫學出現了一項重大進展。阿拉伯醫師伊本·納菲斯（Ibn al-Nafis）發現了肺循環，也就是血液從心臟的右側流經肺部，在那裡與空氣混合，接著流回到心臟的左側。伊本·納菲斯在大馬士革和開羅的醫院工作，也撰寫眼科相關著述。

儘管有這些例子，我們依然很難不認為，伊斯蘭世界的科學到了阿拔斯時代尾聲時已經喪失動能，隨後仍繼續走向衰頹。當科學革命崛起，只見歐洲躬逢其盛，並沒有發生在伊斯蘭大地，而且伊斯蘭科學家也沒有加入這場變革。即便在十七世紀望遠鏡問世之後，伊斯蘭國家的天文台，依然侷限於裸眼天文學（不過已經有精密儀器來輔助），而且觀測作業主要是為了曆法和宗教目的，並不是用來從事科學研究。

當初羅馬帝國踏向滅亡之時，科學便有衰退現象，並引人探究其起因，到了伊斯蘭沒落之際，這幅科學衰頹景象，不免仍要引出相同的問題—兩次衰退和宗教的進展有沒有任何關係？不論對伊斯蘭教或者對基督教來講，科學和宗教的衝突都是種複雜的現象，我也不想就此提出確切的答案。這裡至少有

兩個問題。首先，伊斯蘭科學家對宗教大體都抱持什麼樣的態度？也就是說，是否唯有摒除宗教影響的人，才能成為有創意的科學家？第二，穆斯林社會對科學抱持什麼樣的態度？

　　阿拔斯王朝的科學家普遍對宗教心懷質疑。最明顯的例子來自天文學家奧瑪珈音，他一般被視為無神論者。他在《魯拜集》的幾首詩篇當中披露他的質疑。

Some for the Glories of the World, and some	有人追求塵世的榮光
Sigh for the Prophet's Paradise to come;	有人渴望先知的天堂；
Ah, take the Cash, and let the Credit go,	啊，只收現金，謝絕賒帳
Nor heed the rumble of a distant Drum!	也不留神遠方的鼓響！

Why all the Saints and Sages who discuss'd	那所有聖賢滔滔雄辯
Of the two Worlds so learnedly, are thrust	論述天堂地獄的淵源
Like foolish Prophets forth; their Words to Scorn	如江湖鐵嘴論斷是非；
Are scatter'd, and their mouths are stopt with Dust.	言談四散唇舌塵土掩。

Myself when young did eagerly frequent	年少時尋訪求知甚殷
Doctor and Saint, and heard great argument	聽博士聖人高談闊論
About it, and about: but evermore	天南地北說東道西：但始終
Came out by the same door as in I went.	與我來時毫無長進

（詩詞經過翻譯總要減損詩意，不過表達的基本上是相同的態度。）無怪乎奧瑪珈音死後會被稱為「吞噬伊斯蘭教義的毒蛇」。如今伊朗政府審查制度規定，奧瑪珈音詩歌若要公開出版，事前都必須刪除或修訂他的無神論觀點。

約一一九五年時，亞里斯多德派的伊本·魯世德以異端嫌疑遭流放。另一位醫師，拉齊是一位直言不諱的懷疑論者。他在《先知的伎倆》（*Tricks of the Prophets*）書中論稱，神蹟不過是種伎倆，民眾不需要宗教領袖，而且和宗教導師相比，歐幾里德和希波克拉底對人類的用處還更大。同時代人士，天文學家比魯尼對這些觀點深表贊同，並寫了一部拉齊傳來頌揚他。

就另一方面，伊本·西那醫師則與比魯尼惡言書信往來，信中他表示，拉齊應該緊守他懂得的東西，好比癤和排泄物。天文學家圖西是什葉派虔誠信徒，留有神學相關著述。天文學家蘇菲這個名字暗指他是個蘇菲神祕主義者。

我們很難權衡這些個案實例。多數阿拉伯科學家都沒有留下他們的信仰傾向記錄。就我私下猜想，沈默並不代表虔誠，還比較意味著懷疑態度，也說不定代表害怕。

接著還有一般穆斯林對科學抱持何種態度的問題。創辦智慧之家的馬蒙哈里發，肯定是科學的重要支持力量，還有一點或許也很重要，他所屬伊斯蘭教派穆爾太齊賴派（Mutazalites）力求以更理性的態度來詮釋《古蘭經》，後來他因為這個教派歸屬而遭受攻擊。不過穆爾太齊賴派不該被視為宗教懷疑論者。他們毫不懷疑《古蘭經》是真主的話語；他們只是想說，那是真主創造的，不過並非始終都存在。他們也不該被拿來和現代的公民自由主義者混為一談；他們動手迫害認為真主毋須創造出永恆《古蘭經》的穆斯林。

到了十一世紀，伊斯蘭出現了徹底敵視科學的跡象。天文家比魯尼抱怨伊斯蘭極端份子抱持反科學態度：

當中極端份子會把科學蓋上無神論戳記，還宣稱科學把民

眾引入歧途，這樣做只為了讓無知之徒像他一樣憎恨科學。因為這能幫他掩飾其無知，為徹底摧毀科學和科學家開啟方便之門。

有一件廣為人知的軼事，話說一位虔誠信教的法學專家批評比魯尼，指責那位天文學家使用一件以希臘文來列出月份名稱的儀器，而希臘文是基督教拜占庭人的語文。比魯尼回答，「拜占庭人一樣要吃東西。」

據說導致科學和伊斯蘭之間緊張程度加劇的關鍵人物是加札利（al-Ghazali，拉丁名「阿爾加惹爾」〔Algazel〕）。加札利一〇五八年生於波斯，先後遷居敘利亞以及巴格達。就思想傾向方面，他也頻繁改變理念，從正統派伊斯蘭改換成懷疑論，接著又回歸正統，不過已經混雜摻入了蘇菲神祕主義。吸收了亞里斯多德學說，並在《哲學家的發明》（*Inventions of the Philosophers*）書中摘述之後，接著他就開始抨擊理性主義，並寫進了他最為人熟知的著作《哲學家的不連貫性》（*The Incoherence of the Philosophers*）。（忠誠擁戴亞里斯多德派的伊本·魯世德曾撰寫一本《不連貫性的不連貫性》〔*The Incoherence of the Incoherence*〕來予還擊）。底下就是加札利如何說明他對希臘哲學的看法：

我們這個時代的異端份子都聽過一些令人敬畏的名字，好比蘇格拉底、希波克拉底、柏拉圖和亞里斯多德等稱呼。他們的心智受了曚蔽，輕信那群哲學家的追隨者誇張吹噓古代大師的智慧能力是如何超凡脫俗；誤以為他們發展出來的數學、邏輯學、物理學和形而上學都是最淵博的科學；更以為他們擁有

絕頂智慧，所以有資格以推論法來大膽嘗試發現隱匿事理；還認為以他們智慧之精微奧妙和他們成就之原創特性，那些人便得以批駁否定宗教法規的權威；他們否認歷史宗教積極內容的有效性，還認為所有那一切事情，全都只是道貌岸然的謊言和枝微末節的小事。

加札利對科學的抨擊秉持「機緣說」（occasionalism）。機緣說認為，不論哪種現象都是單一偶發事例，不受任何自然定律的支配，而是直接聽從真主的意志。（這種說法在伊斯蘭並不新鮮——早在一個世紀之前，反穆爾太齊賴派陣營人士艾什爾里〔al-Ashari〕便曾提出此說。）加札利的問題十七（Ghazali's Problem XVII）「反駁他們對事件不可能偏離自然進程之信念」（Refutation of Their Belief in the Impossibility of a Departure from the Natural Course of Event）陳述如下：

在我們看來，並沒有必要把民眾心中認定的起因和最後招致的結果連結起來…〔真主〕有能力創造滿足止住飢餓而毋須仰賴進食，或造成死亡而毋須砍頭，或甚至於在砍頭之後仍能續命，或從相關連的事項創造出其他（獨立於所設想起因之外的）任何事項。哲學家卻拒斥這種可能性；甚至他們還堅稱這是不可能的。既然關乎這些（為數無窮的）事項的探索有可能綿延永無止境，就讓我們只考量一個例子，那就是棉花遇火的燃燒現象，我們承認兩邊接觸有可能不會引起燃燒，我們也承認棉花不接觸火也可能變換成灰燼。然而他們卻否認有這種可能性…我們說那是真主——借天使之力，或親自動手——用大能讓棉花變黑，或者讓棉花的成份瓦解，於是它們就變換成

一堆悶燒的灰燼。至於火,那是種沒有生命的東西,沒有任何作用。

其他宗教,好比基督宗教和猶太教,也承認偏離自然秩序的奇蹟是有可能發生的,不過這裡我們也看到,加札利認為不論是哪種自然秩序都無重要意義可言。

這實在費解,因為我們確實在自然界觀察了一些規律。我不相信加札利不知道把手伸進火燄並不安全。他大可以在伊斯蘭世界為科學保留一個位置,作為研究真主就一般來講會希望怎麼做的場所,這就是十七世紀尼古拉斯·馬勒伯朗士(Nicolas Malebranche)抱持的立場。然而加札利卻不為此途。他的理由在另一部作品《科學的開端》(*The Beginning of Sciences*)書中已有詳述。他在書中把科學比做葡萄酒。酒能強健身體,穆斯林卻禁止喝酒。相同道理,天文學和數學能強健心智,然而「我們卻害怕民眾有可能經由它們受了危險學說的吸引。」

中世紀伊斯蘭對科學的敵意日深,這種現象不只見於加札利的著述。一一九四年,阿爾摩哈德王朝期間,位於伊斯蘭世界一端並與巴格達遙遙相望的哥多華發生了焚書事件,當地烏理瑪(*Ulama*,地區性宗教學者)把所有醫學書和科學書全部燒光。接著在一四四九年,宗教狂熱份子摧毀了烏魯伯格在撒馬爾罕興建的天文台。

如今我們在伊斯蘭地區,也能見到令人憂心猶如當初讓加札利感到不安的相同跡象。我有個過世的朋友叫阿卜杜勒·薩拉姆(Abdus Salam),他生前是巴基斯坦物理學家,曾(以他在英國和義大利做出的成果)榮獲一座諾貝爾獎,成為世上

首位獲此殊榮的穆斯林。薩拉姆有一次告訴我，他曾嘗試勸說盛產石油的波斯灣國家投資科學研究。他發現那些國家都熱衷資助技術開發，卻害怕純粹科學研究會侵蝕他們的文化。（薩拉姆本身是個虔誠的穆斯林。他全心效忠一個穆斯林教派，阿赫邁底亞派（Ahmadiyya），這個教派在巴基斯坦一直被當成異端，因此多年來他都無法回歸故土。）

　　諷刺的是，到了二十一世紀，現代激進伊斯蘭主義的精神導師賽義德・庫特布（Sayyid Qutb）呼籲撤換基督宗教、猶太教和他自己那個時代的伊斯蘭教，改以一種普世的純化伊斯蘭教取而代之，部份原因乃在於，他期盼這樣就可以創建出一門伊斯蘭科學，以此彌平科學和宗教之間的鴻溝。然而阿拉伯科學家在他們的黃金盛世並不是做伊斯蘭科學。他們做的是科學。

註：
1　他的全名叫做阿布・阿卜杜拉・穆罕默德・伊本・穆薩・花剌子模（Abū Abdallāh Muhammad ibn Mūsā al-Khwārizmī）。阿拉伯全名往往很長，所以通常我只寫出大家熟知的縮略名字。至於變音符號，好比母音上方的橫槓（如 ā 所示），對不懂阿拉伯文的讀者（像我就是）來講毫無意義，所以我也都予以省略。
2　阿爾法甘努是個拉丁化名字，中世紀歐洲把法甘尼叫做阿爾法甘努。底下遇有其他阿拉伯人的拉丁化名字，都依樣附註於括號中。
3　事實上比魯尼使用的是一種兼具十進制與六十進制的綜合式數字系統。他以肘為單位，為這座山訂出的高度為 652; 3; 18，亦即 652 加 3/60 加 18/3600，依現代十進制記數法便等於 652.055。

第十章 | 中世紀的歐洲

　　隨著羅馬帝國西半部衰亡，拜占庭領域以外的歐洲也化為窮鄉僻壤，大半人口都不識字。部份地方確實保留了一些讀寫能力，不過主要是集中於教堂，而且只剩拉丁語文。中世紀早期的西歐，基本上沒有人能讀希臘文。希臘學識的斷簡殘篇，在修道院圖書室以拉丁譯本的型式存續了下來，包括柏拉圖的《蒂邁歐篇》（*Timaeus*）對話錄局部篇幅，還有羅馬貴族波伊提烏（Boethius）約在西元五〇〇年翻譯的亞里斯多德邏輯學著作和伊本算術教科書。此外還有羅馬人以拉丁文撰寫，描述希臘科學的著作。其中最著名的是一部十五世紀的百科全書，作者是馬爾提亞努斯·卡佩拉（Martianus Capella），書名很怪，叫做《墨丘利和語文學的媒合》（*The Marriage of Mercury and Philology*），內容討論人文七藝（作為語文學之輔助科目），包括：文法、邏輯、修辭、地理、算術、天文和音樂。就天文學方面，馬爾提亞努斯介紹了赫拉克雷德斯的古老理論，描述水星和金星如何繞行太陽，而太陽則環繞地球運行，這種描述在千年過後受到哥白尼的讚揚。然而就算有了這些古代學識的雪泥鴻爪，中世紀早期的歐洲人對希臘偉大科學成就，依然幾乎一無所知。由於異族一再來犯，哥德人、汪達爾人、匈奴人、阿爾瓦人、阿拉伯人、馬札兒人和諾爾斯人輪番入侵，西歐人必須先應付外侮問題。

　　到了第十和十一世紀，歐洲開始恢復生機。外敵入侵逐漸減少，新技術提高了農業生產力。隨後直到十三世紀晚期，重

要的科學著述才會開始出現，而且直到十六世紀才真正做出重大成果，不過中間這段時期，已經為科學的復興扎穩體制和學識根基。

第十和十一世紀期間是宗教時代，因此歐洲的新增財富，自然不歸農民，而是流向教會。好比在一〇三〇年，法國編年史家拉烏爾‧格拉貝（Raoul Glaber，或寫成 Radulfus Glaber）便留下了一段生動描述：「世界彷彿自行抖落舊裝，披上教會白袍。」就學識領域的未來，最重要的是附屬於各地主教座堂的學校，分別設於奧爾良（Orléans）、漢斯（Reims）、拉昂（Laon）、科隆（Cologne）、烏特勒支（Utrecht）、桑斯（Sens）、托萊多（Toledo）、沙特爾（Chartres）和巴黎。

這些學校對神職人員的訓練，不侷限於宗教事務，還把羅馬時代殘留的世俗博藝課程納入，採用的著述，部份出自波伊提烏和馬爾提亞努斯：三藝（文法、邏輯和修辭學）以及在沙特爾特別凸顯的四藝（算術、幾何、天文和音樂）。這類學校有些可以追溯至查理大帝時代，不過到了十一世紀期間，它們已經開始吸引學識淵博的教師，有些學校還重新關注如何融通調合基督宗教和自然界知識。誠如歷史學家彼得‧迪爾（Peter Dear）所做評述，「從認識神造事物並藉理解箇中原因和道理的蛛絲馬跡來認識神，這在許多人眼中是一項虔敬無比的事業。」舉例來說，沙特爾的蒂埃里（Thierry of Chartres）曾在巴黎和沙特爾任教，一一四二年當上沙特爾學校的校長，他從《蒂邁歐篇》習知四元素說，接著就以此說來解釋〈創世紀〉篇章所描述的世界起源。

另一項發展甚至還比主教座堂學校的蓬勃發展更為重要，不過也非毫無關聯。這是對早期科學著作的新一波翻譯浪潮。

起初翻譯工作的來源語言是阿拉伯文，而非直接翻自希臘文：這要嘛就是阿拉伯科學家的原著，不然就是早先已從希臘文翻譯成阿拉伯文，或者從希臘文翻譯成敘利亞文，再翻成阿拉伯文的譯本。

　　翻譯作業早在第十世紀中期就已啟動，好比位於庇里牛斯山區，基督教歐洲和烏麻耶王朝西班牙接壤處附近的里波爾聖瑪麗亞修道院（Monastery of Santa Maria de Ripoll）。這種新知識如何在中世紀歐洲流傳，還有對主教座堂學校的影響，參閱熱貝爾・奧里拉克（Gerbert d'Aurillac）的經歷就能明白。奧里拉克於九四五年生於阿基坦（Aquitaine），父母不詳，他在加泰隆尼亞（Catalonia）學了一些阿拉伯數學和天文學，還前往羅馬待了一段時間，接著轉往漢斯，在那裡講授阿拉伯數字和算盤，並重整主教座堂學校。他當上漢斯的修道院院長以及大主教，協助法國國王于格・卡佩（Hugh Capet）登基建立新王朝。他追隨德國皇帝奧托三世（Otto III）前往義大利和馬格德堡（Magdeburg）。他當上拉溫納（Ravenna）大主教，還在九九九年獲選為教宗，受封為西爾維斯特二世（Sylvester II）。他的學生，沙特爾的福貝特（Fulbert of Chartres）在漢斯主教座堂學習，隨後在一〇〇六年成為沙特爾的主教，重建其壯麗的主教座堂。

　　翻譯步調在十二世紀加快了。該世紀初年，英國人巴斯的阿德拉德（Adelard of Bath）在阿拉伯各國間頻繁往來活動。他翻譯了花剌子模的作品，還在《自然問疑》（*Natural Questions*）書中介紹了阿拉伯學識。沙特爾的蒂埃里不知怎麼就獲悉阿拉伯數學的零，並將它引進歐洲。十二世紀最偉大的翻譯家，或許就是克雷莫納的杰拉德（Gerard of Cremona）。他在托萊多工

作，那裡向來都是阿拉伯征服之前的基督教西班牙首都，而且雖然一〇八五年由卡斯蒂利亞人（Castilian）重新征服，那裡依然是阿拉伯和猶太文化重鎮。杰拉德把托勒密的《天文學大成》阿拉伯文版翻成拉丁文，為中世紀歐洲導入希臘天文學。他還翻譯了歐幾里德的《幾何原本》，以及阿基米德、拉齊、費爾加尼（al-Ferghani）、蓋倫、伊本‧西那和花刺子模等人的著作。一〇九一年阿拉伯西西里陷落諾爾曼人之手，此後翻譯也可以直接從希臘文翻成拉丁文，毋須再仰賴阿拉伯文為中間媒介。

造成最大直接影響的翻譯作品是亞里斯多德的譯本。亞里斯多德著述的阿拉伯文譯本大半都在托萊多翻成拉丁文，好比杰拉德就在那裡譯出了《論天》（*On the Heavens*）、《物理學》（*Physics*）和《氣象學》（*Meteorology*）三部作品。

亞里斯多德的作品在教會不見得普遍受到歡迎。中世紀的基督宗教受柏拉圖學說以及新柏拉圖學說的影響遠遠更為深遠，部份肇因於聖奧古斯丁（Saint Augustine）設下的典範。亞里斯多德的著作是有別於柏拉圖的自然主義派論述，他眼中所見宇宙受種種定律支配，甚至是如他的定律般發展尚未完善的支配力量，於是這就呈現出一幅鏈條鎖住上帝雙手的景象，正是這樣的景象讓加札利深感不安。有關亞里斯多德的衝突，起碼局部激發了兩個新成立的托缽修會（mendicant orders）相互傾軋：一邊是方濟各會（Franciscans），也稱為灰衣托缽僧團，成立於一二〇九年，他們反對亞里斯多德的學說，另一邊是多明我會（Dominicans，「道明會」），也稱為黑衣托缽僧團，約成立於一二一六年，尊奉亞里斯多德為「大哲學家」。

雙方衝突主要是發生在新成立的歐洲高等學術機構（也

就是大學）。巴黎一所主教座堂學校在一二〇〇年獲頒皇家特許證，升格為大學。（其實波隆那〔Bologna〕還有一家大學稍早就已成立，不過那裡專門研究法律和醫學，並沒有在中世紀物理學方面扮演重要角色。）接著巴黎大學的學者幾乎立刻就（在一二一〇年）奉指示禁止使用亞里斯多德的自然哲學書籍來教學。一二三一年，教宗額我略九世（Pope Gregory IX）呼籲刪節亞里斯多德的著作，這樣其中有用的部份就可以安全拿來講授。

亞里斯多德學說禁令並沒有普及各地。土魯斯大學（University of Toulouse）從一二二九年創校起就開始講授他的著作。巴黎對亞里斯多德學說的全面禁令在一二三四年解除，隨後幾十年間，亞里斯多德研究成為那裡的教育核心。這大半要歸功於十三世紀兩位神職人員：大阿爾伯特（Albertus Magnus）和托馬斯・阿奎那（Thomas Aquinas）。依照當年習慣，他們都獲頒授堂皇的博士頭銜：大阿爾伯特是「全知博士」（Universal Doctor），托馬斯則成為「天使博士」（Angelic Doctor）。

大阿爾伯特曾就學於帕多瓦和科隆，後來成為多明我會修士，隨後在一二四一年前往巴黎，從一二四五至一二四八年間，他都擔任一個外來學者講座教授。隨後他遷往科隆，在那裡創辦了科隆大學。大阿爾伯特是一位溫和的亞里斯多德派學者，偏愛托勒密體系勝過亞里斯多德的同心球殼說，不過他也擔心托勒密體系和亞里斯多德物理學兩相牴觸。他推測銀河是許多恆星共同組成，而且（有別於亞里斯多德的觀點）他認為月球的斑紋是本身固有瑕疵。大阿爾伯特建立了一個榜樣，隨後不久，另一位德國多明我會修士，弗萊堡的迪特里希（Dietrich of Freiburg）便獨立複製出法里西的部份彩虹研究成

果。一九四一年，梵蒂岡冊封大阿爾伯特為守護所有科學家的主保聖人。

　　阿奎那出身義大利南部一個低階貴族家庭。他先在卡西諾山（Monte Cassino）修道院接受教育，接著進入拿坡里大學（University of Naples），後來他辜負了家人期許，並沒有成為某一所富裕修道院的院長，反而像大阿爾伯特一樣成為一位多明我會修士。阿奎那前往巴黎和科隆，追隨大阿爾伯特學習。接著他回到巴黎，分別於一二五六到一二五九年間和一二六九到一二七二年間在巴黎大學擔任教授。

　　阿奎那的偉大作品是《神學大全》（*Summa Theologica*），這是一部全面融合亞里士多德哲學和基督宗教神學的著作。書中他採行中庸立場，既不偏向極端亞里斯多德派（依魯世德的拉丁名字號稱「亞維侯主義派」），也不偏向極端反亞里斯多德派，好比新成立的奧思定會托缽僧團（Augustinian order of friars）。阿奎那還提起一項他強烈反對的學說，這在當時普遍認為是源自十三世紀的亞維侯主義派（儘管這樣講或許並不公道），好比布拉班特的希格爾（Siger of Brabant）和達西亞的波伊提烏（Boethius of Dacia）。根據那項學說，我們有可能認定哲學上某些見解是成立的，好比物質是永恆的，或者人不可能死而復生，同時卻也論稱，這些見解在宗教上並不成立。在阿奎那看來，真理只能有一種。就天文學方面，阿奎那傾向認同亞里斯多德的同心球殼行星理論，認為這項理論是以理性為本，而托勒密的理論則只與觀測結果相符，其他假設說不定也能和數據匹配。就另一方面，阿奎那並不認同亞里斯多德的運動理論；他論稱，就算在真空中，任何運動所花時間仍是有限的。據說阿奎那曾鼓勵和他同時代的多明我會英國修士，穆爾

貝克的威廉（William of Moerbeke）把亞里斯多德、阿基米德和其他人的著作，從希臘源語文本直接翻成拉丁譯本。到了一二五五年，巴黎大學學生都接受考試來檢定他們對阿奎那的著作了解多深。

不過亞里斯多德的麻煩還沒完。從一二五○年代開始，巴黎對亞里斯多德的抵制，便在方濟各會修士聖文德（Saint Bonaventure）的強勢領導下展開。一二四五年，亞里斯多德的作品在土魯斯遭教宗英諾森四世（Pope Innocent IV）敕令列為禁書。一二七○年，巴黎主教艾蒂安・唐皮耶（Étienne Tempier）嚴令禁止傳授亞里斯多德的十三項命題。教宗若望二十一世（Pope John XXI）命令唐皮耶深入查辦，於是在一二七七年，唐皮耶就亞里斯多德和阿奎那的兩百一十九項學說提出譴責。隨後坎特伯里（Canterbury）大主教羅伯特・基爾沃比（Robert Kilwarby）更將這場譴責行動拓展到英國，接著到了一二八四年，他的繼任人約翰・佩坎（John Pecham）又重申譴責令。

一二七七年提出譴責的命題可以依譴責理由來分類。有些命題直接與《聖經》牴觸—好比說明世界之永恆性的論點：

9. 沒有創世第一人，也沒有最後一人；事實正好相反，人類世代更迭，從過往到未來，永無止境。

87. 世界是永恆的，世上所有物種亦復如是；時間是永恆的，所有運動、物質、起因和受體也都如此。

有些學說所述追求真相的方法，對宗教權威提出挑戰，因而遭受譴責，好比：

38. 切勿相信任何事物，除非是能不證自明或能以不證自明之事物來論斷者。

150. 就任何問題都不該自滿於服從權威。

153. 懂得神學並不會增進其他任何知識。

最後，有些受譴責命題也提出了讓加札利感到憂心的課題，那就是哲學和科學推理似乎限制了上帝的自由，舉例來說：

34. 第一因不能創造出好幾個世界。

49. 上帝不能直線移動天體，理由是這會留下真空。

141. 上帝不能無端創造偶發事件，也不能讓更多（超過三個）維度同時存在。

對亞里斯多德和阿奎那的譴責並沒有延續多久。新任教宗若望二十二世（John XXII）是個多明我會修士，他在一三二三年冊封托馬斯·阿奎那為聖徒。一三二五年時，巴黎主教撤銷譴責，並敕令：「我們完全撤銷對前述條款的譴責以及逐出教會之相關判決，因為譴責只由於，如前所述，它們觸及了，或據稱觸及了，聖托馬斯的教誨，也因此我們對於這些條款既不表認可，也不予否認，但留待自由學術討論。」一三四一年時，巴黎大學的博藝碩士都必須宣誓願意教授「亞里斯多德和他的評註者亞維侯的體系，同時也包括該亞里斯多德之其他古代評註者與闡述者之體系，但若出現與信仰相違的情況則屬例外。」

歷史學家不認為這起譴責以及平反事件對科學的未來能有

什麼重大影響。這裡提出兩個問題：倘若譴責沒有撤銷，對科學會產生什麼影響？還有，倘若從來就沒有對亞里斯多德和阿奎那的教誨提出譴責，對科學又會產生什麼影響？

在我看來，若不予撤銷則譴責就會對科學帶來災難性後果。原因並不在於亞里斯多德就自然的相關結論是多麼重要。那些結論其實大半都是錯誤的。事實與亞里斯多德的想法相反，曾有一段時期，世上並不存在任何人類；行星系統肯定十分繁多；而且也可能有許多次大霹靂；天界事物確實能夠依循直線運動，而且往往也依循直線運動；關於真空，沒什麼事情是不可能的；現代弦論也包含不只三個維度，多餘維度都緻密蜷曲，所以才觀測不到。譴責的危害出自命題是基於哪些理由才遭受譴責，而非對於命題本身的否定。

即便亞里斯多德就自然定律的觀點有誤，真正的重點，乃是在於相信自然定律確實存在。倘若基於上帝無所不能的觀點，便容許針對如命題三四、四九和一四一等有關於自然之概括化論述所做譴責得以成立，那麼基督宗教歐洲很可能早就淪入—如同加札利在伊斯蘭世界所極力主張的—機緣說的掌控。

還有，對於質疑宗教權威的論述（好比前面引用的三八、一五○和一五三等條款）的譴責，部份出自中世紀各大學的博藝和神學教員之間的衝突事件。當時的神學擁有明顯較高的地位；深造研讀可以獲得神學博士學位，然而博藝課程教師卻拿不到比博藝碩士更高的學位。（學術地位等級依次為神學博士、法學博士和醫學博士，接下來才是博藝碩士。）撤銷譴責雖不能為博藝帶來與神學相等的地位，卻有助於博藝教員擺脫其神學同事的思想箝制。

倘若譴責從未發生，我們也就比較不容易評斷，譴責會帶

來什麼後果。稍後我們就會見到，到了十四世紀，巴黎大學和劍橋大學對亞里斯多德在物理學和天文學方面的權威提出了愈益強勢的挑戰，不過有時新的見解，依然得喬裝成僅只是「根據想像」（*secundum imaginationem*），也就是想像出來的東西，不是什麼肯定結論。若非十三世紀針對亞里斯多德提出譴責，削弱了他的權威，後來對他的挑戰，仍有可能落實嗎？大衛·林德伯格（David Lindberg）引用尼克爾·奧里斯姆（Nicole Oresme）的例子（詳見下文），奧里斯姆曾在一三七七年主張，想像地球沿著直線穿越無限空間移動是可以容許的，因為「採對立說法就等於主張一則在巴黎受到譴責的條款」。十三世紀的事件始末或許可以總結陳述如下：譴責讓科學不受制於亞里斯多德主義式教條，而撤銷譴責則讓科學不受制於固守教條的基督宗教。

經過了亞里斯多德著作之翻譯時期，還有是否接受其學說的衝突之後，十四世紀的歐洲終於展開了創造性科學研究。其中扮演領頭角色的是法國人讓·布里丹（Jean Buridan），他在一二九六年出生於阿拉斯（Arras）附近，大半輩子都在巴黎度過。布里丹是個神職人員，不過是在俗教士，換言之，他是不隸屬任何修會的會士。就哲學方面，他篤信唯名論，相信個別事物的實相，否認物類的共相。布里丹在一三二八年和一三四〇年兩度獲遴選為巴黎大學校長。

布里丹篤信經驗主義，他拒絕科學原理的邏輯必然性：「這些原理並非不證自明；沒錯，我們或有可能對它們心懷遲疑。但它們號稱原理，理由就在於它們是不可論證的，而且不能由其他前提推導而得，也不能用任何正式程序來證明，不過它們之所以為人接受，則是由於它們在許多情況下都經觀察為真，

也從來不曾出現不成立的情況。」

理解這一點對科學的未來至關緊要，卻也不是那麼容易。柏拉圖派純推理式自然科學的古老目標是不可能達成的，也成了阻擋科學進步的路障，唯有以仔細觀察、仔細分析為本，科學才能進步。即便到了今天，我們有時仍會遇上這方面的困擾。好比心理學家讓・皮亞傑（Jean Piaget）便認為他發現了一些跡象顯示孩子先天上對相對性具有某種認識，後來在成長過程才逐漸流失，仿佛相對性因故成為邏輯上或哲學上的要件，卻不是經由觀察以光速或近光速移動的物體之後才得出的最終結論。

儘管篤信經驗主義，布里丹卻不算實驗主義派。就像亞里斯多德，他的推理同樣以日常觀察為本，不過在推導概括結論時，他又比亞里斯多德更加審慎。舉例來說，布里丹質疑亞里斯多德提出的一道老問題：平直拋出或向上投擲的物體脫手後，並不立刻開始表現它應有的自然運動並筆直下墜。就此亞里斯多德的解釋道，拋射體會在空氣推動下繼續移動一陣子，布里丹則基於幾點理由否定此說。首先，空氣只會造成阻力，不會輔助運動，這是由於固體要穿透空氣，必須先把它分開。再者，當拋擲物體的手停止移動之後，為什麼空氣依然繼續移動？還有，尾端尖細的長矛穿越空氣的能力，為什麼和後段寬闊，方便空氣推動的長矛一樣好或甚至更好？

布里丹假定讓拋射體繼續移動的起因並不是空氣，而是手傳遞給拋射體的一種作用，號稱「衝力」（impetus）。如我們已經見到，先前菲洛波努斯的約翰（John of Philoponus）已經提出一個相似的概念，而布里丹的衝力則為牛頓後來所稱的「運動的量」（quantity of motion），或者現代術語所稱的「動量」

埋下伏筆，不過衝力和動量並不是完全相同。布里丹和亞里斯多德有一項共通的假定，兩人都設想，肯定有某種事物讓運動中物體繼續運動，於是他所構思的衝力，也可以扮演這個角色，而非如動量一般只是運動的一種特性。他從來沒有確認物體所含衝力等於其質量乘以速度，而這也正是牛頓物理學對動量所下達的定義。不過他的說法也不無道理。在給定時間內讓移動物體靜止所需力量，和它的動量成正比，就這層意義上，動量所扮演的角色和布里丹的衝力並無二致。

布里丹把衝力概念擴充到圓周運動，並設想行星是靠衝力才能保持運動，而衝力是上帝賦予它們的。於是布里丹就這樣在科學和宗教之間尋求妥協，而且過了好幾個世紀，他的折衷理念還流行開來：上帝啟動宇宙機器開始運轉，隨後發生的事情，就由自然定律來支配。儘管動量守恆確實能使行星持續移動，單靠它卻也沒辦法讓行星依循曲線軌道持續運行，然而依布里丹的構想，這正是衝力所促成的現象；我們還需要另一種力，最後便經確認，那就是萬有引力。

布里丹也參酌玩味一種根源自赫拉克雷德斯的構想：地球每天自西向東自轉一周。他能體認，這看來和天體每天自東向西環繞固定不動的地球一周是一樣的。他也認可這是比較自然的理論，因為地球比滿天的太陽、月球、行星和恆星都小得多。不過他排斥地球會自轉的想法，理由是倘若地球出現自轉，那麼筆直朝上射出的箭矢，就應該墜落在射手以西，因為箭矢飛行期間，底下的地球應該會繼續移動。諷刺的是，其實布里丹大可以避免犯下這個錯誤——只要他能明白，地球的自轉會賦予箭矢一股衝力，推著它連同自轉的地球一起朝西行進。只可惜，他受了衝力見解的誤導；他只考量了弓賦予箭的

垂直衝力，卻忽略了箭矢從地球自轉所得到的水平衝力。

布里丹的衝力見解在往後好幾個世紀期間都產生了深遠的影響。一五〇〇年代早期，當哥白尼在帕多瓦大學研讀醫學之時，這項概念就納入大學的授課內容。同一個世紀較後時期，伽利略在比薩大學就讀時，也習得了那項觀點。

就真空議題方面，布里丹支持亞里斯多德有關真空不可能存在的觀點。不過他憑依本身的固有思維，秉持觀察所得來下達結論：把吸管的空氣吸出時，同時也把液體吸入吸管，從而避免形成真空；手握把手拉開風箱時，空氣湧入風箱，從而避免形成真空。由此自然可以歸結認定，大自然厭惡真空。我們在第十二章就會看到，這些現象直到一六〇〇年代才有人秉持空氣壓力觀點，提出了正確的解釋。

布里丹的研究繼續由他的兩名學生，薩克森的阿爾貝特（Albert of Saxony）以及奧里斯姆進一步落實。阿爾貝特的哲學著述流傳很廣，不過對科學做出較大貢獻的則是奧里斯姆。

奧里斯姆在一三二五年出生於諾曼第（Normandy），一三四〇年代期間負笈巴黎，師事布里丹。他強烈排斥使用占星術、探地術、招魂術和其它技藝（如果它們稱得上技藝的話）來展望未來。一三七七年，奧里斯姆獲任命為諾曼第利雪城（City of Lisieux）主教，一三八二年，他在當地去世。

奧里斯姆著有《論天地》（*On the Heavens and the Earth*）一書（為方便法王閱讀，該書採當地語文撰寫。），納入一段對亞里斯多德的深入評論，而且他在書中一再對那位「大哲學家」提出質疑。奧里斯姆在這本書中重新審視了一種想法：蒼穹並不環繞地球從東向西旋轉，其實是地球環繞自軸從西向東旋轉。布里丹和奧里斯姆都認為，我們觀察的只是相對運動，

所以見到蒼穹運動，仍有可能是地球在動。奧里斯姆瀏覽對這項概念的反對意見並予分門別類。托勒密在《天文學大成》中論稱，果真地球會轉動，那麼雲朵和拋擲物件都應該被留在後方；如我們已經見到，布里丹之所以論述反對地球自轉說，理由在於倘若地球從西向東自轉，那麼筆直向上射出的箭，就該受地球自轉影響，落在後方，然而實際觀察結果卻非如此，朝上垂直射箭，它似乎不會偏離發射位置，而是落在地表相同定點。就此奧里斯姆的回應是，地球自轉會帶著箭一起轉動，連同射手和空氣以及地表其他一切事物也同時帶動，於是他就這樣以布里丹本人都不明白的方式，拿布里丹的衝力理論派上用場。

奧里斯姆還針對另一種反對地球自轉說的論點提出回應——那種反對論點與其他見解迥然有別，指稱《聖經》（好比〈約書亞記〉）載有太陽每日繞行地球的經句。就此奧里斯姆回應指出，這只是對通俗習慣說法的讓步，好比有些篇幅寫道上帝發怒或後悔，這些內容都不能單從字句表面來理解。就這方面，奧里斯姆依循阿奎那的先例，阿奎那曾苦思〈創世記〉中經句，裡面寫道：神說，「諸水之間要有空氣、將水分為上下。」阿奎那解釋道，摩西是因應聽眾的理解能力來調整自己的說法，不該單從字面上來理解。若非教會裡面有許多像阿奎那和奧里斯姆這樣見解開明的人士，那麼《聖經》直譯主義（Biblical literalism）恐怕就會阻滯了科學的進展。

儘管提出了這種種論述，奧里斯姆終究仍是屈從於地球固定不動的普遍想法，如下所述：

然後，情況就變得十分清楚，單憑論述是無法明確證實

蒼穹會移動的 … 然而，所有人都堅信，包括我本人也這樣認定，移動的是蒼穹，不是地球：因為上帝建立的世界是不得移動的，儘管有人提出了反對的理由，然而那些道理，顯然都稱不上確鑿的說詞。不過在考慮了前述所有論述之後，民眾也許就會相信，移動的是地球而非蒼穹，因為反面的觀點並非不證自明。然而，乍看之下，這似乎與我們所有的，或許多的信仰相關文章，同樣都違反了自然理性。這樣一來，我前面所說依循轉移或智力操練做法，也就有可能成為有價值的手法，可以用來反駁、檢核那些意欲以論證來責難我們的信仰的人士。

我們並不清楚奧里斯姆是不是真的不願意踏出最後一步，承認地球自轉，或者他是否只是言不由衷，敷衍宗教正統。

　　奧里斯姆也預見了牛頓重力理論的一個層面。他論稱，當重物離其他某世界很近，那麼它們就不見得會落向我們的地球中心。這種想法認為，說不定存有其他世界，而且多多少少就像地球，從神學角度來看，這可說大膽之至。上帝是否也在其他那些世界創造了人類？基督是否前往其他那些世界，去贖救那裡的人類？問題無窮無盡，而且會顛覆人們的思維。

　　有別於布里丹，奧里斯姆是一位數學家。他的主要數學貢獻，改進了牛津早年的研究成果，所以現在我們必須轉移場景，從法國來到英國，同時稍微回溯時間，不過我們很快還會回頭討論奧里斯姆。

　　到了十二世紀，牛津已經成為泰晤士河上游的一處繁榮的集市城鎮，也開始引來學生和老師。一二〇〇年代早期，牛津的非正式學校集群或承認為大學。依牛津慣例，校長芳名錄一般都從一二二四年列起，第一任是羅伯特・格羅斯泰斯特

（Robert Grosseteste），後來他成為林肯教區主教，中世紀牛津對自然哲學的關注，就是他起的頭。格羅斯泰斯特閱讀以希臘文寫的亞里斯多德著述，他撰寫光學和曆法著作，也寫亞里斯多德相關論述。在他之後的牛津人士，往往頻繁引用他的觀點。

阿利斯泰爾‧克龍比（A.C. Crombie）在《羅伯特‧格羅斯泰斯特和實驗科學的起源》（*Robert Grosseteste and the Origins of Experimental Science*）書中更進一步賦予格羅斯泰斯特一個樞紐角色，指他促成實驗方法發展，從而催生出現代物理學。這似乎是誇大了格羅斯泰斯特的重要性。從克龍比的記述我們可以清楚看出，對格羅斯泰斯特來講，「實驗」就是對大自然的被動觀察，和亞里斯多德所採做法差別不大。不論是格羅斯泰斯特或他的中世紀接班人，沒有一個人曾經嘗試以現代型式的實驗，對自然現象做積極操控來認識通則。格羅斯泰斯特的理論構思也獲得了稱許，然而他的研究成果，完全沒有哪項能比得上希羅、托勒密和海什木成功定量的光學理論發展成果，或者喜帕洽斯、托勒密和比魯尼等人所構思的行星運動理論。

格羅斯泰斯特對羅傑‧培根（Roger Bacon）有很大的影響，培根是他那個時代精神的代表性人物，充滿智慧能量和科學純真性情。培根在牛津求學，隨後在一二四〇年代前往巴黎，講授亞里斯多德的思想，接著就來回往返巴黎和牛津。並在一二五七年左右成為方濟各會修士。就像柏拉圖，他也熱衷數學，卻幾乎從不使用它。他大量撰寫光學和地理學相關論述，對希臘人和阿拉伯人的早期成果卻無絲毫重要增補。還有，培根對技術的樂觀程度，在那個時代可說異乎尋常：

還有車輛也能製造出來，就算沒有動物它們也能移動，而

且快得令人不敢相信⋯⋯還有飛行機器也可以建造出來，於是一個人坐在機器中間，旋轉某種發動機，就可以驅動人工翅膀拍擊空氣，像飛行的鳥兒。

培根後來便恰如其分號稱為「奇異博士」。

　　一二六四年，第一家住宿學院在牛津成立，創辦人是沃爾特・德・墨頓（Walter de Merton），他當過英國大法官，後來成為羅徹斯特（Rochester）主教。十四世紀在牛津開展的嚴肅數學研究工作，正是在該校墨頓學院（Merton College）進行。關鍵人物是該學院的四名研究人員：托馬斯・布拉德華（Thomas Bradwardine，約一二九五至一三四九年）、威廉・黑茨伯里（William Heytesbury，活躍於一三三五年）、理查・斯溫斯黑德（Richard Swineshead，活躍於一三四〇至一三五五年）以及鄧布爾頓的約翰（John of Dumbleton，活躍於一三三八至一三六八年）。他們的最著名成就稱為墨頓學院平均速度定理（Merton College mean speed theorem），率先為非勻速運動─也就是速度不保持恆定的運動─提出了數學描述。

　　這則定理目前尚存的最早陳述是黑茨伯里的威廉（William of Heytesbury，即威廉・黑茨伯里，一三七一年的牛津大學校長）在《邏輯難題解析法則》（Regulae solvendi sophismata）書中鋪陳的。他把非勻速運動在任意片刻的速度，定義為所移行距離與倘若以該速度做勻速運動所需時間之比。然而這就表示該定義是種循環論證，也因此毫無用處。另有個比較現代的定義，或許正是黑茨伯里想說的意思，非勻速運動在任意片刻的速度，等於所移行距離對假定速度固定時所經歷時間之比，這是由於在那個片刻前後只經過了非常短暫的時間，短得在這個

時段當中的速度變化可以忽略不計。接著黑茨伯里便定義等加速度（uniform acceleration）為在每個相等時段分別依固定增量提高速度的非勻速運動。接著他繼續陳述定理如下：

　　當任何運動物體從靜止狀態均勻加速到某給定〔速度〕等級，它在那段時間通過的距離，也就等於倘若它在此同時是以該速度增量之最終速度等級移行所通過距離之半。就整體而言，該運動就相當於速度增量的平均等級，也就是其終端速度的速度等級之半。

這就是說，以等加速度移動的物體在某個時段通過的距離，等於該物體在該時段內以實際速度之平均值做等速運動通過的距離。如果某物從靜止等加速度到某個最終速度，那麼它在這個時段內的平均速度便等於最終速度的一半，所以移動的距離等於最終速度的一半乘以間隔時間。

　　這條定理先後由黑茨伯里、鄧布林頓的約翰，以及後來由奧里斯姆提出了不同證明。其中以奧里斯姆的證明最引人矚目，因為他引入了用圖解來表示代數關係的技術。依此做法，他就可以把某物體由靜止等加速至最終速度所移行距離之計算問題，簡化成計算直角三角型面積的問題，其中兩直角邊邊長分別等於經過時間和最終速度。（見技術箚記十七。）於是平均速度定理之推導，便可以借助幾何學的一項基本事實：直角三角型面積等於兩直角邊邊長乘積之半。

　　不論是默頓學院的特別研究員或者奧里斯姆，似乎全都沒有人將平均速度定理應用在最重要的相關情況：自由落體的運動。就學院研究員和奧里斯姆來說，該定理是一項智力演練，

目的在證明他們有能力用數學方法來處理非均勻速度運動。如果平均速度定理證明數學運用能力正逐漸增強，它同時也就顯示出數學和自然科學之間的匹配依然是多麼不安穩。

我們必須承認，儘管落體會加速是明顯的事實（如斯特拉托所驗證結果），然而落體的速度增量是與下墜時間成正比（這就是等加速度的特性），卻不與下墜距離成比例，這就不是那麼明顯可見了。倘若下墜距離的變化率（也就是速度）和下墜的距離成正比，則從物體開始下墜的起點，其下墜距離就隨時間呈指數增長，[1] 如同銀行帳戶的孳息與帳戶餘額成正比，而且隨時間呈指數增長（不過倘若利率很低，就得耗費許久時間才看得出）。最早猜測自由落體速度提增與時間成正比的第一人似乎是十六世紀的多明我會修士多明哥・德・索托（Domingo de Soto），約比奧里斯姆晚了兩個世紀。

十四世紀中期至十五世紀中期，歐洲陷於水深火熱。英法百年戰爭讓英國國力枯竭，法國破敗不堪。教會分裂，一個教宗在羅馬，另一個在亞維儂（Avignon）。黑死病到處肆虐，四面八方都有很大比例的人口喪生。

或許肇因於百年戰爭，科學研究中心在這段時期從法國和英國向東轉移到德國和義大利。兩個區域都是庫薩的尼古拉斯（Nicholas of Cusa）生涯所涵括範圍。尼古拉斯約一四〇一年生於德國摩塞爾河上庫埃斯鎮（Kues on the Moselle），一四六四年死于義大利翁布里亞省（Umbrian province）。尼古拉斯曾在海德堡和帕多瓦求學，當過教會律師和外交官，一四四八年之後當上紅衣主教。從他的著作中可以看出，中世紀努力使自然科學獨立於科學與哲學之外的困境依然未解。尼古拉斯用隱晦詞語來撰寫移動的地球和無限的世界，不過並沒有動用數學。儘

管後來克卜勒和笛卡兒都引用了他的觀點，卻很難看出兩人從他身上學到了什麼東西。

中世紀晚期也延續了阿拉伯的做法，把學者區分為（運用托勒密系統的）專業數學天文學家以及（奉守亞里斯多德思想的）醫師—哲學家。十五世紀的天文學家多半住在德國，其中包括格奧爾格·波伊爾巴赫（Georg von Peurbach）和他的弟子柯尼斯堡的約翰·繆勒（Johann Müller of Konigsberg，拉丁名「雷格蒙塔努斯」〔Regiomontanus〕），兩人共同延續開發並拓展托勒密的本輪說。[2]哥白尼後來頻繁引用雷格蒙塔努斯的《天文學大成概論》（*Epitome of the Almagest*）書中內容。醫師方面則包括波隆那的亞歷桑德羅·阿基利尼（Alessandro Achillini，一四六三至一五一二年）和維洛那（Verona）的吉羅拉莫·弗拉卡斯托羅（Girolamo Fracastoro，一四七八至一五五三年），兩人都在當時亞里斯多德學派大本營的帕多瓦求學。

弗拉卡斯托羅就這個分歧提出了一則很有趣的偏頗陳述：

你很清楚，那些以天文學為專業的人士，總是覺得要記述行星所展現相貌困難之極。這是由於記述它們有兩種做法：一種是採用同心球殼來進行，另一種則是採用所謂的偏心球殼〔本輪〕做法。兩種方法都有其危險性，也有各自的絆腳石。運用同心球殼的人士永遠沒辦法成功解釋現象。使用偏心球殼的人看似有辦法把現象解釋得比較完備，然而他們有關於神聖天體的設想卻是錯誤的，甚至我們可以一致地表示那是褻瀆的，因為他們賦予這些天體的位置和形狀，和上天並不相稱。我們知道，古代的歐多克索斯和卡里普斯（Callippus）都曾多次蒙受這種困境的誤導。喜帕洽斯是率先決定寧可承認偏心球

殼說，也不願意讓這種現象懸而未決的第一人，托勒密追隨其後，而且不久之後，基本上所有天文學家全都被托勒密爭取過去。不過整個哲學界持續湧現抗議聲浪，反對這群天文學家，或至少反對他們的偏心輪假設。我是在說什麼？哲學？自然和天球本身也抗議不斷。時至今日，仍完全沒有哪位哲學家能容許這些怪誕的球殼存在於聖潔、完美的天體之間。

平心而論，觀測結果不全都站在反亞里斯多德的托勒密陣營。亞里斯多德的同心球殼體系出現一道敗筆，而且前面我們也見到，約西元二〇〇年，索西琴尼已經注意到這個問題，那就是該體系認為行星和地球的相隔距離始終固定不變，然而這與他們眼中恆星繞地運行時的亮度增減現象並不相符。然而托勒密的理論卻又似乎朝另一個方向偏離太遠。舉例來說，根據托勒密的理論，金星和地球的最大距離是其最小距離的六點五倍，所以倘若金星是自行發出光芒，則（既然視亮度與距離平方成反比）其最大亮度就應該為其最小亮度的六點五之平方倍，也就是四十二倍，這當然與事實不符。托勒密的理論也就因此遭受維也納大學黑森的亨利（Henry of Hesse，一三二五至一三九七年）提出批評。這道問題的解答自然是行星並不自行發光，而是藉由反射陽光才發出光芒，所以行星的視亮度並不只取決於它們和地球的相隔距離，同時就像月球一樣，也得看它們的相位而定。金星離地球最遠的時候，位於太陽背對地球的一側，所以金星表面完全照亮；當金星距離地球最近，它多少就介於地球和太陽之間，因此我們見到的主要是它的黑暗面。因此對金星來講，相位和距離的作用會局部抵銷，從而調合了亮度的變異。這種現象在伽利略發現金星相位之前完全沒

有人能明白。

　　不久之後，托勒密和亞里斯多德派天文學之間的爭議，便在一起更深邃的衝突當中一掃而空，這時信奉托勒密和亞里斯多德的追隨者之間已經沒有分歧，他們全都接受蒼穹環繞靜止的地球旋轉，至於他們的衝突對象，則是新近復甦的阿里斯塔克斯思想：靜止的是太陽。

註:

1　不過請參見第十二章，249頁腳註二。

2　後來有一位作者格奧爾格・哈特曼（Georg Hartmann，一四八九至一五六四年）聲稱他讀過雷格蒙塔努斯寫的一封信，裡面有一句話是「恆星運動肯定因為地球運動而出現些微改變」（見《科學傳記辭典》〔*Dictionary of Scientific Biography*〕，斯克里布納〔Scribner〕出版社，紐約，一九七五年，卷二，第三五一頁）。果真如此，那麼雷格蒙塔努斯或許便領先了哥白尼，不過句子也和畢達哥拉斯的學說相符，地球和太陽都環繞世界中心旋轉。

第
四
部

科學革命

以往歷史學家總是理所當然地認為，物理學和天文學在十六和十七世紀經歷了革命性改變，此後這些科學領域就構成了現代科學的型式，為所有科學領域的未來發展，提供了一種典範。這場革命的重要意義似乎顯而易見。所以歷史學家赫伯特·巴特菲爾德（Herbert Butterfield）[1]宣稱，科學革命「光芒勝過」基督宗教興起之後的一切，也讓文藝復興和宗教改革淪為僅只是中世紀整個基督宗教體系當中的插曲和內部變動而已。

這種共識看法，始終有某種成份吸引了下一代歷史學家的質疑關注。過去幾十年間，有些歷史學家已經針對科學革命的重要性或甚至是否真有科學革命表達懷疑。舉例來說，史蒂芬·謝平（Steven Shapin）便在一本書的開頭寫下這個著名的句子：「沒有所謂的科學革命，而這本書要講的就是這點。」

對科學革命觀點的批評有兩種對立的型式。就一方面，有些歷史學家論稱，十六和十七世紀的發現，無非就是科學進步的自然延續，承襲了歐洲或伊斯蘭國家（或雙方）在中世紀時取得的成果而已。抱持這種觀點的主要人物是皮埃爾·迪昂（Pierre Duhem）。另有些歷史學家則指出，前科學思想餘毒依然留存並滲入所謂的科學革命當中──舉例來說，哥白尼和克卜勒在某些地方都和柏拉圖雷同，伽利略甚至還不收費做占星服務，還有牛頓把太陽系和《聖經》都當成探詢上帝心意的線索。

兩類批評都有其正確之處。不過我深信，科學革命確實為求知歷史畫下了一道區隔分際。我是以一個當代現職科學家的視角來做這項評斷。除了希臘幾位特別出色的人物之外，十六世紀之前的科學，在我看來是迥異於我從事本身工作的經驗，

或有別於我眼中所見同事的工作。在科學革命之前，科學到處摻雜了宗教和如今我們所稱的哲學，而且也沒有釐清它和數學的關係。十七世紀之後的物理學和天文學，就讓我感覺非常自在。我認出了某些和我自己這個時代的科學非常相像的成份：尋覓以數學表達的客觀定律，從而得以針對廣泛類別的現象進行精確預測，接著這些定律就能根據這些預測和觀測、實驗結果的對照比較來驗證確認。科學革命確實存在，本書其餘篇幅就是要介紹這場變革。

第十一章 | 破解太陽系

　　不論科學革命存在與否，它的起點是哥白尼。尼古拉‧哥白尼於一四七三年生於波蘭，他的家庭在前一個世代才從西利西亞（Silesia）搬遷過來。尼古拉十歲喪父，所幸有個舅舅撫養他長大，那個舅舅在教會服務致富，幾年過後還當上波蘭東北部瓦爾米亞（Varmia，亦稱「埃爾姆蘭德」〔Ermeland〕）地區的主教。哥白尼就讀克拉科夫大學（University of Cracow），期間大概也修讀了天文學課程，隨後在一四九六年，他進入波隆那大學主修教會法（canon law），還擔任天文學家多梅尼科‧諾瓦拉（Domenico Maria Novara，曾追隨雷格蒙塔努斯學習）的助理，自此開始天文學觀測作業。哥白尼在波隆那時得知，由於舅舅資助幫忙，他已經成為伐爾米亞弗龍堡（Frombork，或稱「弗勞恩堡」〔Frauenburg〕）教區主教座堂參議會十六名法政聖品人之一，從此以後，他一輩子都可以領取豐厚俸祿，而且幾乎毋須承擔絲毫教會職責。哥白尼始終沒有成為神父。他在帕多瓦大學短期進修醫學，隨後在一五〇三年從費拉拉大學（University of Ferrara）拿到法律博士學位，接著不久他就回到波蘭。哥白尼在一五一〇年落腳弗龍堡，在那裡建造了一個小型天文台，並定居當地直至一五四三年死亡為止。

　　前往弗龍堡之後不久，哥白尼就寫了一部簡短的匿名作品，後來冠上了《天體運動和構造假設短論》（*de hypothesibus motuum coelestium a se constitutis Commentariolus*），一般稱之為《短

論》（*Commentariolus*）或《小論文》（*Little Commentary*）。《短論》直到作者死後許久才公開發表，因此影響力不如他的後期著作，不過這篇作品妥善描繪出他做研究的指導概念。

哥白尼在《短論》中針對早期各行星理論提出了簡短評述，隨後便陳述他的新理論的七項原則。底下是就那些原則的釋義，加上一些評論：

1. 天體軌道並沒有一個中心點。（有關哥白尼是否認為這些天體都搭載於亞里斯多德所假想的實體球殼方面，歷史學家的意見依然分歧。）

2. 地球中心並不是宇宙的中心，只是月球軌道的中心，以及地球上的物體受吸引趨向的重力中心。

3. 所有天體除月球之外，全都環繞太陽旋轉，因此太陽是宇宙的中心。（不過底下就會討論，哥白尼認為地球和其他行星軌道的中心並非太陽，而是太陽附近某一點。）

4. 和地球與恆星之間的距離相比，地球和太陽之間的距離微不足道。（哥白尼提出這個假定大概是為了解釋為什麼我們看不出有周年視差現象，也就是地球繞日運動所致恆星週年視運動。不過視差問題在《短論》各處都未見提及。）

5. 恆星環繞地球的每日視運動，完全肇因於地球繞軸自轉。

6. 太陽的視運動同時肇因於地球繞軸自轉和地球（如同其他行星）的繞日公轉。

7. 行星的視逆行運動肇因於地球的運動，發生在地球超越火星、木星或土星之時，或者當地球在其軌道上被水星或金星超越之時。

哥白尼沒辦法在《短論》中聲稱他的體制比托勒密體制更符合觀測結果。一個理由是，它並沒有比較好。真正來講，它不可能比較好，因為哥白尼理論的數據基礎，大半是他從托勒密《天文學大成》推想而出，並非他自己投入觀測所得成果。哥白尼並不以新觀察為訴求，而是指出他所提理論的幾項美學優勢。

　　一項優勢是地球的運動能說明太陽、恆星和其他行星各式各樣的不同視運動。由此哥白尼便得以排除托勒密理論所納入的「微調」假定，也就是水星和金星的本輪中心，必須始終保持在地球和太陽的連線上頭，還有火星、木星和土星與各自本輪中心的連線，也必須始終與地球和太陽的連線保持平行。其結果是每顆內行星的本輪中心環繞地球的迴轉，還有每顆外行星在其本輪上迴轉一整圈，都必須經過微調，讓所費時日恰好等於一年。哥白尼認為這種不自然的要件，完全反映出一件事實：我們是身處一個繞日迴轉的平台來觀看太陽系。

　　哥白尼理論的另一項美感優勢，關乎理論就行星軌道尺寸的更明確界定。請回顧，在托勒密的天文學中，行星視運動並不取決於本輪和均輪的尺寸大小，而是只看各行星的本輪和均輪的半徑比而定。高興的話，你甚至還可以設定水星的均輪大於土星的均輪，只要水星本輪的尺寸做對應調整即可。依循托勒密在《行星假說》所提說法，天文學家通常會假定一顆行星到地球的最大距離等於其外側下一顆行星到地球的最小距離，並據此來界定軌道大小。所以只要選定了行星和地球相隔遠近順序，同時也就界定了行星軌道的相對大小，然而那種選擇依然是相當武斷的。不論如何，行星假說的假設既不是以觀測為基礎，也沒有經過觀測的驗證確認。

相較而言，若要讓哥白尼的體制與觀測結果相符，則所有行星軌道的半徑，也都必須和地球軌道半徑呈現一個很明確的比例[2]。具體而言，由於托勒密分別以不同做法來為內、外行星導入本輪（也不考慮和軌道橢圓率連帶有關的複雜現象），於是就內行星方面，其本輪和均輪的半徑之比，也就必須等於各行星和地球到太陽的距離之比，而就外行星方面，則其半徑比就必須等於該距離比之倒數。（見技術筍記十三。）哥白尼並沒有採用這種方式來呈現他所得結果；他以一種「三角測量結構」複雜型式呈現所見，傳達了一種錯誤印象，讓人以為他提出的是經過觀察驗證確認的新預測。然就實際而言，他的確求出了行星軌道的正確半徑。他發現，行星從太陽向外依序為水星、金星、地球、火星、木星和土星；這和各該行星的週期順序恰好完全一致，而且哥白尼的估計值分別為三個月、九個月、一年、二又二分之一年、十二年和三十年。儘管當時還沒有理論來規範行星的繞軌運行速率，不過在哥白尼看來，宇宙秩序肯定清晰可見，行星的軌道愈大，它繞行太陽也移動得愈緩慢。

哥白尼的理論提供了一個經典實例，說明理論如何可以在沒有實驗證據顯示其優於其他理論的情況下，只根據審美判據來選定。就哥白尼理論的支持論據，《短論》純粹就是指出，托勒密理論的相關怪象，許多都能以地球的公轉和自轉一舉解釋清楚，同時就行星順序和行星軌道大小方面，哥白尼理論也比托勒密理論更是明確得多。哥白尼承認，畢達哥拉斯學派早就提出了地球會移動的概念，不過他也（正確）指出，他們是「無緣無故地主張」這項概念，並沒有提出他本人所能提出的那種論據。

除了微調和有關行星軌道大小和順序的不確定性之外，托勒密理論還有其他哥白尼不喜歡的成份。依照柏拉圖的名言，行星是以等速度環繞圓周移動，然而行星實際上會偏離等速繞圈運動模式，就此托勒密使用偏心勻速輪等手段來予處理。哥白尼排斥這種手段，他沿用伊本・沙提爾先前的辦法，引進更多本輪：水星六個、月球三個，加上金星、火星、木星和土星各四個。就此他的做法並沒有勝過《天文學大成》。

哥白尼的這項研究闡明了又一個在物理學歷史反覆出現的主題：一個很簡單、很美，又能與觀測結果契合得不錯的理論，通常會比很複雜、很醜，但與觀測結果契合得更好的理論更接近真相。要落實哥白尼整體構想的最簡單做法就是，分別給予各行星（包括地球）一個等速度運行的圓形軌道，讓太陽位於所有軌道中央位置，而且任何地方都沒有本輪。這就能符合最簡單版本的托勒密天文學，亦即每顆行星各有一個本輪，而太陽和月球就沒有，而且也沒有偏心輪或偏心勻速輪。這不能精確符合所有的觀測結果，因為行星的運行軌道並不呈圓形，而是近乎圓形的橢圓形；它們的速度只約略恆定；而且太陽的位置並不在各橢圓的中心，而是在稍微偏離中心，稱為焦點的地方。（見技術箚記十八。）其實哥白尼還可以做得更好，他大可以依循托勒密的老路，為每道行星軌道導入一個偏心輪和一個偏心勻速輪，不過這回也把地球軌道涵括在內。這樣一來，他的理論和觀測結果的差異，就會縮減到當代天文學家幾乎觀測不出的程度。

量子力學的發展歷程曾有一段插曲，顯示對於觀測結果的微小分歧不太過在意是多麼重要。一九二五年，埃爾溫・薛丁格（Erwin Schrödinger）構思出求得最簡單原子（氫）各態能量

的計算方法。他的結果和這些能量的整體模式相當吻合，然而他所得結果—他計算時把狹義相對論力學和牛頓力學的偏離現象也納入考量—和測得的能量數值在細部枝節方面卻不相符，薛丁格把結果擱置了一段時間，最後他有了明智的領悟，得出能階整體模式是一項重大成就，完全值得發表，相對性效應的修正處理可以留待往後進行。幾年過後，保羅‧狄拉克（Paul Dirac）提出了校正做法。

　　除了眾多本輪之外，哥白尼還另外採行了一種與托勒密天文學的偏心輪雷同的繁複構想。依哥白尼所想，地球軌道的中心並非太陽，而是和太陽間隔相當短距離之外的一點。這些繁複構想概略說明了種種不同現象，好比優克泰蒙（Euctemon）發現的季節不等長，然而這其實是肇因於太陽位於地球橢圓形軌道的焦點而非位於其中心，同時地球的繞軌速度並非恆定所致。

　　哥白尼引進的另一套繁複構想則是完全出於誤解才變得有必要。哥白尼似乎認為，地球繞日公轉會讓地球的自轉軸每年朝與地球軌道面垂直的方向環繞三百六十度，這就有點像是舞者手臂外伸軸轉（腳尖旋轉）時，每轉一圈手指都朝著垂直方向環繞三百六十度的情況。（他說不定是受了行星搭載在固體透明球殼上的老舊觀點的影響。）當然了，事實上地球轉軸的指向，在一年期間並不會產生明顯變化，所以哥白尼只好在繞日公轉和繞軸自轉之外，為地球增添一個第三種運動，這樣就能把地軸轉動幾乎全部抵銷。哥白尼假定抵銷不會達到完善程度，所以地軸經年累月依然會稍微轉動，產生出喜帕洽斯早已發現的春秋分點緩慢進動現象，也就是歲差。牛頓研究成果發表之後，情況就已明朗，除了太陽和月球重力作用對地球赤道

隆起帶產生的微弱效應之外，地球繞日公轉其實並不影響地軸方向，所以（誠如克卜勒論據所示）哥白尼安排的那種抵銷作用其實是沒有必要的。

　　有了這種種繁複構想，哥白尼的理論依然比托勒密的理論簡單，不過程度上並沒有很大的差別。儘管哥白尼不可能知道，不過倘若他沒有費心納入本輪，把理論的微小不準確度留待往後再來處理，他的理論其實還會更貼近實情。

　　《短論》並沒有提出很多如技術細節類型的資訊。這類細節見於他的偉大著作《天體運行論》（*De Revolutionibus Orbium Coelestium*）。這本書一般簡稱為《運行論》（*De Revolutionibus*），一五四三年哥白尼臨終時完稿。卷首寫道，本書要獻給教宗保祿三世，亞歷桑德羅·法爾內塞（Alessandro Farnese）。書中哥白尼重提亞里斯多德的同心球殼和托勒密的偏心輪與本輪之古老爭議，指出前者不能說明觀測結果，而後者則「違反運動規律性之第一原理。」為了支持自己就地球會移動的大膽提議，哥白尼引用了普魯塔克（Plutarch:）的一段話以為佐證：

　　有些人認為地球靜止不動。不過畢達哥拉斯學派的菲洛勞斯（Philolaus）則認為，就像太陽和月球，地球也依循傾斜圓圈環繞中心之火公轉。龐都斯的赫拉克雷德斯和畢達哥拉斯學派的伊克芬特斯（Ecphantus）都認定地球會動，不過並不是進行性的運動，而是像輪子一般自西向東環繞本身的中心旋轉。

（哥白尼在《天體運行論》正規版本並沒有提到阿里斯塔克斯，不過他的名字曾出現在原始版本，後來才經刪去。）哥白

尼繼續說明，既然其他人也曾考慮過地球會移動，他也應該可以探測這項概念。接著他就描述他的結論：

這樣假設了有這種運動，而且在本卷稍後我也會判定這是歸屬地球，經過了長期、密集研究，我終於發現，如果其他行星的運動和地球的繞軌運行是相關聯的，並針對每顆行星的公轉完成計算，接著就不只可以由此得知它們的現象，還能得出所有行星和天體的順序和大小。而且天空本身的連繫如此緊密，移動任何部分，毫無例外都會瓦解其餘部分，擾亂整個宇宙。

如同在《短論》當中，哥白尼以他的理論比托勒密的理論更富預測效能為訴求；他的理論確立了為說明觀測結果所須具備的特有行星順序和軌道大小，而這些正是托勒密的理論所無從確定的。當然了，除非假定理論為真，否則哥白尼是沒辦法確認他的軌道半徑是正確的；這就必須留待伽利略完成他的行星相位觀測才行。

《天體運行論》的大半篇幅都具極高技術性，為《短論》的總體概念充實細部內容。其中特別值得一提的要點是，在第一卷中，哥白尼提出他對圓周所組成之運動的先驗承諾。所以第一卷第一章的卷首語寫道：

首先，我們必須注意，宇宙是球形的。理由或許在於，在所有造型當中，球形是最完美的，不需要接頭，本身就是個完善的整體，不能增亦不能減〔這裡哥白尼講得就像柏拉圖的語氣〕；也或許在於這是最寬闊的形體，最適合圈住、保留萬物

〔也就是，當表面積相等，它的容積最大；或甚至在於，宇宙的所有分割部份，我的意思是太陽、月球、行星和恆星，看來全都是這種造型〔他怎麼知道恆星是什麼形狀？〕；也或許在於完整實體都趨向於被這種疆界所圈限，就如水滴和其他流體在尋求自我侷限時都明顯可見這種現象〔這是表面張力的一種效應，不過到了行星尺度就不再適用〕。因此沒有人會質疑這種型式屬於天體所有。

接著他在第四章繼續解釋，因此天體運動是「均勻的、永恆的、圓周的，或者是由圓周運動所組成的。」

　　隨後在第一卷中，哥白尼指出他的日心體系的最美妙向度之一：它說明了水星和金星為什麼從來不曾出現在遠離太陽的天空。舉例來說，金星和太陽的角距離永遠不會超過四十五度，理由在於，金星的繞日軌道約為地球繞日軌道大小的百分之七十。（見技術箚記十九。）我們在第十一章便曾見到，依托勒密的理論，這時就必須微調水星和金星的運動，好讓它們的本輪中心始終位於地球和太陽的連線上頭。托勒密對外行星的運動也進行微調，目的是讓各行星與其本輪中心的連線，分別與地球和太陽的連線平行，哥白尼體系讓這種微調顯得多餘。

　　哥白尼體系和宗教領袖陷入對立，甚至早在《天體運行論》發表之前，雙方就開始出現分歧。十九世紀一本著名的論戰紀實誇大了這場衝突，作者是康乃爾大學的首任校長安德魯・懷特（Andrew Dickson White），書名叫做《基督宗教的科學與神學論戰史》（*A History of the Warfare of Science with Theology in Christendom*），書中提出了好幾則不可靠的引文，

分別出自路德（Luther）、梅蘭希通（Melanchthon）、卡爾文（Calvin）和韋斯利（Wesley）。不過確實曾有衝突。有一部著作記錄了馬丁‧路德（Martin Luther）和他的弟子在維滕貝格（Wittenberg）的交談內容，書名叫做《馬丁‧路德桌邊談話錄》（*Tischreden*，英文名：*Table Talk*），書中一五三九年六月四日的部份內容寫道：

> 有人提到新近出現了一個占星家，他想證明會動的是地球，不是天空、太陽和月球⋯〔路德評道，〕「所以終究還是來了。自以為是的人總愛和別人唱反調。他總是要標新立異。那個傻瓜就是在做這種事情，他想要顛覆整個天文學。就算在這種種亂了規矩的處境當中，我依然相信《聖經》，因為約書亞是命令太陽靜止不動，而不是要地球停住。」

《天體運行論》出版過後幾年，路德的同事菲利普‧梅蘭希通（Philipp Melanchthon，一四九七至一五六〇年）加入攻擊哥白尼的陣營，這次他們引用〈傳道書〉第一章第五節經文「日頭出來、日頭落下、急歸所出之地。」

對於以《聖經》權威取代了教宗權威的基督新教而言，牴觸《聖經》直譯經文自然會帶來一些問題。除此之外，所有宗教也都要面臨一項潛在問題：人類的家鄉，地球，已經降格淪為和其他五顆行星並列的第六顆。

就連《天體運行論》的印刷也出了問題。哥白尼把手稿送交紐倫堡一家出版社，出版社指派安德烈亞斯‧奧西安德（Andreas Osiander）擔任編輯。奧西安德是位信義宗（即路德教派）聖職人員，嗜好研究天文學。或許是為了表達他自己的

觀點，奧西安德增添了一篇序言，起初大家誤以為那是哥白尼所作，直到下個世紀，克卜勒才拆穿代筆情事。奧西安德在這篇序言假哥白尼之口，否認他有任何呈現行星軌道真正本性之意圖，論述如下：

　　因為天文學家有責任藉由審慎、專業研究，來編纂天體〔視〕運動的歷史。然後他必須構思、設想出這些運動的起因或針對它們提出假設。由於他完全沒辦法得知真正的起因，他只能採取種種假想，設法依循幾何原理正確計算出過去和未來的運動。

奧西安德的序言結論如下：

　　就假設而論，任何人都別指望天文學能得出肯定結果，這是完全辦不到的，這樣他才不會把出於其他目的所得觀點，當成了真理信念，導致他在研究完成後，還比著手研究前更為愚蠢。

這和約西元前七○年革米努斯的觀點是相符的（見第八章引文），卻與哥白尼在《短論》和《天體運行論》中清楚傳達的意圖相左，因為他的用意正是要描述如今所稱太陽系的實際組成。

　　不論那個聖職人員對日心理論抱持哪種看法，基督新教一般教徒並沒有抵制哥白尼的作品。而且在一六○○年代之前，天主教徒也尚未有系統地反對哥白尼的觀點。羅馬宗教裁判所在一六○○年處死焦爾達諾·布魯諾（Giordano Bruno）的著

名案例，起因也不是他為哥白尼辯護，而是針對異端裁定，就此（依照當時的標準）他肯定是有罪的。不過稍後我們就會見到，天主教教會在十七世紀確實對哥白尼的理念採取了非常強烈的抵制做法。

對科學的未來而言，真正重要的是哥白尼的同行天文學家對他的接受程度。第一位信服哥白尼所見的人是他的唯一弟子雷蒂庫斯（Rheticus）。一五四〇年，雷蒂庫斯發表一部介紹哥白尼理論的著述，一五四三年幫忙把《天體運行論》遞交紐倫堡出版社手中。（《天體運行論》的序言起初本應由雷蒂庫斯提供，後來他為工作前往萊比錫上任，於是這項使命也不幸由奧西安德接手。）雷蒂庫斯早先便曾協助梅蘭希通把維滕貝格大學發展成一處數學和天文學研究中心。

哥白尼的理論在一五五一年為伊拉斯莫斯・萊因霍爾德（Erasmus Reinhold）採用並由此博得令譽。萊因霍爾德是在普魯士公爵贊助下，編纂一部新的天文表，稱為普魯士星表（Prutenic Tables），由此我們便得以算出行星在任何日子位於黃道帶的哪個位置。這部星表大幅改進了先前使用的阿方索星表（Alfonsine Tables），那是於一二七五年在卡斯蒂利亞（Castile）阿方索十世（Alfonso X）朝廷編製完成。這項改進其實並不是由於哥白尼理論的優越性，而是因為在一二七五和一五五一年間，累積了一批新的觀測結果所致，此外也或許是由於日心理論愈益簡化，讓計算變得更容易了。當然了，靜止地球說的擁護者可以論稱，《天體運行論》只提供了一套方便使用的計算架構，並非世界的真實寫照。沒錯，普魯士星表在一五八二年經耶穌會（Jesuit）天文學家暨數學家克里斯托佛・克拉烏（Christoph Clavius）使用來改革曆法，然而克拉烏始終沒

有放棄信念，依然堅信地球是靜止的。這部由教宗額我略十三世（Pope Gregory XIII）敕令改革的曆法，成為我們現代所稱公曆、陽曆，或格里高利曆（Gregorian calendar，「格里高利」和「額我略」譯法源出同一單詞）。

　　一位數學家曾嘗試讓這項信念與哥白尼理論融通調合。一五六八年，梅蘭希通的女婿，維滕貝格大學數學教授卡斯帕・波伊策爾（Caspar Peucer）在《天體假設》（*Hypotyposes orbium coelestium*）書中論稱，使用數學變換做法或能將哥白尼的理論改寫成地球靜止而非太陽靜止的型式。這正是波伊策爾的一位學生第谷・布拉赫（Tycho Brahe，譯註：西方提到第谷・布拉赫時常直稱其名而少稱其姓，從之）後來做出的結果。

　　望遠鏡問世之前，第谷是史上最高明的天文觀測家，他還提出了哥白尼理論之外最合理的天文理論。第谷一五四六年生於斯堪尼省（Skåne），位於如今瑞典南部，不過在一六五八年之前都屬於丹麥的領土，第谷是丹麥貴族之子。他在哥本哈根大學求學，一五六〇年，他對一次日偏食成功預測深感振奮。他改往德國和瑞士上大學，待過萊比錫、維滕貝格、羅斯托克（Rostock）、巴塞爾（Basel）和奧格斯堡（Augsburg）等地。他在那幾年期間研究普魯士星表，對於這些星表深感嘆服，因為它們能預測出一五六三年土星和木星合（會合），而且誤差不到幾天，而較古老的阿方索星表，誤差便達到好幾個月。

　　回到丹麥之後，第谷在斯堪尼省赫熱伐（Herrevad）的舅舅家裡住了一陣子。一五七二年，他在那裡觀測到仙后座裡面有一顆他所稱的「新星」。（如今確認那是一顆先前存在的恆星發生熱核爆炸，如今稱為Ia超新星。這場爆炸的殘骸後來在一九五二年由電波天文學家發現，位置約在九千光年之外，

由於距離太遙遠，那顆恆星在爆炸之前不用望遠鏡是看不見的。）第谷使用自己製造的六分儀觀測那顆新星好幾個月，結果發現它完全沒有表現周日視差，意思是，假使新星像月球那麼接近或更接近，則由於地球的自轉（或其他一切天體環繞地球的周日公轉）預料它就該表現出一種相對於恆星群的每日位移現象。（見技術箚記二十。）他歸結認定，「這顆新星並不是位於月球軌道下緣的空氣上層，也不位於靠近地球的任何位置 … 而是在遠遠超出月球以上的蒼穹」。這完全違背了亞里斯多德所提「超出月球軌道的蒼穹範圍不會經歷任何變化」之原則，第谷就此聲名大噪。

一五七六年，丹麥國王弗雷德里克二世（Frederick II）將文島（Hven，位於斯堪尼省與丹麥大島西蘭島〔Zealand〕之間一道海峽中的小島）賜予第谷，外加一筆津貼來資助文島上一戶宅第和科學設施的建造與維護開銷。第谷在那裡營造出烏拉尼堡（Uraniborg），含一所天文台、圖書館、化學實驗室和印刷廠。室內他用肖像來做裝飾，包括喜帕洽斯、托勒密、巴塔尼和哥白尼等過往天文學家，以及科學贊助人，黑森—卡塞爾領伯國領主威廉四世（William IV, landgrave of Hesse-Cassel）的畫像。第谷在文島上訓練助理，接著馬上就展開觀測作業。

到了一五七七年，第谷已經觀測了一顆彗星，還發現它並沒有可察覺的周日視差。這不只再次違反亞里斯多德學說所述，證實在超出月球軌道的蒼穹範圍，確實存在變化。此外第谷還得以歸結認定，彗星的路徑應該帶著它貫穿亞里斯多德所設想的同心球殼或托勒密理論所述球殼。（當然了，唯有當假想的球殼是種堅硬固體時，這才會帶來問題。亞里斯多德的學理正是這樣設想，前面第八章我們就談過，這種觀點經由希臘

化時期天文學家阿德剌斯托斯（Adrastus）和塞翁（Theon）傳承納入托勒密理論。堅硬球殼的概念在現代早期東山再起，沒過多久又遭第谷否決。）彗星比超新星更頻繁出現，於是第谷在往後數年也得以對其他彗星進行同類觀察。

從一五八三年起，第谷開始構思一項新的行星理論，根本理念則是地球靜止不動，太陽和月球繞行地球，至於五顆已知行星則繞行太陽。新論在一五八八年發表，納入第谷論述一五七七年彗星所著專書的第八章。根據他這項理論，地球既不移動也不自轉，所以太陽、月球、行星群和恆星群除了運動比較緩慢之外，全都由東向西每日環繞地球運行一周。有些天文學家改採納「半第谷」理論，其中行星繞行太陽，太陽繞行地球，地球自行旋轉，至於恆星則全都靜止不動。（最早倡導半第谷理論的人是尼古拉斯・賴莫斯・巴爾（Nicolas Reymers Bär），不過他應該不會稱之為「半第谷」體系，因為他聲稱第谷從他那裡剽竊了原始版第谷體系。）

前面曾幾度提起，第谷理論和托勒密理論的一個版本毫無二致，根據那個（托勒密本人從未設想過的）版本的設定，內行星的均輪和太陽繞地軌道重合，外行星的本輪半徑則與太陽繞地軌道的半徑相等。就天體的相對距離和速度方面，該版本也都和和哥白尼理論等價，不同之處只在觀點差異：在哥白尼看來太陽是靜止的，而第谷則認為地球是靜止的而且不自轉的。就觀察方面，第谷的理論優勢在於，毋須假定恆星和地球的相隔距離遠超過太陽或行星的距地距離（當然，如今我們知道這是事實），理論就會自動預測並沒有周年星視差。還有，當初曾誤導托勒密和布里丹的經典問題（由於地球會自轉或移動，因此上拋的物體看來就該墜落在後方位置），隨後由奧里

斯姆提出解答，而第谷理論則讓他這項解答顯得多餘。

　　就未來的天文學而言，第谷的最重要貢獻並不是他的理論，而是他的觀測結果達到了史無前例的準確度。我在一九七〇年代去過文島，當時第谷的建築已經無跡可尋，不過那裡的地下依然埋藏了當初第谷用來固定儀器的厚重岩石地基。（那次拜訪之後，當地已經建造了一所博物館和正規庭園。）第谷能運用這些儀器準確觀測天體，誤差只達十五分之一度。此外在烏拉尼堡遺址還矗立著一尊花崗岩雕像，那是一九三六年由伊瓦爾・約翰松（Ivar Johnsson）完成的作品，呈現第谷擺出天文學家仰望天空的典型姿勢。

　　第谷的資助人，弗雷德里克二世在一五八八年去世。他的繼承人是克里斯蒂安四世（Christian IV），今天的丹麥人認為他名列最偉大國王之林，然而不幸他對支持天文學研究幾無絲毫興趣。第谷在文島的最後一次觀察作業在一五九七年完成，接著他啟程遠遊，前往漢堡、德勒斯登（Dresden）、維滕貝格和布拉格。他在布拉格成為神聖羅馬帝國皇帝魯道夫二世（Rudolph II）的皇家數學家，並著手編纂一部新的天文表，稱為魯道夫星表（Rudolphine Tables）。第谷在一六〇一年死後，這項工作便由克卜勒接手。

　　自從柏拉圖時代開始，天體背離等速度圓周運動的性質，始終讓天文學家不解，而約翰尼斯・克卜勒（Johannes Kepler）則是最早從根本上認清這個真相的第一人。克卜勒在五歲時親眼目睹一五七七年彗星（第谷在文島新天文台研究的頭一顆彗星），激發了他的研究興趣。克卜勒曾進入杜賓根大學（University of Tübingen）就讀，該大學在梅蘭希通領導下，在神學和數學方面已經建立顯赫聲名。克卜勒在杜賓根大學研讀這

兩個學門，後來對數學的興趣日漸濃厚。他從杜賓根大學數學教授邁克爾・馬斯特林（Michael Mästlin）習得哥白尼的理論，並深信其中所含真實性。

一五九四年，克卜勒受聘到奧地利南部格拉茨（Graz）一所路德教派學校講授數學。他在那裡發表他的第一部原創著作《宇宙的奧祕》（*Mysterium Cosmographicum*）。我們前面談過哥白尼理論的一項優勢，依循他的理論，我們便得以使用天文觀測結果，找出行星從太陽向外排列的一組特有順序以及它們的軌道大小。根據當時的慣例，克卜勒在這部著作中設想，這些軌道是行星依循哥白尼的理論環繞太陽運行，在透明球殼上畫出的圓形軌跡。這些球殼並不全然是二維表面，而是種薄壁殼層，而且其內半徑和外半徑分別設想為行星到太陽的極小和極大距離。克卜勒猜測這些球殼的半徑都受一種先驗條件的約束，各球殼（最外層土星球殼除外）恰好內切於五個正多面體之一，而且各球殼（最內層水星球殼除外）恰好外接於這些正多面體之一。明確而言，克卜勒從太陽向外依序擺放了(1)水星球殼，(2)接著是個八面體，(3)金星球殼，(4)一個二十面體，(5)地球球殼，(6)一個十二面體，(7)火星球殼，(8)一個四面體，(9)木星球殼，(10)一個立方體，接著最後是(11)土星球殼，全部緊密湊攏在一起。

這種架構規定了所有行星軌道的相對大小，除了可以選擇用來嵌入行星間空間的五種正多面體的排列順序，此外就不能自由調節所得結果。正多面體順序有三十種不同選擇方式，[3] 難怪克卜勒有辦法找到一種順序選擇方式，讓行星軌道的預測大小，能與哥白尼的結果大體相符。

事實上，拿克卜勒的原始架構來描述水星就會出現嚴重偏

差，逼得克卜勒只好動手做點調節，至於描述其他行星時，表現就只是差強人意。[4] 不過就像文藝復興時期的其他人，克卜勒也深受柏拉圖哲學的影響，而且就如同柏拉圖，他對正多面體只有五種可能外形的定理也深自沈迷，因為這樣一來，包括地球在內總共只能有六顆行星。他驕傲地宣佈，「現在你就知道為什麼行星就這幾顆！」

如今沒有人會認真看待像克卜勒那樣的架構，即便理論表現得再好也不行。這並不是由於我們已經克服了古老執著，不再像柏拉圖那樣沈醉於如正多面體一類在數學上有可能成真的精選品項清單。今天仍有這種精選品項清單，同樣讓物理學家迷醉不已。舉例來說，我們知道，能用來進行含除法在內的算術運算的「數」只有四類——實數和（牽涉到 -1 之平方根的）複數以及兩種比較奇特的數量，分別稱為四元數和八元數。有些物理學家投注大量心力，試行把四元數和八元數以及實數和複數納入基本物理定律。克卜勒的架構在我們今天看來之所以那麼異類，原因並不在於他想從正多面體找出某種基本的物理重要意義，而是由於他想在純屬歷史偶然的行星軌道情境脈絡當中尋覓意義。不論自然的基本定律為何，如今我們都相當肯定，它們和行星軌道的半徑都扯不上絲毫關係。

這不能完全怪罪克卜勒做出愚蠢表現。在他那個時代，沒有人知道（克卜勒也不相信）恆星全都是擁有本身行星系統的太陽，而非只是在土星球殼外側某處的某球殼上發出的光芒。當時普遍認為，太陽系大致就是整個宇宙，而且在時間開端就創造生成。所以那時自然而然認定，太陽系的細部構造，和自然界其他任何事物都一樣根本。

如今理論物理學界說不定也面臨雷同處境。大家普遍認

為，我們所稱膨脹宇宙，我們眼中分朝四面八方均勻向外拓展的浩瀚星系雲，就是整個宇宙。我們認為我們測量的自然常數，好比種種不同基本粒子的質量，最終全都可以從尚未得知的自然基本定律推導得知。然而我們所稱的膨脹宇宙，說不定只是「多元宇宙」的一小部份，那個宇宙規模要大得多，而且包含許多類似我們所觀察之膨脹宇宙的膨脹部份，而且自然常數在該多元宇宙的不同部份，分別具有不同的數值設定。就這個案例，這些常數都是環境參數，永遠不能從基本原理推導出來，道理就如我們依循基本原理，同樣推導不出行星到太陽的相隔距離。我們所能期盼的，充其量也只是種人本估計。在我們這個銀河系數十億顆行星當中，只有極少數擁有適合生命的溫度和化學組成，然而果真生命誕生並且演化出天文學家，他們顯然就會發現，自己誕生在一顆隸屬這種少數品類的行星上。所以也難怪，我們棲身的行星到太陽的距離，既不比地球到太陽實際距離的兩倍更遠，也不比該距離的二分之一更近。相同道理，在多元宇宙當中，看來也只會有極端少數子宇宙擁有可容生命進化的物理常數，不過當然了，任何科學家都會發現，他們身處的子宇宙，正隸屬於這種少數類型。第八章提到的暗能量發現之前，這點便曾被拿來當成暗能量數量級的一種解釋。所有這一切當然都包含高度猜測成份，不過這也可以當成一種警訊，提醒我們在嘗試了解自然常數之時，我們有可能面對克卜勒嘗試解釋太陽系大小之時所面臨的失望處境。

有些傑出物理學家無法接受多元宇宙概念，因為他們沒辦法釋懷，怎麼會有永遠無法計算得知的自然常數。沒錯，多元宇宙概念說不定完全錯了，因此現在就放棄努力，不再計算我們所知的所有物理常數肯定為時過早。不過，沒辦法做這些計

算讓我們很不開心，卻也不該是反對多元宇宙概念的理由。不論自然的終極定律為何，我們沒有理由假定，定律的設計理念是為了讓物理學家開心。

到了格拉茨之後，克卜勒開始和第谷通信。當時第谷已經讀了《宇宙的奧祕》，他邀請克卜勒來烏拉尼堡找他，不過克卜勒嫌那裡太遠，不想去。後來到了一六〇〇年二月，克卜勒接受第谷邀約，到布拉格找他。布拉格從一五八三年起，就成為神聖羅馬帝國的首都。克卜勒在那裡開始研究第谷的資料，特別是火星運動方面的數據，結果發現這些資料和托勒密理論相差了零點一三度。[5]

克卜勒和第谷相處並不愉快，於是克卜勒返回格拉茨。就在那時，格拉茨開始驅逐境內基督新教徒，一六〇〇年八月，克卜勒和他的家庭都被迫離開。回到布拉格之後，克卜勒和第谷開始協同合作，編製魯道夫星表，打算用這部新的天文表，來取代萊因霍爾德的普魯士星表。一六〇一年第谷死後，克卜勒獲派任繼承第谷的職位遺缺，成為皇帝魯道夫二世的朝廷數學家，也暫時解決了克卜勒的事業生涯問題。

皇帝對占星術相當熱衷，所以克卜勒身為宮廷數學家的職掌也就包括推算闡釋天宮。這是他從杜賓根大學學生時代就開始受雇從事的活動，不過他對於占星術其實抱持了懷疑態度。所幸他還是有時間從事真正的科學。一六〇四年，他觀測蛇夫星座的一顆新星，這是截至一九八七年之前，在銀河系觀測到的最後一顆超新星。同一年間，他發表了《天文學的光學需知》（*Astronomiae Pars Optica*, 英文書名：*The Optical Part of Astronomy*），這是一部探討光學理論與其天文學應用的著作，內容涵括大氣折射對行星觀測有何影響。

克卜勒繼續研究行星的運動，試行增添偏心輪、本輪和偏心勻速輪，結果依然無法調合第谷的精確數據與哥白尼的理論偏差現象。克卜勒在一六○五年完成這項研究，不過發表作業卻由於和第谷後裔發生糾紛而延宕了下來。最後到了一六○九年，克卜勒終於發表了他的結果，納入《新天文學》（*Astronomia Nova*）書中，該書完整標題為《以原因為本之新天文學或以火星運動紀事闡述之天體物理學》（*New Astronomy Founded on Causes, or Celestial Physics Expounded in a Commentary on the Movements of Mars*）。

《新天文學》第三部為哥白尼的理論做出一項重大改進，他為地球引進一個偏心勻速輪和偏心輪，於是從地球軌道的中心越過太陽到另一側那邊，就有個定點和地球的連線以等速率環繞該定點運轉。這樣一來，從托勒密時代起就困擾行星理論的偏差現象，也就此消除了大半，不過第谷的資料相當優異，好得克卜勒可以看出，理論和觀測結果依然存有一些分歧。

到了某個時候，克卜勒逐漸相信這項使命已經毫無指望，結果他只好放棄從柏拉圖、亞里斯多德、托勒密、哥白尼和第谷等人所共同認可的設想：行星是在圓圈構成的軌道上運行。他改弦更張，歸結認定行星軌道肯定呈卵形。最後克卜勒在《新天文學》（共七十章當中的）第五十八章把這點說得清楚分明。在後來所稱的克卜勒第一定律當中，克卜勒認定行星（包括地球）是在橢圓形軌道上運行，而太陽則是位於一個焦點，而非位於中心位置。如同一個圓能以單一數字，也就是半徑來完整描述（不過它的位置除外），橢圓也能以兩個數字來完整描述（但不包括它的位置和方位），兩數可分別視為橢圓的較長軸和較短軸之長度，此外我們也能以較長軸的長度和一個稱

第十一章
破解太陽系

為「偏心率」（eccentricity）的數字來描述橢圓。偏心率告訴我們，長、短軸的差別有多大。（見技術箚記十八。）橢圓的兩個焦點是較長軸上的兩定點，分別位於中心兩側的等距位置，而且其間隔等於偏心率乘以橢圓較長軸的長度。零偏心率橢圓的兩軸等長，兩焦點也合併為唯一中心點，於是橢圓也轉變成圓。

　　事實上，就克卜勒認識的所有行星的軌道偏心率都很小，如下頁表所示現代數值（回推至一九○○年）：
這就是為什麼哥白尼和托勒密理論的簡化版本（哥白尼理論不具本輪，托勒密理論則五顆行星只各具一個本輪）都應該能產生很好效用的原因。[6]

　　以橢圓取代圓形還有另一個影響深遠的意涵。圓形能以球殼旋轉來產生，然而沒有任何固體能旋轉產生橢圓。這點連同第谷從一五七七年彗星所得結論，嚴重打擊了一項老舊觀念的信用，那就是克卜勒本人曾在《宇宙的奧祕》書中提出的假設：行星乃由旋轉球殼搭載攜行。這時克卜勒和他的追隨者便轉而構思新觀念，設想行星是沿著獨立存在的軌道在中空空間運行。

行星	偏心率
水星	0.205615
金星	0.006820
地球	0.016750
火星	0.093312
木星	0.048332
土星	0.055890

《新天文學》提出的計算作業也用上了後來所稱的克卜勒第二定律，不過該定律其實是直到一六二一年才由克卜勒在他的《哥白尼天文學概要》（*Epitome of Copernican Astronomy*）書中清楚闡述。第二定律說明行星繞軌運行時速率如何改變。它還指出，隨著行星運動，太陽和行星的連線會在等長時間掃過相等面積。行星靠近太陽時，繞軌移動的距離必須比它遠離太陽時移動的距離更遠，才能掃過相等的給定面積，所以依克卜勒的第二定律推斷，行星接近太陽時，運行速率就會更高。除了與偏心率平方成正比的細微修正之外，克卜勒的第二定律和底下說法並無二致：（太陽所處焦點之外的那）另一個焦點與行星的連線的轉動速率是固定的——也就是說，每秒轉動的角度都是相等的。（見技術箚記二十一。）所以，採用克卜勒第二定律得出的行星速度和採用偏心勻速點（相對於太陽〔或依托勒密學說相對於地球〕位於圓心另一側的定點）舊概念得出的速度是相等的，而且該點與行星的連線，以恆定速率環繞該點轉動。這也就顯示，偏心勻速點其實不過就是沒有被佔用的橢圓焦點。最後是靠第谷卓越的火星數據，克卜勒才得以歸結認定，制定偏心輪和偏心勻速輪是不夠的；必須以橢圓形軌道來取代圓形軌道才行。

　　第二定律還有其他更深遠的應用範圍，起碼對克卜勒是如此·克卜勒在《宇宙的奧祕》書中設想行星是受了一種「動機之靈」的驅動。然而這時便發現，每顆行星和太陽距離拉長，速率都隨之減緩，於是克卜勒歸結認為，行星繞軌運行是受了太陽發出的某種力量推動所致。

　　假使你把「力」（拉丁字：vis）換成了「靈」（拉丁字：

animal），那麼你就能歸出「火星運動紀事」（即《新天文學》）所述天體物理學之根本原理。以往我深受 J・C・斯卡利傑（J. C. Scaliger）[7] 動機智能學說的影響，曾完全相信推動行星的是一種靈。不過當我體認到，這種動機隨著與太陽相隔愈遠就逐漸減弱，就如陽光變弱的情況。於是我認定這種力肯定是有形的。

當然了，行星運行不輟並不是受了太陽放射出的力量推動所致，而是由於沒有東西會消耗它們的動量。然而，它們之所以能待在各自軌道上，不致飛離進入星際空間，便是受了太陽所放射的一種力量所牽引，那就是重力，所以克卜勒也不是完全錯誤。相隔一段距離之外的作用力在這時候已經變得很流行，部份得歸功於克卜勒所引述的皇家外科醫學院（Royal College of Surgeons）院長暨伊麗莎白一世（Elizabeth I）宮廷醫師威廉・吉爾伯特（William Gilbert）就磁學方面的研究成果。倘若克卜勒所稱「靈」，意指通俗含意的靈，則從以靈為基礎的「物理性」過渡到以力為基礎的物理學，基本上也就是終結古代宗教與自然科學混淆現象的一個關鍵步驟。

　　《新天文學》撰寫時並不著眼於避開爭議。克卜勒在完整標題中用上了「物理學」一詞，以此挑戰亞里斯多德追隨者所普遍擁護的舊觀念，那些觀念認為，天文學應該只秉持對現象之數學描述，至於真正理解方面，則必須求助於物理學——這是指亞里斯多德的物理學。克卜勒這是在檢視一則主張：像他這樣的天文學家研究的才是真正的物理學。事實上，克卜勒的思想大半都根源自一項錯誤的物理學概念，太陽以一種類似磁力的作用力，驅動行星在它們自己的軌道上運行。

克卜勒還對哥白尼的所有對手提出挑戰。《新天文學》序言包含底下這段文字：

對白癡的建議。不過倘若有人笨得沒辦法了解天文科學，或者軟弱得沒辦法在不受〔其〕影響他的信仰下相信哥白尼，那麼我要奉勸他，放棄天文學研究，隨他所喜對任意哲學研究咒罵一番，然後他就可以專注自己的事情，起身回家，窩在自己的骯髒角落搔癢。

克卜勒的頭兩條定律並沒有談到不同行星軌道之間的比對。這個遺缺後來在一六一九年的《世界的和諧》（*Harmonices mundi*）書中填補了上去，那就是後來所稱的克卜勒第三定律：「任意兩行星的時間週期之比，恰為平均距離二分之三次方之比。」[8] 也就是說，各行星的恆星週期（行星在其軌道上完整繞行一周所需時間）之平方，與橢圓的較長軸之立方成正比。所以倘若 T 為恆星週期（以年為計量單位），而且 a 為橢圓較長軸長度之半（以天文單位〔astronomical units, AU〕為計量單位，其中一天文單位定義為地球軌道較長軸之半），則克卜勒的第三定律說明，所有行星的 T^2/a^3 都相等。既然依定義地球的 T 等於一年，而且 a 等於一個天文單位，則使用這些計量單位得出 T^2/a^3 等於 1，所以根據克卜勒的第三定律，各行星也都應該得出 T^2/a^3 等於 1。現代數值根據這條規則得出的精確度列如下表：

（不同行星之所以不完全等於 T^2/a^3，起因乃在於行星本身的重力場會相互作用，產生微小效應所致。）

克卜勒從未真正擺脫柏拉圖，他嘗試理解軌道大小的意

行星	a（天文單位）	T（年）	T^2/a^3
水星	0.38710	0.24085	1.0001
金星	0.72333	0.61521	0.9999
地球	1.00000	1.00000	1.0000
火星	1.52369	1.88809	1.0079
木星	5.2028	11.8622	1.001
土星	9.540	29.4577	1.001

涵，重新運用他早期在《宇宙的奧祕》書中引進的正多面體。他還斟酌審視畢達哥拉斯派有關不同行星週期構成某種音階的概念。就像當代其他科學家，克卜勒也只是局部歸屬於才剛開始成形的科學新世界的一環，在此同時，他也仍局部歸屬於較古老的哲學和詩意傳統世界

　　魯道夫星表終於在一六二七年完成。這批星表以克卜勒的第一和第二定律為基礎，代表在精確度上凌駕先前使用之普魯士星表的一次實質改進。新的星表預測一六三一年會出現一次水星凌日（也就是民眾會見到水星通過太陽表面）。克卜勒無緣目睹。由於他是個新教教徒，被迫離開信奉天主教的奧地利，最後他在一六三〇年死於雷根斯堡（Regensburg）。

　　哥白尼和克卜勒的成果，為太陽系日心說提供了確鑿依據，不過他們並非秉持觀測結果的較高一致性，並是以數學簡單性和連貫性為本。前面我們已經見到，哥白尼和托勒密理論的最簡單版本也都針對太陽和行星的視運動提出了相同的預測，而且都與觀測結果相當吻合，克卜勒就哥白尼理論完成的改進，其實托勒密也大有可能辦得到，只要他對太陽也像對行星那樣賦予偏心匀速輪和偏心輪，同時再多增添幾個本輪即

可。最早提出決定性觀測證據，支持日心說優於古老托勒密體系的第一人是伽利略‧伽利萊（Galileo Galilei）。

接著我們開始討論伽利略，可與牛頓、達爾文與愛因斯坦相提並論的史上最偉大科學家之一。他導入、運用望遠鏡，徹底革新了觀測天文學，他的運動研究還為現代實驗物理學樹立了一個範式。此外，伽利略的事業生涯還具有相當程度的獨特性，充滿了高度戲劇性轉折，這裡我們只能做個簡短報告。

伽利略一五六四年生於比薩，是個托斯卡尼人（Tuscan），出身一個家境並不富裕的貴族世家，父親文森佐‧伽利萊（Vincenzo Galilei）是個音樂理論家。伽利略在佛羅倫斯一家修道院就讀，隨後在一五八一年進入比薩大學攻讀醫學。伽利略在生命這個階段奉守亞里斯多德學說，這對當時的醫學生來講並不令人意外。隨後伽利略的興趣從醫學轉往數學，過了一陣子，他就在托斯卡尼首都佛羅倫斯教授數學。一五八九年，伽利略奉徵召回到比薩擔任數學教席。

伽利略在比薩大學開始進行他的落體研究。這項研究的部份成果在他從未發表的《運動論》（*De Motu*）書中描述。伽利略得出的結論和亞里斯多德學說相反，沈重落體的速度並不明顯取決於其重量。相傳他從比薩斜塔拋落重物來測試這點，這是段好故事，卻沒有證據顯示真有此事。伽利略在比薩時並沒有發表任何落體相關研究。

一五九一年，伽利略遷往帕多瓦，在該大學擔任數學教席，在那時候，那所大學隸屬威尼斯共和國（Republic of Venice），也是歐洲大學界翹楚。從一五九七年起，他還得以製造、銷售企業和戰爭用數學儀器，來貼補他的大學薪資。

一五九七年，伽利略收到兩本克卜勒的《宇宙的奧祕》。

他寫信給克卜勒，坦言他和克卜勒同樣信奉哥白尼學說，不過在那時候，他還沒有對外公佈他的這些觀點。克卜勒回信要伽利略起身捍衛哥白尼，敦促他道：「伽利略，站出來！」

不久伽利略和亞里斯多德派便起了衝突，在那時候，帕多瓦以及義大利其他各地哲學教學的主導力量就是亞里斯多德派。一六〇四年，他講授克卜勒在那同一年觀測到的「新星」。就像第谷和克卜勒，他也歸結認定，月球軌道之上的蒼穹，確實會發生變化。他因此遭受從前的朋友，帕多瓦大學哲學教授切薩雷·克雷莫尼尼（Cesare Cremonini）的攻擊。伽利略寫了一篇兩名農人的對話，以粗俗的帕多瓦方言來反擊克雷莫尼尼。代表克雷莫尼尼的農人辯稱，普通測量規則在天界並不適用；代表伽利略的農人則回答道，哲學家完全不懂測量：就這點大家必須信賴數學家，不論是測量蒼穹或測量玉米粥都一樣。

一場天文學革命在一六〇九年開始，伽利略就在那時第一次聽說荷蘭有種號稱「覘鏡」（spyglass，即單筒手持望遠鏡）的新裝置。人類自古就知道，充水玻璃球具有放大影像的功能，好比羅馬政治家暨哲學家塞內卡（Seneca）就曾提過這種作用。海什木曾研究放大現象，一二六七年時，羅傑·培根（Roger Bacon）也曾在《大著作》（*Opus Maius*）書中討論放大鏡。隨著玻璃製造技術精進，老花鏡在十四世紀已經普及。不過要放大遠方物體，就必須結合一對透鏡，一片用來將物體任意定點傳來的平行光線聚焦，好讓光線會聚，第二片則用來彙總這些光線，這可以使用凹透鏡（適用於會聚中的光線）或凸透鏡（適用於會聚後又開始發散的光線），兩種狀況都讓光線沿著平行方向射入眼睛。（眼球晶狀體鬆弛時能將平行光線

聚焦於視網膜上單一定點；該點位置取決於平行光線的射入方向。）一六○○年代初期，荷蘭已經開始生產具有這種透鏡配置的觇鏡，到了一六○八年，荷蘭好幾家眼鏡製造廠為他們的觇鏡申請專利。他們的申請遭駁回，理由是那種裝置已經廣為人知。觇鏡很快在法國和義大利問市，不過放大率只達到三、四倍。（也就是說，倘若對遠方兩點的視線呈一個細小夾角，則透過這類觇鏡觀看時，兩點的視線夾角便增大為三、四倍。）

一六○九年某個時期，伽利略聽說有這種觇鏡，他很快製造出改良版本，第一片是長焦距[9]凸透鏡，凸面朝前，平面朝後，第二片是焦距較短的凹透鏡，凹面朝向第一片透鏡，平面朝後。依此配置，要想將非常遠距之外的點源以平行光線射進眼睛，兩片透鏡的間距就必須設定為焦距之差，而且得到的放大率便等於第一片透鏡之焦距除以第二片透鏡之焦距所得商數。（見技術箚記二十三。）伽利略很快就能將放大率提增到八、九倍。一六○九年八月二十三日，他拿這種觇鏡呈給威尼斯總督和要人觀看，並示範以之監看海面，能比肉眼提早兩小時見到船隻。對威尼斯這樣的海上強權來講，這種裝置的功用不言而喻。伽利略把他的觇鏡捐給威尼斯共和國之後，他的教授薪資便增加到原有金額的三倍，還擔保獲得終身聘。到了十一月，伽利略已經把他的觇鏡放大率提高到二十倍，同時他也把觇鏡投入天文學研究。

伽利略運用觇鏡（後來稱為望遠鏡）成就六項具有重大歷史意義的天文學發現。其中頭四項他在一六一○年發表於威尼斯的《星際信使》（*Siderius Nuncius*，英文書名 *The Starry Messenger*）書中闡述。

1. 一六〇九年十一月二十日，伽利略第一次把他的望遠鏡對準新月。他在明亮面見到月面很粗糙：

經過一再觀測〔月球斑紋〕，我們得出了結論，儘管眾多哲學家都認為月球與其他天體全都光滑、平坦，並呈完美球形，我們所見的月球表面無疑並非如此，事實正好相反，月面並不平坦，而是凹凸不平，滿佈窪坑和隆起。而且那裡就像地球本身的表面，同樣到處都是山脈峰巒和凹陷深谷。

在黑暗那面，靠近明亮面的明暗交界邊際，伽利略見到了一些光點，他解釋那些都是山巔，由於太陽就要落到月球地平線下方，照亮了頂峰所致。根據這些亮點和明暗交界線的距離，他甚至還可以估計出其中有些山峰起碼高達四英里。（見技術簡記二十四。）伽利略還就他在月球黑暗面觀測到的微弱光芒提出解釋。他排斥萊因霍爾德和第谷提出的種種不同主張，不認為微光發自月球本身或來自金星或恆星，並正確論稱「這種奇妙光輝」來自地球反射的陽光，道理就如同地球在夜間也會被月球反射的陽光微微照亮。所以月球這樣的天體在他看來也不是和地球非常不同。

2. 覘鏡讓伽利略得以觀測「一批幾乎無法想像的眾多」恆星，而且比六等星還更黯淡得多，也因此黯淡得以肉眼無法見到。伽利略發現，昂宿星團除了六顆可見恆星之外，還伴隨著超過四十顆其他恆星，同時在獵戶星座裡面，他還能看到以往從未得見的五百多顆恆星。伽利略將望遠鏡對準銀河系，他看出那是由許多恆星組成，正符大阿爾伯特當初的猜測。

3. 伽利略指稱見到橫越他望遠鏡的行星「完全是圓形的球

體，看來就像小小的月球，」不過他對於恆星就辨識不出任何相仿影像。相反地，他發現，儘管以他的望遠鏡觀察時，所有恆星看來都更明亮得多，卻似乎並沒有明顯變大。他的解釋不知所云。伽利略並不知道，恆星的視尺寸並非得自其鄰近地帶任何內在因素，而是肇因於光線受地球大氣隨機變動影響，分朝不同方向彎折所致。就是這類變動讓恆星看來彷彿會閃爍[10]。伽利略歸結認定，既然用他的望遠鏡完全看不出恆星的影像，則它們和我們的距離，肯定比行星更遠許多。伽利略後來便曾指出，這能協助我們解釋，為什麼即便地球環繞太陽旋轉，我們依然觀察不到周年星視差。

4.《星際信使》書中記載的發現當中，最富戲劇性，也最重要的一項發生在一六一○年一月七日。伽利略把望遠鏡對準木星，見到了「三顆小星座落在它的附近，很小，卻非常明亮。」起初伽利略以為那只是另外三顆恆星，只因為太黯淡了，先前才從來沒有見過，結果出乎他意料之外，怎麼它們似乎都依循黃道排列，兩顆在木星東邊，一顆在西邊。到了下一晚，所有這三顆「恆星」卻全都出現在木星西邊，接著到了一月十日，當中只有兩顆見得到，而且都在東邊。最後到了一月十三日，他見到了四顆「恆星」進入視野，依然多少都依循黃道列置。伽利略歸結認定，木星在它的軌道上有四顆衛星伴隨繞行，就類似地球的月球，而且也像我們的月球，同樣在與行星軌道約略相同的平面上繞軌運行，而行星軌道貼近黃道，也就是地球繞日軌道所處平面。（如今我們知道，它們是木星的前四大衛星：伽倪墨得斯〔Ganymede，木衛三〕、伊俄〔Io，木衛一〕、卡利斯托〔Callisto，木衛四〕和歐羅巴〔Europa，木衛二〕，名稱分別得自天神朱庇特諸男、女情人的名字[11]。）

這項發現成為支持哥白尼理論的重要證據。就一方面，木星及其衛星系統提供了哥白尼構思之太陽與其周圍行星系統的一個縮影，而那些天體顯然都環繞地球之外的另一顆天體運轉。還有，木星衛星的例子也讓一項反哥白尼的質疑銷聲匿跡：倘若地球會移動，那麼月球為什麼沒有被拋在後方？所有人都同意，木星會移動，然而它的衛星顯然並沒有被拋在後方。

　　儘管結果來得太遲，趕不及納入《星際信使》，不過到了一六一一年年底，伽利略已經測定出他發現的四顆木星衛星的公轉週期，接著在一六一二年，他把這些結果納入一部論述其他課題的作品之第一頁一併發表。伽利略的結果與現代數值並列如下表。
伽利略測量結果的準確度證明他的觀察是多麼仔細，計時[12]又是多麼精確。

　　伽利略把《星際信使》獻給當時的托斯卡尼大公，也是他昔日的弟子科西莫二世‧德‧麥地奇（Cosimo II de' Medici），同時他還把木星的四顆伴侶命名為「麥地奇星」（Medicean stars）。這是一項經過盤算的恭維，伽利略在帕多瓦領有優渥俸祿，不過他也獲告知，薪水不會再增加。還有，領那份薪水

木星衛星	週期（伽利略）	週期（現代）
木衛一	1天18小時30分	1天18小時29分
木衛二	3天13小時20分	3天13小時18分
木衛三	7天4小時0分	7天4小時0分
木衛四	16天18小時0分	16天18小時5分

他還必須教學，而這就得佔用他的研究時間。他和麥地奇達成一項協議，由大公任命他為宮廷數學家暨哲學家，並在比薩大學擔任不帶教學職掌的教授職。伽利略堅決要求「宮廷哲學家」頭銜的原因在於，儘管克卜勒等數學家推動天文學取得令人振奮的進展，也儘管有像克拉烏這樣的教授提出了種種論據，數學家的地位依然不如哲學家。還有，伽利略希望他的研究成果能被認真看待，歸入哲學家所稱的「物理學」範疇，也就是對太陽、月球和行星之根本性質提出的解釋，而不只是針對外觀表象的數學描述。

一六一○年夏季，伽利略離開帕多瓦，前往佛羅倫斯，最後這項決定卻帶來了悲慘後果。帕多瓦位於威尼斯共和國領土範圍，和當時義大利境內各國相比，那裡較少受到梵蒂岡勢力的影響，而且就在伽利略動身離開之前幾年，威尼斯還曾成功抵制一項教宗禁令。遷往佛羅倫斯讓伽利略更容易遭受教會控制。現代大學校長或許會覺得，這項凶險是對伽利略逃避教學職掌的公正懲罰。不過這項懲罰卻延宕了一段時日。

5. 一六一○年九月，伽利略成就他的第五項偉大天文學發現。他掉轉望遠鏡瞄準金星，結果發現金星就像月球，同樣有相位變化。他發給克卜勒一則加密信息：「愛之母〔金星〕模擬辛西婭（Cynthia）〔月球〕的形狀。」依循托勒密和哥白尼的理論都能預料得知會有相位，不過相位仍有所不同。就托勒密理論方面，金星始終位於地球和太陽之間某處，所以它永遠不可能真正達到半圓。就另一方面，依循哥白尼理論，當金星位於地球軌道的另一側時，它就會被完全照亮。

這是能證明托勒密理論錯誤的第一項直接證據。回顧前述內容，不論我們為每顆行星選用哪種大小的均輪，根據托勒密

理論，從地球上觀看太陽和行星運動所見外觀，和哥白尼理論所述都完全相同。然而若是從行星上觀看太陽和行星運動，則托勒密理論和哥白尼理論描繪的外觀就不會相同。當然了，伽利略不可能到任何行星上觀看太陽和其他行星的運動呈現哪種模樣。不過他確實可以從金星的相位來研判，在金星上看到的太陽所處方位——亮面就是朝向太陽那邊。托勒密理論只有一種特殊狀況能得出正確結果，那就是金星和水星的均輪與太陽的軌道一致相符的狀況，而這正是前面評論指稱的第谷理論。不過那個版本不論是托勒密或他的任何追隨者都不曾採用。

6. 來到佛羅倫斯之後，伽利略發現了一種研究太陽表面的巧妙做法，他使用望遠鏡來把影像投射在一面屏幕上。他就此完成了他的第六項發現：黑點移動跨越太陽表面。他的結果於一六一三年在他的《太陽黑子通訊》（*Sunspot Letters*）發表，稍後我們還會就此深入討論。

史上有些時刻當新技術出現，同時也為純粹科學研究開啟一扇大門。真空泵在十九世紀的改進，促使真空管放電實驗得以成真，從而促成發現電子。依爾福公司（Ilford Corporation）開發出感光乳膠，促使大批新的基本粒子得以在二戰戰後十年間接續被人發現。戰爭期間開發出的微波雷達，讓微波得以運用來探測原子，並在一九四七年落實了一項量子電動力學的一項關鍵試驗。還有別忘了日規。不過這些新技術所帶來的科研成果，沒有一項比得上從伽利略手中望遠鏡湧現的發現那般令人嘆服。

伽利略的發現引來從小心謹慎到熱情響應等種種不同反應。伽利略在帕多瓦的宿敵克雷莫尼尼拒絕使用望遠鏡來做觀察，比薩哲學教授朱利奧・利布里（Giulio Libri）也同樣如

此。就另一方面，伽利略獲遴選為義大利猞猁之眼國家科學院（Lincean Academy）院士，那是早先幾年才成立的歐洲第一所科學研究院。克卜勒使用一台伽利略寄給他的望遠鏡，確認了伽利略的發現。（克卜勒研究出望遠鏡的製作理論，很快就發明了他自己配備了兩面凸透鏡的版本。）

起初伽利略還沒有招惹上教會，或許是由於他還沒有清楚表態支持哥白尼。哥白尼的名字他只提過一次，出現在《星際信使》將近尾聲篇幅，有關「倘若地球會移動，那麼它為什麼沒有把月球拋在後方」這道問題的討論內容。在那時候，招惹上羅馬宗教裁判所的並不是伽利略，而是克雷莫尼尼這樣的亞里斯多德派人士，是非起因基本上和一二七七年針對亞里斯多德多項信條提出譴責的理由雷同。不過伽利略最後仍與亞里斯多德派哲學家和耶穌會教士都起了爭執，從長遠來看，這對他並沒有好處。

一六一一年七月，前往佛羅倫斯履新過後不久，伽利略和一群哲學家陷入一場論戰，那些哲學家根據他們所謂的亞里斯多德學說，辯稱固態冰的密度（每單位體積的重量）高於液態水。耶穌會紅衣主教羅貝托·貝拉爾米諾（Roberto Bellarmine）曾在羅馬宗教裁判所判處布魯諾死刑時參與審判，他站在伽利略這邊，論稱既然冰會浮在水面，它的密度肯定比水低。一六一二年，伽利略在《論水中浮沈體》（*Discourse on Bodies in Water*）書中發表了他對浮體的相關結論。

一六一三年，伽利略招惹上了包括克里斯托夫·沙伊納（Christoph Scheiner）在內的耶穌會教士，爭執重點是一項次要的天文學議題：太陽黑子和太陽本身有沒有連帶關係？好比如伽利略所想，太陽表面正上方飄著一朵雲，而這就等於是以

實例來驗證天體（就像月球有山脈）是不完美的。也說不定太陽黑子是比水星更貼近太陽的細小行星？若是能確立太陽黑子是雲，那麼主張太陽繞地運行的人士，也就沒有理由宣稱，倘若地球繞日運行，那麼地球的雲朵就會被拋在後方。伽利略在一六一三年出版的《太陽黑子通訊》當中論稱，太陽黑子朝太陽圓盤邊緣靠近時，似乎就會變得細窄，顯示它們在貼近圓盤邊緣時，看起來就像傾斜了，因此它們是乘載在太陽表面隨之轉動。此外當時還就是誰頭一個發現太陽黑子產生爭議。這只是伽利略與耶穌會日漸升高的衝突當中的一段插曲，而且當中不公不義並不完全落在哪一方。對未來最重要的是，伽利略在《太陽黑子通訊》中終於明確表示他支持哥白尼。

伽利略和耶穌會的衝突，在一六二三年隨著《試金者》（*The Assayer*）的發表而逐步加溫。伽利略藉這部著作攻擊耶穌會數學家奧拉齊奧・葛拉希（Orazio Grassi），然而葛拉希的結論其實完全正確，而且正如第谷所述，沒有周日視差顯示彗星的位置超出月球軌道。伽利略卻提出了一項古怪的理論，認為彗星是陽光因大氣線性擾動所產生的反射現象，而沒有出現周日視差是由於擾動隨地球自轉而移動。或許伽利略的真正敵人是第谷而非葛拉希，因為第谷提出了一項當時無法以觀測結果來反駁的地心說行星理論。

當年教會依然有可能寬宏對待哥白尼系統，視之為計算行星視運動的純數學裝置，而不把它當成闡釋行星真正性質和行星運動的理論。舉例來說，一六一五年當貝拉爾米諾寫信給拿坡里修士保羅・福斯卡里尼（Paolo Antonio Foscarini），談起福斯卡里尼對哥白尼體系的擁護時便曾安撫他，同時也告誡他要審慎。

在我看來閣下和伽利略先生最好能謹慎行事，論述止於假設即可，別做肯定論斷，而且在我看來，這也正是哥白尼的論述方式。（貝拉爾米諾是被奧西安德的序言欺騙了嗎？伽利略肯定沒有。）假定地球會動而太陽不動，遠比一切偏心輪和本輪都更能描繪出全貌，這確實是種很好的說法。（貝拉爾米諾顯然沒有想通，其實哥白尼也像托勒密一樣動用了本輪，只是數量沒有那麼多。）這並不會帶來危險，對數學家來講也夠好了。不過要想確認太陽果真是靜止待在世界中心，而且只自行轉動而不自東向西運行，同時地球是位於第三重天，非常迅速地環繞太陽運行，那就是非常危險的事情。這不只會激怒所有哲學家和學術神學家，還可能侵蝕信仰，破壞《聖經》的真實性。

伽利略察覺哥白尼學說惹來了更多是非，於是他在一六一五年寫了一封談論科學和宗教之關係的著名信函，寄給托斯卡尼大公夫人，洛林的克莉絲蒂娜（Christina of Lorraine）—當初夫人嫁給今已故大公斐迪南一世（Ferdinando I）時，伽利略也參加了婚禮。就如哥白尼在《天體運行論》（De Revolutionibus）書中所述，伽利略也提到了拉克坦提烏斯拒不接受地球呈球形是濫用《聖經》來反對科學發現的可怕實例。他還指出，早先路德曾用〈約書亞記〉一段直譯文字來反駁哥白尼學說，他認為這樣翻譯是錯的，還藉此來驗證太陽的運動。伽利略認為，《聖經》根本不是什麼天文學著作，因為五顆行星在書中只提到金星，而且只談了少數幾次。致克莉絲蒂娜信函當中最有名的一段寫道，「我這裡要談談從一位地位最尊崇的傳教士那裡聽來的一句話：『聖靈意在教導我們如何進入天堂，不在說明天

堂是怎麼一回事。』」（伽利略的頁緣旁注說明那位尊崇的傳教士是位學者，主持梵蒂岡圖書館的紅衣主教凱薩・巴羅尼烏斯〔Caesar Baronius〕）。他還針對〈約書亞記〉有關太陽停止運動的一項陳述提出一項詮釋：那是由於（伽利略從太陽黑子的運動發現的）日頭停留，不再自轉，接著地球和其他行星的軌道運動和自轉也跟著停住，於是就如《聖經》所述，爭戰那日拉長了。至於伽利略是真的相信這種無稽之談，或者只為尋求政治掩護，這我們就不得而知了。

　　一六一五年，伽利略罔顧朋友規勸，為教會壓制哥白尼學說前往羅馬提出抗辯。教宗保祿五世（Pope Paul V）急於避免爭議，於是他聽取貝拉爾米諾建言，決定將哥白尼理論遞交給一個神學家小組進行審核。他們的裁決是，哥白尼體系「在哲學上很愚蠢又荒謬，鑑於它多處違逆《聖經》所表達的立場，這切切實實就是異端學說。」

　　一六一六年二月，伽利略奉召前往宗教裁判所接受兩份命令。一份署名文件命令他不得抱持、捍衛哥白尼學說。一份未署名文件更進一步命令他不得抱持、捍衛或以任何方式傳授哥白尼學說。一六一六年三月，宗教裁判所頒行一項公開正式命令，裡面沒有提到伽利略，但嚴令取締福斯卡里尼的書，並呼籲刪改哥白尼的著作。《天體運行論》被列入天主教徒禁書目錄。然而有些天主教天文學家，卻沒有回頭支持托勒密或亞里斯多德學說，好比耶穌會的喬萬尼・里喬利（Giovanni Battista Riccioli）便在他的一六五一年《新天文學大成》（*Almagestum Novum*）書中推介第谷的體系，因為當時的觀察結果不能駁斥該論。《天體運行論》一直列在禁書目錄，直到一八三五年才解禁，戕害了西班牙等天主教國家的科學教學。

馬費奧・巴貝里尼（Maffeo Barberini）在一六二四年成為教宗伍朋八世（Pope Urban VⅢ）之後，伽利略期盼處境能夠改善。巴貝里尼是佛羅倫斯人，也很景仰伽利略。他歡迎伽利略前往羅馬，為他安排了六名聽眾。在這幾次談話當中，伽利略解釋了他從一六一六年之前就開始研究的潮汐理論。

伽利略這項理論的關鍵要素是地球的運動。就實際而言，理論構想乃在於，由於地球一邊繞日公轉，同時也會自轉，海水會往返湧動，在這種運動當中，地表某定點朝著地球軌道運動方向的淨速度便不斷增減。這就產生出週期為一天的週期性海浪，同時就像其他任何振盪現象，這也會生成週期半天，三分之一天等之不同諧波。至此伽利略都沒有提到月球的任何影響，不過自古以來大家都知道，水位較高的大潮（spring tide）發生在滿月和新月期間，水位較低的小潮（neap）則發生在半月期間。伽利略嘗試解釋月球的影響，他先假定基於某種原因，地球的軌道速率在新月期間會提高，這時月球位於地球和太陽之間，滿月時則速率減緩，這時月球和太陽分別位於地球兩側。

這並不是伽利略的顛峰之作。重點並不在於他的理論是錯的。沒有重力理論，伽利略不可能正確了解潮汐。然而伽利略本該明白，沒有確鑿實證支持的推測性潮汐理論，算不上地球運動的確認證據。

教宗說，只要伽利略把地球運動當成數學假設，而非有可能成立的學理，那麼他就准許這項潮汐理論公開發表。伍朋說明，他並不認同宗教裁判所的一六一六年明令事項，不過他也不打算撤銷該令。伽利略在這幾次對話都沒有向教宗提起，宗教裁判所私下交給他的命令。

一六三二年，伽利略打算發表他的潮汐理論，這時理論已經擴充成捍衛哥白尼學說的周延辯護論述。迄至那時，教會還沒有公開批評伽利略，因此他向當地主教申請出版新書時便順利獲得許可。這就是他的《關於托勒密和哥白尼兩大世界體系的對話》（*Dialogue Concerning the Two Chief World Systems - Ptolemaic and Copernican*），簡稱《對話》（*Dialogo*）。

　　伽利略的書名很奇特。當時論述世界體系的主要學說共有四種，不是只有兩種：不只有柏拉圖派和哥白尼派，還有亞里斯多德派（以環繞地球轉動的同心球殼為本）和第谷派（主要理論基礎是太陽和月球環繞靜止的地球轉動，不過其他所有行星都繞著太陽運行）。伽利略為什麼沒有考量亞里斯多德體系和第谷體系？

　　有關亞里斯多德體系，或有人說，它與觀測結果並不相符，然而理論與觀測結果不相符，早在兩千年前就已經知道，即便如此，卻依然有人擁戴它。這點請回顧第十章有關弗拉卡斯托羅在十六世紀早期發表的言論引文就知道了。一個世紀之後的伽利略，顯然認為這種言論不值得回應，至於這種念頭是怎麼來的，我們不得而知。

　　就另一方面，第谷體系的表現十分良好，不容不當一回事。伽利略肯定知道第谷的體系。伽利略說不定也想過，他自己的潮汐理論也驗證地球確實會動，不過這項理論並沒有任何成功定量檢定的支持。也或許伽利略只是不想讓哥白尼現身來和第谷這位高人來競爭。

　　《對話》採三個人物交談型式撰寫：薩爾維亞蒂（Salviati），伽利略的替身，名字得自伽利略的朋友，佛羅倫斯貴族菲利波·薩爾維亞蒂（Filippo Salviati）；辛普利西奧

（Simplicio），一位亞里斯多德派人士，名字或許源自辛普利修（也說不定是取傻子之意）；還有薩格雷多（Sagredo），名字出自伽利略的威尼斯朋友暨數學家喬萬尼・薩格雷多（Giovanni Francesco Sagredo），扮演明智裁定兩人是非的角色。談話頭三天顯示薩爾維亞蒂推翻辛普利西奧所述，第四天才把潮汐話題帶進來。這肯定違背了宗教裁判所給伽利略的未署名命令，同時也可以說是違背了沒那麼嚴苛的署名命令（不得抱持、捍衛哥白尼學說）。更糟糕的是，《對話》並不是以拉丁文撰寫，而是採用義大利文，所以不只學者能讀，任何識字的義大利人都能讀懂。

到這時候，已經有人把宗教裁判所在一六一六年頒給伽利略的未署名命令呈遞給教宗伍朋，呈遞人大概是伽利略較早時候在太陽黑子和彗星論戰時樹立的仇敵。教宗伍朋的怒氣更因一件事情火上加油，他懷疑自己成為辛普利西奧的原型。再加上教宗早年擔任紅衣主教巴貝里尼時期講的話，竟然從辛普利西奧口中道出，情況益發不可收拾。宗教裁判所下令禁止銷售《對話》，然而為時已晚，因為書本已經賣完了。

伽利略在一六三三年四月被送上法庭。罪名是他違反宗教裁判所的一六一六年命令，伽利略面臨刑具凌虐，坦承因個人虛榮心誘引他誤入歧途，期能藉認罪來乞求從輕發落。結果他仍然經宣告以「嚴重異端嫌疑」被判處終身監禁，還被迫公開放棄他有關地球繞日運行的觀點。（一則野史傳言，伽利略離開法庭時，低聲喃喃自語，「不過它真的會動啊。」）

所幸伽利略並沒有遭受更粗暴的對待。他獲准以西恩納（Siena）大主教的客人身分開始他的監禁刑期，接著又遷回佛羅倫斯附近他位於阿切特里（Arcetri）的自宅，離他的兩個女

兒，瑪麗亞·切萊斯特修女（Sister Maria Celeste）和阿侃吉拉修女（Sister Arcangela）的修道院住所很近。底下到第十二章我們就會見到，在這幾年期間，伽利略依然能夠回頭從事半個世紀前他在比薩開始的運動問題研究。

伽利略死於一六四二年，死時仍在阿切特里接受軟禁。不過類似伽利略著作的擁哥白尼體系書籍則是直到一八三五年才從天主教會禁書目錄挪除，不過在那之前許久，哥白尼天文學其實早在多數天主教國家和基督新教國家所廣泛為人採信。伽利略在二十世紀獲得教會的平反。一九七九年，教宗若望·保祿二世（Pope John Paul II）稱伽利略〈致克莉絲蒂娜信函〉已經「建立了具有一種認識論性質的重要規範，而這正是融通調合《聖經》與科學所不可或缺。隨後一個委員會經邀集來調查伽利略案，結果顯示，伽利略時期的教會錯了。教宗就此回應，「當代神學界的錯誤在於，當他們堅守地心說時，心中乃是認為，我們對物理世界結構之認識，理當依循某種方式，由《聖經》經文字面意義所強行賦予。」

就我本人看來，這種說法十分不宜。教會當然不能無視於（如今所有人都認同的）這項認識，承認他們就地球運動的立場一直都是錯的。不過假定教會是對的，而伽利略的天文學理念錯了，則教會依然犯了錯，他們不該判伽利略監禁，也不該剝奪他的出版權力，就如同當初他們燒死布魯諾這般異端人士時也犯了錯。所幸，儘管我不知道這是否已經受教會明確認可，不過如今他們是不能指望採取這種行動了。除了某些依然處罰褻瀆或叛教的伊斯蘭國家之外，全世界已經普遍學到教訓，政府和宗教權威完全不該以刑事罰則來懲處宗教見識，無論該見識正確與否都一樣。

根據哥白尼、第谷、克卜勒和伽利略的計算和觀測結果，有關太陽系的正確描述已經隱然浮現，藏身克卜勒的三則定律當中。不過有關行星為什麼服從這些定律的解釋，則必須再等一個世代，直到牛頓出現才能得解。

註：

1　巴特菲爾德翻新一個說法「歷史的輝格詮釋，」（the Whig interpretation of history），以此來批評某些歷史學家如何根據過往對我們現有開明做法之貢獻來評斷過往。不過談到科學革命，巴特菲爾德就是個徹頭徹尾的輝格黨徒，而我也一樣。

2　第八章便曾提過，托勒密理論的最簡單版本（每顆行星各具一本輪，太陽則無）只在一種特殊情況下與哥白尼理論的最簡單版本等價，不同之處只在觀點差異：這種特殊情況是內行星的均輪各與太陽繞行地球的軌道重合，而外行星的本輪半徑則全都等於從地球到太陽的相隔距離。就托勒密理論的這個特殊情況，其內行星的本輪之半徑和外行星的均輪之半徑，和哥白尼理論的行星軌道半徑是一致的。

3　任意五種事物的排列順序計有一百二十種選擇做法；這五種當中每種都可以排第一，其餘四種當中每種都可以排第二，其餘三種當中每種都可以排第三，其餘兩種當中每種都可以排第四，最後只剩一種就排第五，所以排列五種事物的方式就為 $5 \times 4 \times 3 \times 2 \times 1 = 120$ 種。然而就外接球殼和內切球殼之比率而論，五種正多面體並非全都不同：立方體和八面體之該比率相等，同時就二十面體和十二面體也是如此。於是在五種正多面體的排列方式當中，有兩種方式的差別只在於立方體和八面體的互換，或者二十面體和十二面體的互換，這樣得出的太陽系模型是相同的。所以互異模型種類數量便為 $120 / (2 \times 2) = 30$。

4　舉例來說，若一立方體內接於土星球殼的內徑，同時外切於木星球殼之外徑，則土星和太陽的極小距離與木星與太陽的極大距離之比（哥白尼理論值為 1.586），應該等於一立方體從中心到其頂點之距離除以從該立方體之中心

到其任意面之中心的距離，或就是$\sqrt{3} = 1.732$，比理論值大了百分之九。

5　火星運動是檢定行星理論的理想測試案例。不像水星或金星，火星能在夜空很高仰角觀看得到，而那裡是更方便觀測的好位置。在任意指定的數年歲月期間，火星在本身軌道上的公轉周數，遠比木星或土星的繞行次數更多。而且它的軌道偏離圓形的程度，比其他任何主要行星的偏離情況都更嚴重，不過水星是唯一例外（水星永遠不會出現在遠離太陽的位置，因此很難進行觀測），所以火星偏離等速度圓周運動的程度，也遠比其他行星都更為醒目。

6　行星軌道橢圓率的作用，主要並不在於橢圓率之本身，更重要的是，太陽並不位於橢圓的中心，而是在一個焦點位置之實。更精確而言，橢圓的任一焦點和它的中心點之相隔距離，都與其偏心率成正比，而橢圓上任意點和任意焦點的距離，則與其偏心率平方成正比，因此偏心率較小時，距離也跟著大幅縮減。舉例來說，若偏心率為零點一（和火星軌道相仿），行星和太陽的最小距離，只比其最大距離小了百分之零點五。就另一方面，太陽和這個軌道中心的距離，等於該軌道平均半徑的百分之十。

7　這是指尤利烏斯・斯卡利傑（Julius Caesar Scaliger），一位熱情擁戴亞里斯多德，反對哥白尼的人士。

8　後續一段討論顯示，克卜勒所說的平均距離，並不是指一個時段之間的平均距離，而是行星與太陽間的極小與極大距離之平均值。誠如技術箚記十八所示，行星與太陽間的極小與極大距離分別為（1−e）a和（1＋e）a，其中e是偏心率，而a則是橢圓較長軸長度之半（也就是半長軸），所以平均距離也就是a。技術箚記十八就此還會進一步說明，這也就是行星在本身軌道運行時從各位置到太陽的距離之平均值。

9　焦距是衡量透鏡光學特性的一種長度。就凸透鏡而言，焦距是射入透鏡的平行光線的會聚點和透鏡的距離。就凹透鏡（這類透鏡能夠把會聚光線折射為平行走向）來講，其焦距為在無透鏡情況下光線在透鏡後之會聚定點與透鏡背側之距離。焦距取決於透鏡的曲面半徑，也視空氣中與玻璃中的光速比值而定。（見技術箚記二十二。）

10　行星的角尺寸夠大，因此源自一個行星盤面不同定點的視線，在通過地球大氣時，其相隔間距比典型的大氣變動尺寸更大；這樣一來，來自不同視線的光線波動彼此便無關係，也因此往往相互抵銷而不疊加。這就是為什麼我們不會見到行星閃爍。

11　倘若伽利略知道那些名字存留至今，他應該會很不開心。這些木星衛星名稱是一六一四年由西蒙・邁爾（Simon Mayr）提出命名，那位德國天文學家曾與伽利略爭執誰首先發現這些衛星。

12　推測伽利略應該沒有用上時鐘，而是觀測恆星的視運動來計時。由於恆星看起來在將近二十四小時的一個恆星日期間環繞地球三百六十度，則恆星位置每出現一度變化，便意味著時間過去了二十四小時的三百六十分之一，或就等於四分鐘。

第十二章 | 動手做實驗

　　沒有人能操控天體，所以，第十一章討論的天文學偉大成就，必然都是基於被動觀測所得結果。所幸太陽系中的行星運動比較簡單，單純得在歷經許多世紀運用愈趨精密的儀器投入觀測之後，這些運動起碼都已經能夠正確描述了。不過為求解決其他問題，這時就不能只侷限於觀察和測量，還必須投入進行實驗，並以人為操控物理現象，來測試或提出概略性理論。

　　就某種意義而論，人類始終在進行實驗，他們使用嘗試錯誤來找出做成事情的方法，從熔煉礦石到烘焙糕餅等都不例外。本章論題是實驗的開端，我只專注討論用來發現或測試大自然相關通論的實驗。

　　從這個角度來考量，我們不可能精確指明實驗方法的起始時。阿基米德說不定曾經以實驗方法來測試他的流體靜力學理論，不過他的《論浮體》專著完全以數學的純演繹風格來論述，絲毫看不出用上了實驗的跡象。希羅和托勒密做實驗來測試他們的反射和折射理論，不過他們樹立的楷模，直到好幾個世紀之後才有人仿效。

　　十七世紀的實驗有一項新特點，那就是急切地公開運用所得結果，據以評斷物理理論的正確性。這點在該世紀早期的流體靜力學研究業已出現，好比伽利略在一六一二年發表的《論水中浮沈體》就是一例。不過更重要的是對落體運動的定量研究，為牛頓的成果奠定了不可或缺的先決條件。正是就這項問題以及就氣壓根本性質的研究成果，標誌出現代實驗物理學的

真正起點。

　　正如其他許多課題，運動的實驗研究也從伽利略開始。他的運動相關結論出現在《關於兩門新科學的對話》（*Dialogues Concerning Two New Sciences*）書中，這部著作是他在阿切特里軟禁期間，於一六三五年寫成。該書的出版遭教會禁書審定院（Congregation of the Index）抵制，不過有幾本經偷運出義大利。一六三八年，該書由路易斯‧埃爾澤維爾（Louis Eizevir）的公司在新教大學城萊登（Leiden）出版發行。《兩門新科學》的書中角色同樣包含薩爾維亞蒂、辛普利西奧和薩格雷多，分別扮演和先前相同的角色。

　　《兩門新科學》的「第一天」篇幅涵括眾多內容，其中有一段談到輕、重物體以等速下墜，這有違亞里斯多德學說有關沈重物體比輕盈者下墜較快的準則。當然了，受空氣阻力影響，輕盈物理確實下墜得比沈重物體稍慢。處理這道問題時，伽利略表現出他對科學家必須容忍近似值的深刻領會，而這就與希臘人強調以嚴格數學為本，提出精確陳述的理念背道而馳。誠如薩爾維亞蒂對辛普利西奧的下述說明：

　　　　亞里斯多德說，「百磅鐵球從百臂（braccio，譯註：臂為古義大利長度單位）高度墜落觸地，先於區區一磅者下墜一臂。」我說它們在相同時間到達。你做實驗就會發現，較大的領先較小的兩英吋；也就是，當較大的撞擊地面，另一個便落後兩英吋。而你現在卻想要把亞里斯多德的九十九臂，隱藏在那兩英吋後面，只談我的微小錯誤，卻對他的重大錯誤保持靜默。

伽利略還表明了空氣有正重量、估算了空氣的密度、討論了在具阻力介質中的運動、解釋了和聲，此外他還指出，不論擺幅大小，擺錘每擺動一次所花時間全都相等[1]。這就是幾十年後促成發明擺鐘，以及準確測定落體加速度之根本原理。

《兩門新科學》的「第二天」篇幅談到了不同形狀物體的強度。到了「第三天」伽利略才回頭討論運動問題，也做出了他最有趣的貢獻。他在「第三天」卷首重溫等速運動的若干尋常屬性，接著就著手依循十四世紀墨頓學院的論述方針來定義等加速度：在各等長時段分做等量加速。伽利略還依循奧里斯姆證明的論述方針，就平均速度定理提出了一項證明，不過他並沒有提到奧里斯姆或墨頓學院研究員。伽利略有別於他的中世紀前輩，他不止於數學定理，還進一步論述自由落體會經歷等加速度，不過他沒有深入探究這種加速度的成因。

前面第十章便曾提及，除了物體以等加速度下墜的理論之外，當時另有種相當普及的觀點。根據這另一種觀點，自由落體在任意時段達到的速率和下墜時間無關，而是與物體在該時段墜落的距離成正比。[2] 伽利略提出種種不同論據來駁斥這項觀點，[3] 不過有關這些落體加速度不同理論的最後論斷，必須由實驗來裁決。

從靜止狀態下墜經過的距離（根據平均速度定理）等於達到的速度之半乘以經過時間，而且既然速度本身與經過時間成正比，則自由墜落移行的距離，便應該與時間的平方成正比。（見技術箚記二十五。）這就是伽利略著手驗證的事項。

由於自由落體移動得太快，伽利略無法藉由測定落體在任意給定時段下墜的距離來檢核這項結論，於是他想出辦法來減慢下墜速率，讓球珠滾落斜面來進行研究。為顯示滾珠可以印

證落體現象，他必須證明球珠滾落斜面的運動，和自由墜落的物體有連帶關係。就此他指出，球珠滾落斜面達到的速率，只取決於球珠滾落的垂直距離，與平面的傾斜角度無關[4]。自由墜落的球珠可以視為滾落垂直平面的球珠，因此假使球珠沿著斜面滾落的速率與經過的時間成正比，則這條規則也必然適用於自由墜落的球珠。當斜面傾斜角度很小，其速率當然遠低於物體自由墜落的情況（使用斜面的理由就在於此），不過兩種情況的速率成正比，也因此滾珠沿著平面移動的距離，便與自由下墜物體在這相等時段移動的距離成正比。

伽利略在《兩門新科學》書中寫道，球珠滾落的距離和時間平方成正比。這些實驗一六○三年伽利略在帕多瓦時就做過，當時他使用的平面和水平夾角不到兩度，並以一毫米左右的刻度間距來標示長度。實驗時球珠沿途抵達各刻度標誌時都會發出聲音，從起點到各刻度標誌的距離比率分別為 $1^2 = 1 : 2^2 = 4 : 3^2 = 9$，並依此類推，伽利略就以這種均等間隔來判斷時間。《兩門新科學》說明的實驗中，伽利略改用水鐘來測定相對時間間隔。這項實驗在現代重做，結果顯示伽利略確實非常有可能達到他所聲稱之準確程度。

在第十一章討論的《關於托勒密和哥白尼兩大世界體系的對話》著作中，伽利略便曾考量落體的加速度。在前面那部《對話》書中的「第二天」篇幅，薩爾維亞蒂實際上已經提出了下墜距離和時間平方成正比的主張，卻只做了含糊的解釋。他還提到，從百臂高度投落的砲彈會在五秒之後觸地。顯然伽利略並沒有實際測量這個時間，這裡他只是舉個例子來說明。若設定一臂為五十五公分，那麼使用重力加速度現代數值計算，重物墜落一百臂所需時間便為三點三秒，並非五秒鐘。不

過伽利略顯然從沒認真想去測量重力所致加速度。

《關於兩門新科學的對話》的「第四天」著眼討論拋射體的軌跡。伽利略的構想大體上都根植於他在一六〇八年做的一項實驗。（詳見技術箚記二十六討論。）在水平桌面鋪設一斜面，讓一顆球珠從不等初始高度滾落斜面，接著順延桌面滾動，最後從桌邊拋入半空中。伽利略測定滾珠觸及地板時移行的距離，並觀測球珠在空中的路徑，歸結認定那道軌跡是條拋物線。伽利略並沒有在《兩門新科學》書中描述這項實驗，他只提出拋物線的學理論據。關鍵要點在於，拋射體的各運動成份，分別承受作用於拋射體之對應分力的個別影響，而這項要點後來也就成為牛頓力學的根本要素。一旦拋射體從桌邊拋出，或者從砲管射出，除了空氣阻力之外，並沒有任何事項能改變它的水平運動，所以水平移行距離也就幾乎與經過時間成正比。就另一方面，在這同一時段，就像任意自由落體，拋射體也朝下加速，所以垂直墜落距離便與經過時間平方成正比。由此得知，垂直墜落距離和水平移行距離平方成正比。哪種曲線具有這樣的特性？伽利略證明拋射體的路徑是條拋物線，使用阿波羅尼奧斯的定義，拋物線是一圓錐和平行於圓錐表面之平面的截痕。（見技術箚記二十六。）

《兩門新科學》書中描述的實驗促成一次歷史性突破。伽利略並不侷限研究亞里斯多德視為自然運動的自由墜落現象，他轉而採用人為運動，研究受約束只滾落斜面的球珠或向前拋擲的拋射體。從這層意義觀之，伽利略的斜面也就成為今天粒子加速器的遠祖，因為我們也是這樣以人為方式創造出自然界中完全不存在的粒子。

伽利略的運動研究由克里斯蒂安‧惠更斯（Christiaan

Huygens）發揚光大，惠更斯或許稱得上是伽利略和牛頓之間那個優秀世代當中最令人讚嘆的人物。惠更斯生於一六二九年，出身高級公務員家庭，父親曾在奧倫治王朝建立的荷蘭共和國服務。從一六四五至一六四七年，惠更斯在萊登大學研讀法律和數學，不過他接著就全時間攻讀數學，最後又改讀自然科學。就如笛卡兒、帕斯卡（Pascal）和波以耳（Boyle），惠更斯同樣擁有淵博學識，研究範圍很廣，兼及數學、天文學、靜力學、流體靜力學、動力學和光學等領域的問題。

惠更斯最重要的天文學成果是他的土星望遠鏡研究。一六五五年，他發現了土星最大衛星，土衛六（Titan，「泰坦」），從而披露不只地球和木星擁有衛星。關於土星的外觀，當初伽利略便曾注意到，土星並不是圓的，惠更斯解釋，這是由於那顆行星周圍有圓環盤繞，這才構成那種奇特相貌。

一六五六至一六五七年，惠更斯發明了擺鐘。那項發明的根本原理是伽利略的一項觀測成果：擺每次擺動所需時間與擺盪幅度無關。惠更斯體認到，這只在擺幅非常小的時候才成立，他還想出種種巧妙做法，好讓擺幅達到相當程度時，時間依然與擺幅無關。以往的簡陋機械鐘，每天都可能超前或落後五分鐘，惠更斯的擺鐘，每天增減誤差一般不超過十秒鐘，而且當中有一台每天誤差只約為半秒鐘。

隔年，惠更斯根據給定擺長的擺鐘週期，成功推斷出地球表面附近自由落體的加速度值。隨後在一六七三年出版《鐘擺論》（*Horologium Oscillatorium*）時，惠更斯已能證明，「擺完成一次小幅擺動所需時間與從該擺高度之半垂直下落所需時間的關係，等同於一圓形的周長與直徑的關係。」這就是說，一擺從某側以一個小角度擺動到另一側所需時間，等於一物體下

墜擺長之半距離所需時間與 π 的乘積。（沒有微積分要像惠更斯這樣得出結果可不容易。）使用這項原理，測定不等長擺長的擺動週期，惠更斯便得以計算出重力所致加速度，而且其準確程度，達到了當初伽利略以他手頭做法無力企及的程度。如惠更斯所述，自由落體在第一秒內下墜了十五點〇八（原文為1/12）「巴黎尺」（Paris feet）。巴黎尺對現代英尺之比值，估算落於一點〇六和一點〇八之間；倘若我們設定一巴黎尺等於一點〇七英尺，則惠更斯的結果就是，自由落體在第一秒內下墜十六點一英尺，這就意味著加速度為三十二點二英尺每二次方秒，和標準現代數值三十二點一七英尺每二次方秒極端貼合。（身為一位優秀的實驗主義者，惠更斯拿落體加速度值和他從擺的觀測結果推出的加速度值進行比對，確認兩邊差距落於實驗誤差範圍之內。）稍後我們就會見到，這項測量成果（後來牛頓也重做了這項測量）發揮了不可或缺的作用，把地球上的重力和促使月球保持在它軌道上的作用力連結在一起。

重力所致加速度的數值，可以採擷里喬利早期就重物墜落不等距離所需時間的測量結果來推知。為準確測定時間，里喬利計算擺在一太陽日（或就是恆星日）的擺動次數，經謹慎調校後拿來計時。結果讓他驚奇，測定結果驗證確認伽利略的結論，下落距離和時間平方成正比。這些測量值在一六五一年發表，由此大有可能計算出（不過里喬利並沒有這樣做）重力所致加速度為三十羅馬尺每二次方秒。所幸里喬利記錄下波隆那阿西內利塔（Asinelli tower）的高度為三百一十二羅馬尺，許多重物就是從那座塔頂拋落的。那座塔迄今依然屹立，塔高已知為三百二十三現代英尺，所以里喬利的羅馬尺肯定為 323/312 ＝ 1.035 英尺，而三十羅馬尺每二次方秒便相當於三十一英尺

每二次方秒，和現代數值相當貼近。老實講，倘若里喬利知道惠更斯所述擺動週期和物體下落擺長之半所需時間的關係，他就可以直接引用他所用擺的校準測定值來計算出重力所致加速度，毋須從波隆那高塔塔頂拋落任何物體。

一六六四年，惠更斯獲選進入新成立的法國皇家科學院（Académie Royale des Sciences）院士，領取院士享有的薪俸，於是他搬往巴黎，往後二十年都待在那裡。他的偉大光學作品《光論》（*Treatise on Light*）一六七八年著於巴黎，開創了光的波動理論。《光論》直到一六九〇年才發表，這或許是由於惠更斯希望把法文原文翻譯成拉丁文，然而在他一六九五年去世之前，卻始終抽不出時間來進行。第十四章我們還會回頭討論惠更斯的波動理論。

惠更斯在《學者期刊》（*Journal des sçavans*）於一六六九年一篇論文中，正確說明了規範堅硬物體碰撞作用之規則（就此笛卡兒則說錯了）：這就是如今稱為動量和動能的守恆作用。惠更斯宣稱這些結果都經他實驗確認，想必他是研究了擺錘的碰撞作用，如此則初始和最終速度都可以精確算出。接著到第十四章我們還會看到，惠更斯在《鐘擺論》書中計算了彎曲路徑運動之加速度，這是對牛頓研究非常重要的一項結果。

從惠更斯的事例可以看出，科學從摹倣數學起步——早年的科學仰賴演繹並以確定性為目標，而這些都是數學的典型特徵——迄至當時已經有多麼長遠的進展。惠更斯在《光論》序言中解釋：

> 我們即將〔在本書中〕見到的學理，產生的結果並不像幾何學所生結果那般確實，甚至與之十分不同，因為幾何學家

是以固定的、不容置疑的原理來證明他們的命題，而這邊就只能從原理得出的結論來驗證原理；由於這些事物的根本性質使然，此外也沒有其他做法了。

這大概也就是對現代物理科學研究法的最好描述了。

　　伽利略和惠更斯進行運動研究時，都以實驗來駁斥亞里斯多德的物理學。同時代的氣壓研究也有這種現象。亞里斯多德學說認為真空是不可能存在的，這種說法在十七世紀遭受質疑。最後終於釐清，像抽吸這樣的現象，看來彷彿出自大自然對真空的嫌惡，其實卻代表空氣壓力產生的作用。就這項發現，三個人扮演了關鍵要角，分別來自義大利、法國和英國。

　　佛羅倫斯的掘井業者早就知道，抽水泵只能把水抽高約不到十八臂或就是三十二英尺。（在海平面的實際數值較為接近三十三點五英尺。）伽利略和其他人都認為，這就顯示大自然對真空的嫌惡有個上限。還有一種詮釋是埃萬傑利斯塔‧托里拆利（Evangelista Torricelli）提出的，這位佛羅倫斯人的研究領域包括幾何學、拋射體運動、流體力學、光學和一種早期版本的微積分。托里拆利論稱，抽水泵這種高度限制的起因，是由於壓在井內水面的空氣重量，只能撐起高不超過十八臂的一柱水。重量擴散遍佈空氣，所以任意表面不論是否水平，都會蒙受空氣所施壓力，而且大小與其面積成正比；靜止空氣施加的這種單位面積作用力，或就是壓力，大小等於一根高達大氣頂部之垂直空氣柱的重量除以該空氣柱的截面積。這種壓力作用於井內水面，添加在水壓上頭，所以當我們把一根管子底部垂直浸入水中，管頂用泵抽氣來降低氣壓，管中水面就會揚升，不過高度落差受限於空氣的有限壓力。

一六四○年代，托里拆利進行了連串實驗，來證明這種觀點。他推斷，既然水銀重量是等體積水重的十三點六倍，則將一根玻璃垂管頂端封閉，管內裝一柱水銀，這時空氣所能撐起的最大高度——不論空氣壓力是施加於一池浸有玻璃管的水銀液面，或者施加於曝露於空氣中的開放管底——應該是十八臂除以十三點六，或使用比較準確的現代數值則為 33.5 尺 / 13.6 ＝ 30 英吋 ＝ 760 毫米。一六四三年，他觀測得知，把一根長度超過該尺寸的玻璃垂管頂端封閉，管內裝滿水銀，則部份水銀會流出管外，最後管內水銀高度就保持在三十英吋左右。這就在頂部留下如今稱為「托里拆利真空」（Torricellian vacuum）的中空空間。於是這種管子就可以當成氣壓計，用來測量周遭空氣壓力的變化；大氣壓力愈高，能撐起的水銀柱也愈高。

法國博學家布萊茲·帕斯卡（Blaise Pascal）最為人熟知的成就是他的基督宗教神學著作《思想錄》（*Pensées*），還有他捍衛楊森派（Jansenist sect），對抗耶穌會教團的事跡，不過他對於幾何學與機率理論也同樣做出了貢獻，此外還針對當初托里拆利投入研究的氣體現象進行探索。帕斯卡推斷，倘若底部開放的玻璃管中水銀柱由空氣壓力撐住，則把玻璃管攜往高海拔山上時，管柱高度就應該降低，因為那裡上空的空氣較少，因而氣壓較低所致。這項預測於一六四八至一六五一年間以一連串探勘考察驗證確認，隨後帕斯卡便歸結認定，「所有歸因於〔對真空之嫌惡〕的作用，全都是肇因於空氣的重量和壓力，這才是唯一的真正起因。」

為紀念帕斯卡和托里拆利的重大貢獻，現代壓力單位以他們的姓氏為名。一帕斯卡（簡稱「帕」）即是在一平方米面積上施加一牛頓力所生壓力。（一牛頓等於讓一公斤質量產生一

米每二次方秒加速度的力。）一托里拆利（簡稱「托」）即是能支撐一毫米水銀柱的壓力。標準大氣壓力為七百六十托，略高於十萬帕斯卡。

托里拆利和帕斯卡的研究在英國由勞勃・波以耳（Robert Boyle）進一步發展。波以耳是科克伯爵（earl of Cork）之子，因此他可說隸屬於「優越階級」（ascendancy）─他那個時代主宰愛爾蘭的新教徒上層階級─不過算是個缺席成員。他進入伊頓公學（Eton College）受教育，曾周遊歐陸。一六四〇年代英國爆發內戰，波以耳站在議會派這邊。他對科學的沈迷，以他那個階層的成員來講實屬罕見。他在一六四二年閱讀伽利略的《關於托勒密和哥白尼兩大世界體系的對話》，由此認識了開創天文學變革的新理念。波以耳堅決秉持自然主義來解釋自然現象，並聲明，「沒有人〔比我〕更願意承認並崇敬神的全能，〔但是〕我們的爭議不是關乎神能做什麼，而是針對自然因子在非凌駕自然領域的範疇內能做什麼。」不過就像達爾文之前，甚至之後的許多人所見，波以耳還論稱，既然動物和人類擁有這般奇妙的能力，顯示他們肯定都是由一位仁慈的造物主設計的。

波以耳的氣壓研究在一六六〇年著述《關於空氣彈性的物理─力學新實驗》（*New Experiments Physico-Mechanical Touching the Spring of the Air*）當中描述。他在實驗中使用一台由他的助理羅伯特・虎克（Robert Hooke，第十四章再予詳述）發明的改良式抽氣泵。把容器中的空氣抽出之後，波以耳便得以確立，聲音的傳導、火的延燒和生命的繁衍，都必須有空氣才行。他發現，把氣壓計周遭的空氣泵出，裡面的水銀柱面也隨之下降，這就為托里拆利的結論增添了一項有力論據，以往歸因於

大自然嫌惡真空的現象，其實是空氣壓力造成的。波以耳取一根玻璃管，不讓空氣進出管子且保持溫度恆定，接著他使用水銀柱來改變管中空氣的壓力和體積，從而得以研究壓力和體積的關係。一六六二年，波以耳在《關於空氣彈性的物理—力學新實驗》第二版中說明，依壓力隨體積改變的方式，壓力與體積的乘積會保持固定，這條規則現稱為玻以耳定律（Boyle's law）。這些氣壓實驗加入實驗物理學陣營，展現出的嶄新進取風格，就連伽利略的斜面實驗也相形見絀。自然哲學家不再寄望自然會主動向漫不經心的觀測者揭示它的原理。他們改弦更張，把大自然當成一個狡猾的對手，唯有發揮巧思，建構人為環境，費盡心思，才能揭穿她的祕密。

註：

1　這點其實只適用於小角度擺動的擺，不過伽利略並沒有指出這個條件。他實際上是談到擺動五十到六十度（弧度）時和角度小得多的擺動會花費相等時間，從這點就能看出，他恐怕並沒有實際進行他報告中提到的所有擺動實驗。

2　從字面上看，這應該就意味著從靜止狀態投落的物體永遠不會下墜，因為初始速度既然為零，則在第一個無窮小瞬間結束時，它也不會有任何移動，而且既然速率與下墜距離成正比，則其速度依然等於零。或許速率與下墜距離成正比的準則，只打算運用於經過短暫初始加速時段之後的情況。

3　伽利略有一項論據是錯的，因為它適用於一個時段的平均速率，而不是時段結束時達到的速率。

4　這點在技術箚記二十五闡述。按照該說明內容，其實伽利略並不知道，球珠滾落平面的度率，並不等於物體自由下墜相等垂直落差所達到的速度，這是由於垂直高度降低時釋出的能量，部份用來讓球珠旋轉。不過速度依然成正比，所以當我們把球珠旋轉納入考量，伽利略有關於落體速率與經過時間成正比的定性結論依然不變。

第十三章 | 重新檢討研究方法

　　到了十六世紀尾聲，亞里斯多德派科學研究模型已經蒙受嚴重挑戰。以當時的情況，很自然得尋找新門路來蒐集有關自然界的可靠知識。在試行構思科學研究新方法的進程當中，有兩個人後來成就了最高聲名，分別為法蘭西斯·培根（Francis Bacon）和勒內·笛卡兒（René Descartes）。就我所見，他們對科學革命的重要性最為世人所高估。

　　法蘭西斯·培根生於一五六一年，父親是英國掌璽大臣尼古拉斯·培根（Nicholas Bacon）。劍橋三一學院畢業之後，法蘭西斯取得律師資格，在法界、外交界和政界謀取功名。一六一八年，他獲封維魯拉姆男爵（Baron Verulam）稱號，晉陞英國大法官，隨後晉爵獲封聖阿爾班子爵（Viscount St. Albans），然而到了一六二一年，他遭指控貪腐以有罪定讞，並經議會宣佈不適合擔任公職。

　　培根在科學史上的聲望大半得自他在一六二〇年出版的《新工具論》（*Novum Organum*），又名《新工具，解釋自然的正確方向》（*New Instrument, or True Directions Concerning the Interpretation of Nature*）。在這本書中，既非科學家也不是數學家的培根，展現出一種極偏向經驗主義的科學觀，他不只排斥亞里斯多德，還否定托勒密和哥白尼學說。科學發現只能直接產生自對自然界不偏不倚的審慎觀測，而非從第一原理推導得出。他還就一切沒有直接實用價值的研究提出批判。他在《新亞特蘭提斯島》（*The New Atlantis*）小說中想像有一家名喚「所

羅門之屋」（Solomon's House）的合作研究機構，其成員全心全意蒐集關於自然界的有用事實。這樣一來，人類因為被逐出伊甸園而失去的大自然支配優勢，應當就能夠重新取得。培根死於一六二六年，至死都忠於自己的實證原則。相傳他是在實驗研究冷凍肉時染上肺炎，最後不治身亡。

培根和柏拉圖分立於兩個相反的極端。當然了，兩個極端都是錯的。求進步得仰賴種種或能歸結出普適原理的觀測或實驗，還必須從這些原理推導出能以新的觀測或實驗來予測試的學理。尋求具有實用價值的知識，利於修正不受控制的猜想，不過無論是否能發展出有用的事物，解釋世界本身就有其價值。在十七和十八世紀的科學家心目中，培根是能夠拿來和柏拉圖與亞里斯多德抗衡的人物，有點像是美國政治家動輒搬出傑弗遜（Jefferson），即便他本人絲毫未曾受到傑弗遜言談舉止之影響。我不清楚有哪個人的科學研究，果真受了培根著作的影響而變得更好。伽利略不須要培根來告訴他怎樣做實驗，我想波以耳或牛頓也都一樣。伽利略之前一個世紀，另一位佛羅倫斯人，李奧納多・達文西（Leonardo da Vinci）也做了落體、流體和其他多類不同實驗。我們之所以知道這些研究，完全歸功於他死後才編纂出版的兩部分別談繪畫和流體運動的相關專論，還有此後不時發現的達文西筆記，不過即便達文西的實驗對科學進展毫無影響，起碼那些著作仍能證明，早在培根之前，實驗已經隨處可見。

勒內・笛卡兒（René Descartes）是一位全然比培根更值得注意的人物。一五九六年，笛卡兒生於法國，他的家庭隸屬號稱法袍貴族（*noblesse de robe*）的司法貴族階層。他就讀拉弗萊什（La Flèche）的耶穌會學院，隨後進入普瓦捷大學

（University of Poitiers）攻讀法律，接著在荷蘭獨立戰爭期間，他從戎加入拿騷的毛里茨（Maurice of Nassau）部隊。一六一九年，笛卡兒決定全心奉獻於哲學和數學，他在一六二八年定居荷蘭，之後便熱情展開研究工作。

笛卡兒把他對力學的看法收錄在《論世界》（*Le Monde*）書中，這部著作在一六三〇年代早期寫成，卻是直到他死後才在一六六四年出版。一六三七年，他發表一部哲學論述，書名《談談正確引導理性在各門科學上尋找真理的方法》（*Discours de la méthode pour bien conduire sa raison, et chercher la vérité dans les sciences*，英文書名：*Discourse on the Method of Rightly Conducting One's Reason and of Seeking Truth in the Sciences*）。他進一步發展他的理念，並在他篇幅最長的著作《哲學原理》（*Principles of Philosophy*）中予以闡述，這部作品首先在一六四四年發行拉丁文版，接著在一六四七年推出法文譯本。笛卡兒在這些著述當中表達他對於出自權威或感官的知識抱持質疑。就笛卡兒而言，唯一肯定的事實是他存在，這點可以從他正在思索此事的觀察結果推想而知。他繼續歸結認定世界是存在的，因為他毋須施加意志力也能察覺世界。他排斥亞里斯多德派目的論—事物之存在非因任何可能的目的而存在。他提出好幾項論述（全都不令人信服）來證明上帝存在，不過他排斥有組織宗教的權威。他也排斥難以理解的遠距作用力—事物只能藉由直接拉、推來彼此互動。

笛卡兒是把數學導入物理學的領導人，不過就像柏拉圖，他對於數學推理的確定性信服太甚。在《哲學原理》第一篇〈論人類知識之原理〉（On the Principles of Human Knowledge），笛卡兒描述了如何從純粹思維確切地推導出基本科學原理。

我們可以信賴「上帝賜予我們的自然教化或知識官能」，因為「欺騙我們對他而言是完全對立的。」怪的是，笛卡兒認為，這樣一個容許發生地震和瘟疫的上帝，卻不容許哲學家受騙。

笛卡兒可以接受，當我們拿基本物理原理應用於特定系統時，是有可能產生不確定性，他還認為，若是我們不十分清楚系統含有哪些細部成份，這時就需要做個實驗。在《哲學原理》第三部的天文學討論內容當中，笛卡兒考量了有關行星系統之性質的種種不同假設，並引述伽利略的金星相位觀測結果，作為裁斷哥白尼和第谷的假設優於托勒密之假設的理由。

這段簡短摘述幾乎完全沒有碰觸到笛卡兒的觀點。他的哲學在當時還有到現在同樣備受推崇，尤其在法國，還有在哲學專業界更是如此。不過有一點讓我百思莫解。像笛卡兒這樣聲稱自己發現了謀求可靠知識的正確方法的人，對於自然界的那麼多層面，竟然都錯得那般離譜。他說地球是扁長形的（也就是說地球的南北極跨距的長度大於穿過赤道面的跨距），他錯了。他就像亞里斯多德，同樣說真空不可能存在，他們都錯了。他說光是瞬間傳播的，[1] 他錯了。他說太空充滿物質渦流，帶動行星在它們的路徑上運行，他錯了。他說松果體是人類意識之根源，靈魂的所在位置，他錯了。他就對撞時的守恆量的認識也錯了。他說自由落體的速率和下落距離成正比，他錯了。最後，根據我對好幾隻可愛貓咪的觀測結果，我深信笛卡兒有關於動物是機器，沒有真正意識的說法也錯了。伏爾泰對笛卡兒也抱持相仿的保留態度：

他誤解的課題包括靈魂的本質、上帝存在的證據、物質相關課題、運動定律還有光的本質。他認可與生俱來的理念，

他發明了新的元素，他創造出一個世界，他依循他自己的風格來造人——事實上，應該說是，笛卡兒所說的人是指笛卡兒的人，和實際生活中的人有天壤之別。

對於笛卡兒這位撰寫倫理學或政治哲學乃至於形而上學著述的人士來講，犯了科學上的誤判，照講是不會影響到我們對他著作的評價；不過由於笛卡兒論述的是「正確引導理性在各門科學上尋找真理的方法」，他一再無法釐清事理，肯定為他的哲學判斷能力蒙上一層陰影。演繹法根本承擔不起笛卡兒賦予它的重任。

即便是最偉大的科學家也會犯錯。我們已經見到伽利略就潮汐和彗星方面犯了什麼樣的錯誤，底下我們也會見到牛頓對繞射犯了什麼樣的錯誤。就笛卡兒來講，儘管他犯了種種錯誤，不過他和培根並不一樣，因為他確實對科學做出重大貢獻。這些貢獻都收入《談談方法》的補篇一道發表，分歸三個不同標題：幾何學、光學和氣象學。在我看來，這些才真正代表他對科學做出的正面貢獻，至於他的哲學著述反倒是其次。

笛卡兒的最偉大貢獻是發明了一種新的數學方法，如今稱為解析幾何學（analytic geometry），也就是使用能以曲線或曲面上座標點來滿足的方程式，來代表曲線或曲面的做法。就一般來講，「座標」可以是訂定一點位置的任意數字，好比經度、緯度和海拔高度，不過有一類特稱為「笛卡兒座標系」的數值，則指稱從某中心位置沿著一組固定的垂直方向到某一點的距離。舉例來說，解析幾何中半徑為 R 的圓是一條能滿足方程式 $x^2 + y^2 = R^2$ 的曲線，其中座標 x 和 y 為從圓心沿著任意兩垂直方向測得的距離。（技術箚記十八為橢圓形的相仿描述。）

用字母來代表未知距離或其他未知數值是種非常重要的做法，根源自十六世紀的法國數學家、朝臣暨密碼破譯師弗朗索瓦·韋達（François Viète），不過韋達依然用文字來書寫方程式。代數的現代型式和在解析幾何中的應用都歸功於笛卡兒。

使用解析幾何時，我們可以藉由求解一對定義曲線或曲面的方程式，求出兩曲線的交點或兩曲面之相交曲線的方程式。當今多數物理學家解幾何問題時，都不再使用歐幾里德古典方法，而是使用這種解析幾何的解題手法。

就物理學方面，笛卡兒的重要貢獻出自他對光的研究。首先，笛卡兒在他的《光學》書中提出了光從介質 A 進入介質 B（好比從空氣進入水中）時的入射角和折射角的關係：若入射光線與介質分界面垂線的夾角為 i，而且折射光線和這個垂線的夾角為 r，則角 i 的正弦[2]除以角 r 的正弦便為一與角度無關的常數 n：

i 的正弦／r 的正弦＝n

就一般狀況，介質 A 為空氣（或嚴格而言是空無空間），n 則為號稱介質 B 之「折射率」（index of refraction）之常數。舉例來說，若 A 為空氣且 B 為水，則 n 為水之折射率，約等於 1.33。就這類狀況只要 n 大於 1，折射角 r 均小於入射角 i，且光線進入較緻密介質時，都會朝分界面垂線的方向彎折。

笛卡兒並不知道，這層關係在一六二一年已經由丹麥人威理博·司乃耳（Willebrord Snell）從經驗得知，甚至英國人托馬斯·哈里奧特（Thomas Harriot）還在更早之前就已發現；此外，從第十世紀阿拉伯物理學家伊本·塞赫勒一部手稿中的一

張圖解也可以推知，他對這點也有認識。不過笛卡兒是最早公開發表的第一人。如今這個關係一般都稱為司乃耳定律，不過在法國除外，那裡普遍把這條定律歸功於笛卡兒。

笛卡兒的折射定律導算做法很難理解，部份是由於笛卡兒在他的導算論述或結果陳述，都沒有用上角度的正弦三角學概念，而是運用純幾何術語來撰述。然而我們前面已經看到，正弦早在近七個世紀之前，就由巴塔尼從印度引進，而他的作品在中世紀歐洲早已廣為人知。笛卡兒的導算乃是以一種類比為本，那是笛卡兒想像當網球擊穿一席薄布時會發生的現象；網球會喪失部份速率，不過布料對網球順著布料方向的速度分量並不會產生影響。這項假設（如技術箚記二十七所示）得出前面引述之結果：網球在擊中屏幕之前、後階段與屏幕垂線夾角的正弦之比，乃是一個與角度無關的常數 n。儘管從笛卡兒的討論內容，我們很難看出這項結果，不過他肯定了解這項結果，因為他以一個合宜的 n 值，在他的彩虹理論（見下文討論）當中得出了一個多少稱得上正確的數值解答。

笛卡兒的推導有兩個地方顯然是錯了。首先，光顯然並不是網球，而空氣和水或玻璃的分界面，也不是薄布，所以這個類比的關連性令人起疑。特別就笛卡兒更應該如此，因為他認為光不同於網球，始終以無限高速來傳播。此外，笛卡兒的類比導出了一個錯誤的 n 值。就網球的情況（如技術箚記二十七所示），他的假設便意味著，n 等於網球穿越屏幕之後在介質 B 中的球速 v_B 與球擊中屏幕之前在介質 A 中的球速 v_A 之比。當然了，穿越屏幕會讓球速減緩，所以 v_B 小於 v_A，於是比值 n 也就小於 1。倘若把該值應用於光，則這也就表示，折射光線和界面垂線的夾角，必然大於入射光線與該垂線之夾角。笛卡兒知

道這點，甚至還提出一幅圖解，描繪出網球偏離垂線的彎折路徑。笛卡兒也知道這對光來講是錯誤的，因為起碼自從托勒密時代以來，觀測結果始終顯示，射入水中的光線都朝水面垂線方向彎折，所以 i 的正弦大於 r 的正弦，也因此 n 大於 1。笛卡兒有一段篇幅完全不知所云，在那段我無法理解的內容當中，他莫名其妙論稱光在水中比在空氣中更容易傳播，於是以光的情況，n 也就大於 1。就笛卡兒的論述目標而言，他對 n 值解釋不清也沒有關係，因為他可以根據實驗結果來求得 n 值，而且他也確實這樣做了（說不定還是採用了托勒密《光學》書中的數據），結果當然顯示 n 大於 1。

折射定律另有種比較令人信服的導算做法，由數學家皮埃爾・費馬（Pierre de Fermat, 1601－1665）提出，他沿用了亞歷山卓的希羅當初推導出反射作用等角法則所採方式，不過他還假定光線採最短時間路徑，而非最短距離路徑。這項假設（如技術箚記二十八所示）推導出了正確的公式，n 為介質 A 中光速對介質 B 中光速之比，也因此當 A 為空氣且 B 為玻璃或水之時，n 值也就大於 1。由於笛卡兒認為光是瞬間傳播，因此他永遠不可能從 n 導出這個公式。（我們到第十四章就會看到，惠更斯還以他的光擾動傳播理論為本，提出了另一種能得出正確結果的導算做法。惠更斯的光擾動傳播理論毋須仰賴費馬所提光線沿最短時間路徑行進的先驗假設。）

笛卡兒在他的《氣象學》（*Meteorology*）書中就折射定律的應用，提出一項出色的做法，他用上他的入射角和折射角的關係來解釋彩虹。這是笛卡兒在科學上的最高明表現。亞里斯多德便曾論稱，彩虹的色彩是陽光照射懸浮空中的水滴微粒經反射所生現象。還有，誠如我們在第九章和第十章所見，在中

世紀時期，法里西和弗萊堡的迪特里希都已經確認，彩虹的生成是肇因於光線進入並離開懸浮在空中的雨水微滴時的折射現象。然而在笛卡兒之前，並沒有人提出詳細定量描述來說明這是怎麼發生的。

笛卡兒首先進行一項實驗，他使用一個裝滿水的薄壁玻璃球來模擬雨滴。依他觀測結果，讓陽光光線依循種種不同方向射入玻璃球，則與入射方向約呈四十二度夾角射出的光線便為「完全紅色，而且亮麗程度非其餘部份所能比擬。」他歸結認為，觀看彩虹（或起碼其紅色邊緣）在天空畫出的弧，觀察時的視線方向和從彩虹到太陽的方向之間的夾角約為四十二度。笛卡兒假定光線進入水滴時因折射作用而彎折，接著從水滴背側面反射，最後從水滴回到空氣時又一次因折射作用而彎折。不過該如何解釋雨滴的這種性質，為什麼它優先以與入射方向呈四十二度左右的夾角將光線反射出來？

為回答這道問題，笛卡兒設想光線沿著十條不同的平行線射入球形水滴。他賦予這些光線的標號，如今稱為光線的撞擊參數 b（impact parameter b），也就是假使光線筆直射穿水滴，並沒有發生折射時，光線和水滴中心點所能貼近的最短距離。第一道射線的撞擊參數經選定為 b = 0.1R，也就是說，若無折射則該射線穿過水滴時，與其中心的最近距離相當於水滴半徑之百分之十，至於第十道射線的撞擊參數則經選定為 b = R，意思是射線會擦過水滴表面，其他居間射線則設定於兩者之間等距分布。笛卡兒使用歐幾里德和希羅提出的反射等角法則，以及他自己的折射定律，並設定水的折射率 n 為 4/3，計算出各道射線的路徑：首先射線進入水滴發生折射，經水滴背側面反射，接著離開水滴時再次折射。下表所示為笛卡兒為各射線求

得的出射射線與其入射方向之夾角 φ（phi），還有我使用相同折射率自行計算所得結果。

笛卡兒的結果有些並不準確，這可以歸咎於他那個時代所能運用的數學輔助工具之侷限所致。我不知道他手頭有沒有正弦表，他肯定沒有口袋型計算機一類的現代設備。儘管如此，倘若笛卡兒引用數據只精確到十角分尺度，而非角分等級，那麼他的判斷力就更顯得高明了。

笛卡兒也注意到，在相當寬廣的撞擊參數b值範圍內，射線的 φ 角都很接近四十度。接著他又重複計算了另外十八道緊密分布的射線之 φ 值。這些射線的b值都介於水滴半徑的百分之八十到百分之百之間，φ 值則為四十度左右。他發現那十八道射線當中有十四道的 φ 角是介於四十度和最大值41°30'之間。所以這些理論計算結果解釋了前面篇幅所提他的實驗觀測結果，也就是有個42°的優先角度。

技術箚記二十九呈現笛卡兒計算法的現代版本。我們並沒

b/R	φ（笛卡兒）	φ（重新計算得數）
0.1	5° 40'	5° 44'
0.2	11° 19'	11° 20'
0.3	17° 56'	17° 6'
0.4	22° 30'	22° 41'
0.5	27° 52'	28° 6'
0.6	32° 56'	33° 14'
0.7	37° 26'	37° 49'
0.8	40° 44'	41° 13'
0.9	40° 57'	41° 30'
1.0	13° 40'	14° 22'

有參照笛卡兒的做法，為一束光線所含各射線分別算出入射和出射射線之夾角 ϕ 的數值，而是導出了一則簡單的公式，以任意撞擊參數 b 和空氣中光速與水中光速之任意比值 n，來求出任意射線的 ϕ 角值。接著就使用這則公式來求得出射射線聚斂之 ϕ 值[3]。結果發現，當 n 等於 4/3，偏好的 ϕ 值（出射光線比較密集一些的狀況）就等於四十二度，和笛卡兒的發現相符。笛卡兒甚至還計算出第二道彩虹（霓虹）的對應角度，霓虹是光線在水滴中經歷兩度反射才出射所形成的副虹。

笛卡兒認為彩虹的特有分色現象，和稜鏡折射光線映現色彩之間存有連帶關係，不過他對兩項都沒辦法做定量處理，因為他不知道太陽發出的白光，是所有色彩光線組合而成，也不知道光線的折射率隨色彩不同而稍有高低落差。就這方面，笛卡兒取水的折射率為 4/3 ＝ 1.333 … 然而就典型紅光波長而言，這個數值實際上還比較接近 1.330，而藍光則比較接近 1.343。我們（使用技術箚記二十九導出的通用公式）發現，紅光的入射與出射射線之夾角 ϕ 的最大值為四十二點八度，而藍光則為四十點七度。因此當笛卡兒從與太陽光線方向呈四十二度夾角方位觀看他的裝水玻璃球時，才會看到明亮的紅光。那個 ϕ 角數值大於藍光能從裝水玻璃球出射的四十點七度最大值，因此從光譜藍端發出的光，無法射抵笛卡兒眼中；同時那個角度恰好略小於紅光 ϕ 角的最大值四十二點八度，因此（如本章第 249 頁註 3 所述，）這就會讓紅光顯得特別明亮。

笛卡兒的光學研究工作和現代物理學十分契合。笛卡兒大膽猜測，當光線照過兩介質分界面，舉止就像網球射穿一席薄幕，接著據此（並選定一個合宜的折射率 n）來推出入射角和折射角之間的與觀測結果相符的一種關係。接下來，他使用一

個裝滿水的玻璃球來模擬雨滴並進行觀察，結果提出了彩虹的一種可能成因，隨後他以數學證明，這些觀測結果，可以從他的折射理論推知。他並不明白彩虹的色彩是怎麼來的，所以他避開這個課題，只發表他懂得的事項。這大概也正是當今物理學家會採行的做法，不過除了數學的物理學應用，這一切和笛卡兒的《談談方法》又有什麼關係呢？我看不出絲毫跡象顯示他遵循他自己為「正確引導理性在各門科學上尋找真理」所制定的方法。

這裡還得補充一點，笛卡兒在他的《哲學原理》書中，對布里丹的衝力理念做出了一項重大的定性改良。他論稱，「所有運動就其本身而言都沿著直線進行，」所以（與亞里斯多德以及伽利略的說法相反，）行星體必須靠外力才能保持在它們的彎曲軌道上。然而笛卡兒並沒有試行計算這種力。我們在第十四章就會見到，這得留待惠更斯來計算物體以給定速率在給定半徑的圓上保持移行所需之力，還得留待牛頓來解釋這種力就是重力。

一六四九年，笛卡兒前往斯德哥爾摩擔任在位女王克莉絲蒂娜（Queen Christina）的教師。或許是由於瑞典天氣嚴寒，加上必須大清早起身面見克莉絲蒂娜，隔年笛卡兒就像培根一樣死於肺炎。十四年後，他的作品也像哥白尼和伽利略著作一樣，納入了羅馬天主教禁書目錄。

笛卡兒有關科學方法的著述備受哲學界關注，不過就科學研究實踐方面，我不認為那些作品產生了多大的正面影響（甚而就連前述笛卡兒自己最成功的科學著作也不例外）。他的作品倒是帶來了一個負面影響：它們推遲了法國對牛頓物理學的接受時間。《談談方法》書中提出了藉純粹推理來得出科學原

理的程序綱領，卻始終不曾奏效，也永遠不會起作用。惠更斯年輕時曾自詡為笛卡兒的追隨者，不過到後來他就漸漸明白，科學原理只是假設，必須拿原理之推論和觀測所得結果進行對照檢定。

　　就另一方面，從笛卡兒的光學著作可以看出，他也明白這種科學假設有時是必要的。勞倫斯・勞丹（Laurens Laudan）發現證據顯示，笛卡兒在《哲學原理》書中的化學討論篇幅，同樣展現了他就這點確有認識。這就引出了一個問題，有沒有任何科學家真正從笛卡兒那裡學到了做出假設供實驗檢定的實踐做法？勞丹認為波以耳就是個例子。就我個人所見，這種做假設的實踐做法，在笛卡兒之前已經廣為人知。不然我們又該如何說明伽利略的做法，他不就是先根據落體等加速假設，推斷拋射體依循拋物線路徑，接著再以實驗來檢定嗎？

　　根據理查・沃森（Richard Watson）寫的笛卡兒傳記所述，「沒有笛卡兒的方法來解析有形事物至它們的基本元素，我們就永遠發展不出原子彈。十七世紀現代科學的興起、十八世紀的啟蒙時代、十九世紀的工業革命，各位的二十世紀個人電腦，以及二十世紀破解大腦密碼──這一切都是笛卡兒的影響。」笛卡兒在數學上確實做出了重大貢獻，不過假想這任何一項令人欣羨的進步，完全是笛卡兒的科學方法著述帶來的，卻也未免荒謬可笑。

　　笛卡兒和培根不過是好幾個世紀以來，投身嘗試為科學研究制定規則的哲學家當中的兩個。結果始終不曾奏效。我們學會怎樣做科學並不是靠制定如何做科學的規則，而是憑藉親身體驗做科學研究，接著當我們的做法成功解釋某些現象，心中便湧現歡欣喜樂，這種成就欲求，便是科學研究的驅動力量。

註：

1　笛卡兒拿光和剛硬棍子相提並論，推動棍子一端時，另一端瞬間就開始移動。他就棍子的這種看法也錯了，不過箇中道理他在當時是不會知道的。推動棍子一端時，另一端起初並不會發生任何事情，直到一陣壓縮波（基本上就是種聲波）從棍子的一端傳到另一端。棍子剛性愈強，這種現象的速率也隨之提增，不過愛因斯坦的狹義相對論並不容許有任何完全剛硬的事物；任何波動的速率都不可能高於光速。笛卡兒的這種對照用法，請參見彼得・蓋里森（Peter Galison）一九八四年論文討論內容：〈笛卡兒的對照比較：從無形到有形〉（Descartes Comparisons: From the Invisible to the Visible），*Isis* 75, 311 (1984)。

2　請回顧，一角的正弦等於直角三角形之該角對邊除以三角形的斜邊。隨角度從零度增大到九十度，正弦也隨之加大，且當角度較小時，兩數值便呈正比，隨角度增大，正弦增長也同時趨緩。

3　實際做法是求出一個 b/R 值，使 b 值之無窮小改變並不會導致 ϕ 值改變，因而在該 ϕ 值處，ϕ 對 b/R 之圖形呈平直。這就是 ϕ 角達到最大值處的 b/R 值。（任意上升到最大值之後便再次降低的平滑曲線，好比 ϕ 對 b/R 所呈圖形，在其最大值處肯定都是平直的。若曲線某點不位於平坦處，該點就不可能是最大值，因為倘若曲線某點的左、右側向上升，則其左方或右方肯定有位置更高的點。）就 ϕ 對 b/R 之圖形接近平坦的曲線範圍來講，當我們改變 b/R 時，其 ϕ 值只會緩慢變動，所以會有比較多射線的 ϕ 值位於這個範圍裡面。

第十四章 | 牛頓集大成

　　談到牛頓，我們也來到了科學革命的頂點。不過扮演這個歷史性角色的人物，竟是這般古怪的一個人！牛頓一輩子不曾離開英格蘭，而且只侷限於倫敦、劍橋和他的林肯郡（Lincolnshire）出生地連線這一片狹長地帶，甚至他連海都沒見過，即便他對大海潮汐十分感興趣。中年之前，他從來沒有接近過任何女人，甚至包括他的母親[1]。他對於好些與科學幾無絲毫關係的事物深自沈迷，好比舊約《聖經》〈但以理書〉的年表。一九三六年，蘇富比拍賣一部牛頓手稿目錄，裡面列出六十五萬字談煉金術，一百三十萬字談宗教。對待潛在競爭者，牛頓會表現出狡猾、卑劣舉止。然而他把物理學、天文學和數學結合在一起，釐清了這三門學問之間的關係，也解決了自柏拉圖以來的哲學家苦思不得其解的難題。

　　論述牛頓的作家有時強調，他並不是個現代科學家。就這方面的最著名說法出自約翰·凱因斯（John Maynard Keynes）的論述（一九三六年蘇富比拍賣會上的牛頓論文，部份就由他買下）：「牛頓不是理性時代的第一人。他是最後一位魔術師，最後一位巴比倫人和蘇美人，最後一位以遠不足萬年之前才開始建立我們智識傳承之先祖眼界，來眺望可以望見之智識世界的末代偉人。」[2] 不過牛頓並不是神祕過往的天才餘緒。他不是魔術師，也不完全是現代科學家，他跨足過往自然哲學和後來的現代科學的接壤疆界。牛頓的成就，排除他的觀點和個人舉止，為所有後續科學樹立了一個可供依循走向現代的範式。

一六四二年聖誕節，以撒・牛頓（Isaac Newton）生於林肯郡一個家庭農莊，伍爾索普莊園（Woolsthorpe Manor）。他的父親是個目不識丁的自耕農，在牛頓誕生之前不久過世。他的母親出身較高社會地位，屬於上流階層，而且有個兄弟畢業自劍橋大學，後來擔任神職。牛頓三歲時，母親改嫁並離開伍爾索普，把他留給外婆撫養。十歲時，牛頓進入伍爾索普八英里外，只有一間教室的格蘭瑟姆（Grantham）國王學校就讀，並住進那裡一位藥師家中。他在格蘭瑟姆學習拉丁文和神學，算術和幾何，以及一點希臘文和希伯萊文。

十七歲時，牛頓被召喚回家肩起務農職責，結果發現他並不適合做這些事情。兩年之後，他以減費生（sizar）身分被送進劍橋大學三一學院（Trinity College），意思是他可以憑自己的勞力，為學院教職員或付得起費用的學生提供服務，賺錢來支付學費和膳宿費用。就像伽利略在比薩的前例，他在受教前期學習亞里斯多德學說，不久之後他就轉而專注自己的興趣。大學第二年，他開始持續記筆記，命名為《哲學問題》（*Questiones quandam philosophicae*），寫在先前用來註記亞里斯多德學說心得的一本筆記簿上，所幸該筆記簿留存至今。

一六六三年十二月，劍橋大學收到國會議員亨利・盧卡斯（Henry Lucas）的一筆捐款，設立了一個數學教授職位，稱為盧卡斯講座（Lucasian chair），年俸一百英鎊。從一六六四年起，劍橋第一位數學教授，比牛頓年長十二歲的以撒・巴羅（Isaac Barrow）坐上該講座席位。大約就在那時，牛頓也開始投入他的數學研究，部份從巴羅學習，部份自學進修，並得到他的文學士學位。一六六五年，瘟疫蔓延到劍橋，大學大半關閉，牛頓回到伍爾索普家中。從一六六四年起那幾年期間，牛

頓展開他的科學研究，箇中內情見後文說明。

一六六七年，牛頓回到劍橋，獲選為三一學院研究員；該職位年俸兩英鎊，還能自由使用學院圖書館。他和巴羅密切合作，幫忙巴羅預備他的書面講稿。接著在一六六九年，巴羅辭去盧卡斯講座，全心奉獻於神學。經巴羅建議，講座由牛頓接任。牛頓在母親資助下，生活寬裕了，買新衣，購置家具，還小玩博奕。

稍早之前，就在斯圖亞特王朝一六六〇年復辟過後不久，包括波以耳、虎克和天文學家暨建築師克里斯托佛·雷恩（Christopher Wren）在內的幾位倫敦人，共同籌設了一個學會，成員聚會討論自然哲學並觀察實驗。起初學會只有一位外國會員，惠更斯。學會在一六六二年獲皇家特許命名為倫敦皇家學會（Royal Society of London），迄今依然是英國的國家科學院。一六七二年，牛頓獲選為皇家學會會員，隨後更當上了主席。

一六七五年，牛頓遇上危機。任職研究員八年之後，按照劍橋大學規定，所屬學院研究員到這時就應該領受英格蘭國教會聖秩。這就表示他必須宣誓信仰三位一體的教義，然而這對牛頓是完全辦不到的，因為他拒絕接受尼西亞大公會議（Council of Nicaea）有關聖子和聖父同質的結論。所幸盧卡斯講座的設立條款裡面包含一項規定，要求擔任教席者不得積極參與教會活動，據此英王查理二世（King Charles II）同意所請並敕令盧卡斯講座教授從此毋須領受聖秩。於是牛頓才得以繼續待在劍橋。

現在我們就來探究一六六四年牛頓在劍橋開始的偉大研究。他的研究重心主要擺在光學、數學以及後人所稱的動力

學。他在這三個領域當中任一方面的成果，都足夠讓他名列史上最偉大科學家之林。

牛頓的主要實驗成就牽涉到光學方面[3]。他的大學學習筆記《哲學問題》顯示他已經開始關注光的本質。牛頓所得結論與笛卡兒的相反，他認為光並不是加給眼睛的壓力，因為倘若是的話，那麼我們奔跑時，天空看來就會比較明亮。一六六五年，牛頓在伍爾索普逗留期間，發展出他的最偉大光學貢獻，他的色彩理論。自古以來大家都知道，光通過曲面玻璃片時會映現色彩，不過大家一般都認為，這些色彩是玻璃因故生成的。牛頓則推測，白光是由所有色彩共組而成，玻璃或水的折射角度，小部份取決於色彩類別，紅光的彎折程度略小於藍光，所以光通過稜鏡或雨滴時，色彩就區分開來了[4]。這就能解釋笛卡兒未能了解的事項，說明彩虹為什麼映現色彩。為測試這個想法，牛頓進行了兩項決定性實驗。首先，他用一塊稜鏡生成藍、紅色分離光，接著引導這兩道射線分別射向其他稜鏡，結果發現這就不再散射出不同色彩的光。接下來，他巧妙列置稜鏡，設法將白光折射生成的所有不同色光重行組合，結果發現，這所有色彩組合起來就生成白光。

折射角對色彩的依賴性帶來一個不幸的後果，望遠鏡裡面裝的玻璃透鏡，好比伽利略、克卜勒和惠更斯使用的透鏡，對白光所含不同色彩各具不同聚焦表現，導致遠方物體的影像變得模糊。為避免這種色差現象，牛頓在一六六九年發明了一款望遠鏡，使用一片曲面鏡而非玻璃透鏡來做初步聚焦。（接著光線經一片平面鏡偏轉射出望遠鏡，進入接目鏡，因此他並沒有把色差完全消除。）牛頓使用一架只有六英吋長的反射式望遠鏡，就能夠達成四十倍放大率。如今所有主要的天文用聚光

望遠鏡，全都屬於牛頓發明反射式望遠鏡的後代。我第一次前往皇家學會當今所在地卡爾頓府聯排（Carlton House Terrace）拜訪時，他們招待我進入地下室參觀牛頓的小望遠鏡，那是他製造的第二架。

　　一六七一年，皇家學會祕書和精神領袖亨利‧奧爾登堡（Henry Oldenburg）邀請牛頓發表一篇描述他的望遠鏡的文章。牛頓在一六七二年年初向《皇家學會哲學會刊》（*Philosophical Transactions of the Royal Society*）投遞一篇描述望遠鏡的通信，這篇文章掀起一場論戰，爭辯牛頓作品的原創性和重要性，其中尤以和虎克的紛爭更為嚴重。虎克從一六六二年起就擔任皇家學會的實驗負責人，並於一六六四年接受約翰‧卡特勒（John Cutler）爵士任命為講師迄至當時。虎克可不好對付，他就天文學、顯微鏡、鐘錶製作、力學和都市規劃各領域都做出重大貢獻。虎克宣稱牛頓完成的光實驗他早都做過，而且結果證明不了什麼東西─色彩完全就是稜鏡為白光添加上去的。

　　一六七五年，牛頓在倫敦講述他的光學理論。他推測，光就像物質，也是以許多小粒子組成──這和約略同時由虎克和惠更斯所提光是一種波的觀點相反。這是牛頓在科學判斷上的一次失誤。許多觀測結果都顯示光具有波性質，就連牛頓所處時代亦然。沒錯，現代量子力學把光描述成一種號稱「光子」之無質量粒子的系集（ensemble），然而由於我們日常經驗中見到的光所含光子數量十分龐大，因此光確實表現出波的舉止。

　　在一六七八年出版的《光論》書中，惠更斯把光描述為「以太」介質中的一種擾動波，以太由為數龐大的微小物質顆粒組成，這些顆粒彼此密切貼近，而且就像深層水中的海浪，在洋面移動的並不是海水，而是海水的擾動，相同道理，在惠

更斯的理論中，沿著光線移動的是以太所含粒子的擾動波浪，而非粒子本身。每顆受擾動的粒子都化為新的擾動根源，對波的總體振幅做出貢獻。當然了，自從詹姆斯．馬克士威（James Clerk Maxwell）在十九世紀提出研究成果以來，我們已經知道（就算不考慮量子效應），惠更斯只對了一半——光是一種波，不過是電場和磁場的一種擾動波，並非物質粒子的擾動波。

惠更斯使用這種光的波動理論得出了一項結果，他認為光在均勻介質（或空無空間）中彷彿沿直線傳播，因為唯有沿著直線行進，所有受擾動粒子才會相互疊加並有效產生波動。他為反射等角規則和司乃耳折射定律提出了一項新的導算結果，而且毋須仰賴費馬有關光線採行最短時間路徑的先驗假設。（見技術箚記三十。）在惠更斯的折射理論中，光線以斜角穿透分具不等光速之兩介質分界面時，其彎折方式就很像是一列士兵行軍時隊伍前沿進入沼澤地形時的變化情形，因為這時行軍速度就會減慢。

這裡稍微偏離主題，惠更斯的波動理論有個先決要素，光是以有限速率行進，這違背了笛卡兒的想法。惠更斯論稱，由於光傳播得十分迅速，這種有限速率所生影響很難觀測得到。舉例來說，假使光必須花一個小時才能跨越從地球到月球的距離，那麼遇上月食時，我們見到的月球就不會位於太陽的正對面，而是落後了約三十三度。既然我們沒有見到落後現象，惠更斯歸結認定光速肯定至少達聲速的十萬倍。這是正確的；實際比率是約為百萬倍。

惠更斯接著就著手描述丹麥天文學家奧勒．羅默（Ole Rømer）新近完成的木星衛星觀測結果。這些觀測結果顯示，木衛一的公轉週期在地球和木星彼此靠近時看來較短，兩行

星彼此遠離時就顯得較長。（專注觀測木衛一是由於，在木星的伽利略衛星當中，它的軌道週期是最短的一顆──只有1.77天。）惠更斯就此現象提出的解釋後來稱為「都卜勒效應」：當木星和地球靠近聚攏或彼此分離，它們的相隔距離在木衛一依次完成整個公轉週期時都分別縮短或拉長，所以假使光是以有限速率傳播，則觀測得出的木衛一完整週期時段，就應該分別短於或長於木星和地球靜止時所得時段。具體而言，木衛一視週期的分率變動，應該等於木星和地球沿彼此連線方向之相對速率與光速之比，且當木星與地球彼此遠離時，此相對速率為正，相互聚攏時則為負。（見技術筆記三十一。）完成了木衛一週期視變化的測定，並得知地球和木星的相對速率之後，接著我們就能動手計算光速。由於地球遠比木星移動得更快，因此相對速率主要得看地球的速度來決定。在那個時代還不清楚太陽系有多大，所以也沒有地球和木星的相對分離速度數值，不過使用羅默的資料，惠更斯仍得以算出，光線需時十一分鐘才能跨越相當於地球軌道半徑的距離，得出這項結果並不必先知道軌道大小。換個說法，既然距離的天文單位定義為地球軌道的平均半徑，則惠更斯得出的光速便為每十一分鐘一天文單位。現代數值為每八點三二分鐘一個天文單位。

　　當時已經有實驗找出光的波本質證據，牛頓和惠更斯對此也應該有所認識：繞射現象由波隆那耶穌會教士，里喬利的弟子弗朗切斯科・格里馬爾迪（Francesco Maria Grimaldi）發現，隨後於一六六五年他死後發表。格里馬爾迪發現，不透光的細窄棍子在陽光下的影子並不完全清晰，邊緣出現了一些條紋。邊緣之所以出現條紋，原因在於光的波長和棍子粗細相比並不能忽略不計，不過牛頓主張，條紋其實是棍子表面出現某種折

射所致。十九世紀初，托馬斯・楊（Thomas Young）發現了干涉現象，也就是沿著不同路徑抵達特定定點的光波的相互增強、取消模式，從此以後，就多數物理學家看來，光是種微粒或是種波的課題已經塵埃落定。前面已經提到，二十世紀業已發現，這兩種觀點並非互不相容。愛因斯坦在一九〇五年意識到，儘管在多數情況下，光都表現出波的舉止，光所含能量卻呈小封包樣式，後來這就稱為光子，這種封包各攜帶與光的頻率成正比的微弱能量和動量。

最後牛頓終於在一六九〇年代早期（以英文）寫成《光學》（*Opticks*）著作，介紹了他的光學研究成果。書本在一七〇四年出版，那時他早已成名。

牛頓不只是位偉大的物理學家，也是個很有創意的數學家。他在一六六四年開始閱讀數學著述，包括歐幾里得的《幾何原本》和笛卡兒的《幾何》（*Geometrie*）。不久之後，他就開始求出種種不同問題的解，其中許多都牽涉到無窮。舉例來說，他投入鑽研諸如 $x - x^2/2 + x^3/3 - x^4/4 + \cdots\cdots$ 等無窮極數，並證明其累加和等於 $1+x$ 的對數[5]。

一六六五年，牛頓開始思索無窮小。他著手處理一道問題：假定我們知道在任意時間區間 t 行進的距離 D(t)；則我們如何求出任意時刻的速度？他推斷，非等速運動在任意瞬間的速度，即是該瞬間無窮小時間區間內行進的距離與時間區間之比值。牛頓引進符號 o 來代表無窮小時間區間，並定義時間 t 的速度為在時間 t 和時間 t＋o 之間所移行的距離與 o 之比，也就是說，速度等於 $[D(t+o) - D(t)]/o$。舉例來說，倘若 $D(t) = t^3$，則 $D(t+o) = t^3 + 3t^2 o + 3to^2 + o^3$。由於 o 無窮小，因此我們可以忽略與 o^2 和 o^3 成正比的項，取 $D(t+o) = t^3 + 3t^2 o$，於是

$D(t + o) - D(t) = 3t^2o$，並得出速度恰為 $3t^2$。牛頓把這個叫做 $D(t)$ 的「流數」（fluxion），不過後人改稱之為「導數」，成為現代微分法的基本工具[6]。

接著牛頓開始鑽研以曲線為界之範圍的面積問題。他的答案就是微積分的基本定理；必須求出一個以描述該曲線之函數為流數之量值。舉例來說，前面我們已經見到，$3x^2$ 是 x^3 的流數，因此位於拋物線 $y = 3x^2$ 以下且介於 $x = 0$ 和其他任意 x 之間的面積就是 x^3。這種做法牛頓稱之為「反流數法」，不過後人則稱之為「積分」程序。

牛頓發明了微分學和積分學，合稱微積分學，不過在很長一段時間，這項成果始終沒有廣泛流傳。到了一六七一年年底，他決定連同他的一份光學研究論述一道出版，然而顯然倫敦沒有哪位書商願意在沒有高額補貼情況下出版該書。

一六六九年，巴羅將牛頓著《運用無窮多項方程的分析學》（*De analysi per aequationes numero terminorum infinitas*）一份手稿贈與數學家約翰・柯林斯（John Collins）。一六七六年，柯林斯往訪倫敦，當時哲學家暨數學家哥特佛萊德・萊布尼茲（Gottfried Wilhelm Leibniz）見到了柯林斯自行抄錄的一份副本。萊布尼茲曾師事惠更斯，年紀比牛頓小了幾歲，先前一年獨立發現了微積分的基本要點。一六七六年，牛頓在寫給萊布尼茲的一些信函中透露他本人的部份結果。萊布尼茲在一六八四年和一六八五年發表兩篇論文，敘述他的微積分成果，卻沒有認可牛頓的研究。在這些出版著作當中，萊布尼茲引進了「微積分」一詞，並提出了現代微積分標記法，包括積分符號 $\int$。

為確立他的微積分發明人地位，牛頓在兩篇文章中描述他

自己的做法，並納入一七〇四年版《光學》書中。一七〇五年一月，《光學》的匿名評論暗示，這些做法是得自萊布尼茲。就如牛頓的猜想，這篇評論正是萊布尼茲寫的。接下來，一七〇九年號《皇家學會哲學會刊》刊出了一篇約翰·凱爾（John Keill）捍衛牛頓優先發現權的論文，於是萊布尼茲在一七一一年向皇家學會回以一紙憤怒抱怨。一七一二年，皇家學會召集一個匿名委員會來調查這起爭議。兩個世紀之後，委員會成員名單公佈，結果發現，他們幾乎全都是牛頓的支持者。一七一五年，委員會提交報告表示牛頓應享有微積分發現人榮耀。這份報告是由牛頓為委員會起草。接著還就那篇報告出現了一篇匿名評論，支持所提結論，而那篇評論也是牛頓寫的。

當代學者研判，萊布尼茲和牛頓分別獨立發現了微積分。牛頓比萊布尼茲早了十年完成這項發現，不過萊布尼茲率先發表成果，也理當享有高度榮耀。相形之下，除了一開始在一六七一年費心尋找出版商，想要發表他的微積分專論之外，此後牛頓就任令這份成果束之高閣，直到他被迫面對和萊布尼茲的公開論爭。一般來講，決定發表是科學發現歷程的一個關鍵元素。這代表作者判定這項研究成果是正確的，已經可以供其他科學家使用。基於這項原因，如今一般把科學發現的榮耀，歸於頭一個發表的人。儘管萊布尼茲是頭一位發表微積分相關論文的人，然而底下我們就會看到，最早應用微積分來解答科學問題的人卻是牛頓，並不是萊布尼茲。萊布尼茲和笛卡兒同樣是偉大的數學家，在哲學方面開創了廣受景仰的成就，不過就自然科學方面，他並沒有做出重大貢獻。

為自然科學帶來最深遠歷史影響的是牛頓的運動理論和重力理論。引動物體朝地球墜落的重力隨著物體與地表相隔距

離拉長而減弱，這個觀念已經歷時久遠。這點在第九世紀已經由一位愛爾蘭僧侶鄧斯‧司各脫（Duns Scotus，即裘安納‧艾儒吉納〔Johannes Scotus Erigena〕或「蘇格蘭人約翰」〔John the Scot〕）提出，不過他並沒有指出這種力和行星運動也許存有任何關連性。讓行星保持在自己軌道上的力，強度和行星與太陽相隔距離之平方成反比，最早提出這項觀點的人，或許是法國神父伊斯梅爾‧布利奧杜（Ismaël Bullialdus），後來他的論述經牛頓引用，而他也獲選進入皇家學會。不過最後是牛頓提出令人信服的說詞，並將這種力和重力連繫在一起。

　　約五十年過後，牛頓描述了他如何開始投入重力研究。即便他的陳述需要許多解釋，我覺得仍有必要在這裡引述，因為這是牛頓親自撰述來描述這個看似文明史轉捩點的事件。根據牛頓所述，那是發生在一六六六年：

　　（在發現了如何估算在一球內旋轉的〔一個〕球體對球面的施力強度之後，）我開始想到重力會延伸至月球軌道，且基於克卜勒的行星之週期時間與它們和各自軌道中心距離之一又二分之一次方成正比的規則，我推斷讓行星保持在它們軌道上的力，必定與它們和公轉中心相隔距離之平方成反比，由此我還拿月球在它軌道上的運行與地球表面上的重力做了比較，結果發現兩項答案相當接近。這一切〔包括作者的無窮級數和微積分研究〕都發生在瘟疫肆虐的一六六五至一六六六年兩年期間。因為那段日子是我的發明盛年，對數學與哲學的關注，超過此後的任何時期。

前面我就說了，這需要一些說明。

首先，牛頓的括號「發現了如何估算在一球內旋轉的〔一個〕球體對球面的施力強度」指的是離心力的計算，這項計算約一六五九年已經由惠更斯完成（牛頓大概不知道這點）。對惠更斯和牛頓（還有對我們）來講，加速度不只是用來指明單位時間間隔內之速度變化現象的數值，它的定義還更寬廣；加速度是個「定向」的數量，指出了在每單位時間間隔內，速度的方向和大小之變化。進行圓周運動時，就算是以等速率行進，依然有個加速度作用——這就是「向心加速度」，包含一種不斷朝圓心調整方向的轉動作用。惠更斯和牛頓的結論是，當物體以等速率 v 環繞一半徑為 r 的圓圈繞行時，其實是不斷朝向圓心加速，且其加速度為 v^2/r，因此讓物體保持在圓圈上運動，不沿直線飛離進入太空的力，便與 v^2/r 成正比。（見技術箚記三十二。）這種向心加速度會感受到的抗力，就是惠更斯所說的離心力，好比把重物綁在繩索末端並繞圈揮舞。就該重物而言，離心力會受到繩索張力的抗拒。不過行星並沒有繩索把它們綁上太陽。那麼行星是以什麼作用來抵抗它以近圓形環繞太陽運行所產生的離心力？底下我們就會見到，這道問題的答案，促使牛頓發現了重力的平方反比定律。

接下來，牛頓所說的「克卜勒的行星之週期時間與它們和各自軌道中心距離之一又二分之一次方成正比的規則」指的就是我們如今所說的克卜勒第三定律：行星在其軌道上的運行週期的平方與其軌道平均半徑的立方成正比，換句話說，週期和平均半徑的 3/2 次方（一又二分之一次方）成正比[7]。以速率 v 環繞半徑 r 之圓周運行的物體的週期是周長 $2\pi r$ 除以速率 v，所以就圓形軌道而論，克卜勒的第三定律告訴我們，r^2/v^2 和 r^3 成正比，也因此其倒數也成正比：v^2/r^2 和 $1/r^3$ 成正比。接著可以

推知，讓行星保持在軌道上的力──前面說過它與 v^2/r 成正比──必然與 $1/r^2$ 成正比。這就是重力的平方反比定律。

　　這本身或可以看成對克卜勒第三定律的重新陳述。牛頓思索行星時，完全沒有把讓行星保持在它們軌道上的力，和我們在地表經常體驗的重力相關現象扯上任何關連。這種關連性在牛頓思索月球時才提出。牛頓表示，他「拿月球在它軌道上的運行與地球表面上的重力做了比較，結果發現兩項答案相當接近」，這顯示他計算出了月球的向心加速度，並發現它小於地球表面落體的加速度，且兩邊落差之比值，恰與根據「加速度與到地心距離的平方成反比」之假設所得出的預期比值相符。

　　明確而言，牛頓將（經由對月球週日視差的觀測而廣為人知的）月球軌道半徑設定為地球半徑的六十倍；實際數值約等於地球半徑的60.2倍。他用地球半徑的粗估值[8]，算出了月球軌道半徑的粗略值，同時已知月球繞行地球公轉的恆星週期是27.3天，據此他就能估計出月球的速度，接著再由此算出月球的向心加速度。結果發現，這個加速度小於地球表面落體的加速度，且其比值等於 $1/(60)^2$（這是非常粗略的結果），這時假定讓月球保持在它軌道上的力，和吸引物體留在地球表面的力是相等的，不過以平方反比定律減弱，則得出的值也正該等於 $1/(60)^2$。（見技術箚記三十三。）牛頓表示他發現力的「答案相當接近」，指的就是這點。

　　這是科學界踏向天地大一統的最高潮階段。哥白尼把地球擺在行星群間，第谷證明天空也有變化，伽利略則看出月球表面和地球表面同樣也是高低崎嶇，不過這些沒有一項把行星的運動和地球上能觀測到的力連繫在一起。笛卡兒曾嘗試把太陽系的運動理解為以太渦旋所生結果，和地球上一池水中的渦

旋不無相仿。不過他的理論並沒有成功。如今牛頓已經證明，讓月球保持在其軌道上繞地運行的力，以及讓行星保持在它們的軌道上繞日運行的力，其實都等同於在林肯郡讓蘋果墜落地表的重力，也全部受了相同的數量化定律所支配。從此以後，天地之間的差異；從亞里斯多德時代起就束縛物理學猜測的分野，就必須永遠棄置了。不過這和萬有引力原理還有有很大的落差，那組原理斷言，宇宙間一切物體，不只地球和太陽，全都相互吸引，且該引力大小和雙方距離的平方成反比。

牛頓的論據依然存有四大漏洞：

1. 牛頓拿月球的向心加速度和地球表面的落體加速度做了比對，他假設產生這些加速度的力，和距離平方成反比，不過這是指和哪裡的相隔距離？這對月球的運動來講沒什麼差別，因為月球和地球相隔遙遠，以月球的運動來看，地球幾乎就相當於一個點粒子。不過就林肯郡墜落地面的蘋果看來，地球是從幾英尺之外的樹根，延伸到位於地球背側相隔八千英里外的某一點。牛頓假定認為，地表附近任意物體的下墜現象，和該落體與地心的距離有關，不過這點並不是那麼顯而易見。

2. 牛頓對克卜勒第三定律的解釋，忽略了行星之間存有明顯差異。不知道為什麼，儘管木星比水星大得多，看來卻是無關緊要；兩顆行星的向心加速度的差異，只取決於它們與太陽的距離而定。更引人注目的是，牛頓拿月球向心加速度和地球表面落體加速度的對照比較，忽略了月球和蘋果一類落體之間的巨大差異，這樣的差異怎麼會無關緊要呢？

3. 牛頓在他註記為一六六五至一六六六年間完成的研究當中，就克卜勒的第三定律提出詮釋，他表示該定律說明，不同

行星的向心加速度乘上各自與太陽相隔距離之平方，所得乘積全都相等。然而這個共通乘積數值，卻完全不等於月球向心加速度乘上月球與地球相隔距離之平方所得乘積；該數值還要大上許多。這個差異是怎麼造成的？

4. 最後，在這項研究中，牛頓設定諸行星繞行太陽和月球繞行地球的軌道，全都是圓形的，而且是以等速率運行。然而克卜勒早就表明，軌道並非完全圓形，而是橢圓形的，還說太陽和地球都不是位於橢圓的中心，而且月球和行星的速率只是近乎恆定。

牛頓在一六六六年之後的數年期間，費力解決這些問題。同時，其他人也漸漸得出了和牛頓所得雷同的結論。一六七九年，牛頓的宿敵虎克發表了他的卡特勒講座教學講義，內容也包含了有關運動和重力方面的理念提示，不過他並沒有從數學入手。

首先，不論哪種天體全都有趨向其本身中心之吸引力或重力，以這種力它們不只吸引其本身的組成部份，讓各部份不從自身飛離，這也就如同我們觀察地球所見狀態，同時這種力還會吸引位於它們作用範圍內的其他所有天體──第二項設想是，不論哪種已經處於一種逕直、單純運動的物體，都會沿著直線繼續向前移動，直到它們受到其他有效力量的作用，偏斜轉向形成一種描畫出圓、橢圓或其他較偏複合式曲線的運動。第三項設想是，這些吸引力的運作強弱程度，取決於受作用物體和它們自己的中心靠得多近而定。

虎克寫信給牛頓，討論他的這些猜想，其中也包括平方反比定律。牛頓不予理會，只答道，他從沒有聽說過虎克的研究，還說必須用上「不可分割法」（也就是微積分）才能了解行星運動。

接著在一六八四年八月，牛頓在劍橋接待了天文學家愛德蒙・哈雷（Edmund Halley）來訪，這是一次重要之極的會面。就像牛頓和虎克還有雷恩，哈雷也看出重力平方反比定律和有關圓形軌道的克卜勒第三定律之間的關連性。哈雷詢問牛頓，當物體受到強度與距離平方成反比的力量影響，則其運行軌道的實際形狀為何。牛頓回答表示，軌道應該是橢圓形的，還答應寄來一份證明。當年稍後，牛頓交出了一份十頁文稿，篇名為《論天體的運動》（*On the Motion of Bodies in Orbit*），內容闡釋如何處理物體在指向一中心物體之力的影像下的一般運動。

三年之後，皇家學會出版了牛頓的《自然哲學的數學原理》（*Philosophiae Naturalis Principia Mathematica*），這本書無疑是物理科學史上的最重要著作。

現代物理學家翻閱《原理》一書時或許會感到驚訝，怎麼它和今天的物理學著述這麼不相像。裡面有許多幾何圖解，卻沒有幾則方程式。看起來彷彿是牛頓忘了他自己開發出的微積分。其實並不真是如此。從他的許多圖解都能看到假想為變得無窮小或無窮多的特徵。舉例來說，在說明克卜勒的等面積法則適用於任意朝向固定中心的力之時，牛頓設想行星會接收到無窮多朝向中心的推動力，且各力都與下一陣力區隔了無窮短暫的時間間隔。這正是如今不只變得很體面，而且能以微積分通用公式來快速、簡便地求解的那種計算法，然而在《原理》書中，卻完全找不到這類通用公式露面。牛頓在《原理》中討

論的數學，和阿基米德用來計算圓形面積的做法以及克卜勒曾用來計算酒桶容積的算法，都沒有太大的差別。

《原理》的風格讓讀者想起歐幾里得的《幾何原本》。兩書都從定義入手：

定義 I
物質之量是根源自其密度和體積的綜合物質測度。

這裡「物質之量」英文寫做「quantity of matter」，譯自牛頓的拉丁用詞massa，今人稱之為「質量」（mass）。這裡牛頓把它定義為密度與體積之乘積。儘管牛頓並沒有定義密度，他的質量定義依然很有用，因為讀者理所當然會認為，以相同物質（好比特定溫度的鐵）組成的物體，具有相同的密度。誠如阿基米德所述，比重測定能得出物體相對於水的密度值。牛頓指出，我們從物體的重量測定該物體的質量，不過他並沒有把質量和重量混為一談。

定義 II
運動之量是根源自速度和物質之量的綜合運動測度。

牛頓所稱的「運動之量」今人稱之為「動量」（momentum）。這裡牛頓把它定義為速度與質量之乘積。

定義 III
物質內在之力（*vis insita*）是所有物體儘量維持其靜止或等速直線運動狀態的抵抗力。

牛頓繼續解釋這種力根源自物體的質量，同時它「從任何方面都與質量的慣性毫無二致。」質量也扮演抵抗運動中變化的角色，這種能力數值如今我們有時也特別稱之為「慣性質量」（inertial mass）。

定義IV
外加力指施加於一物體上以改變其靜止或等速直線運動狀態的作用。

這是對力的一般概念的定義，卻仍未道出我們心中認定某特定力或應具有的數值代表什麼意義。定義 V 至 VIII繼續定義向心加速度與其性質。

定義之後有一個注疏，或就是註解，其中牛頓並沒有定義空間和時間，只提出了一段描述：

I 絕對的、真實的、數學的時間，就其本身與關乎其本身，以及就其本身性質而言，都與外界任何事物無關，只逕自一致地流逝……
II 絕對的空間，依其本身性質與外界任何事物無關，始終保持同質且不可變動。

萊布尼茲和喬治·柏克萊（George Berkeley）主教都批評這種時間和空間的觀點，指稱在空間和時間中，只有相對位置才具有意義。牛頓在這則注疏中肯定表示，我們通常都只處理相對位置和相對速度，不過如今他有了一種操作絕對空間的新手段

——在牛頓力學中，加速度（有別於位置和速度）具有一種絕對的含義。它怎麼可能不是這樣？從日常經驗就能知道，加速度是有作用的；我們毋須詢問，「加速度是相對於什麼？」當搭乘的汽車猛然加速，我們就會感受到一股推力把我們壓向椅背，於是不管是否從車窗向外看，我們都能知道車子正在加速。等一下我們就會見到，萊布尼茲和牛頓的空間和時間觀點，到了二十世紀就由廣義相對論融通調合。

接下來牛頓著名的運動三定律終於現身：

定律 I：
除非遭受外力驅迫改變狀態，否則所有物體都會保持靜止或做等速直線向前運動。

這一點伽桑迪（Gassendi）和惠更斯都早已知道。不清楚牛頓為什麼要費心把它納入為單獨一條定律，因為第一定律是可以從第二定律輕鬆推知（不過也很重要）的必然結果。

定律 II
運動的變化和外加推動力成正比，且沿著該外力施加方向直線作用。

這裡牛頓所稱「運動的變化」意指動量的變化，他在定義 II 中稱動量為運動之量。實際上這就是與力成正比的動量變化率。依照慣例，我們定義力的度量單位時，也讓動量的變化率實際上就等於力。既然動量等於質量乘以速度，則其變化率也就等於質量乘以加速度。因此，牛頓的第二定律就表示，質量乘以

加速度等於產生該加速度的力。不過著名的公式 $F = ma$ 並沒有出現在《原理》書中；第二定律的這種表述方式，直到第十八世紀才由歐陸數學家採用。

定律 III

對任何作用都有一個大小相等，方向相反的反作用；換句話說，兩物體的相互作用都是大小相等，而且總是方向相反的。

接著牛頓秉持真正的幾何風格，進一步從這些定律導出系列推論。其中尤以推論 III 更值得注意，動量守恆定律便出自這則推論。（見技術箚記三十四。）

談完定義、定律和推論之後，牛頓開始在《原理》第一卷中推導出它們的必然結果。他證明連心力（central force）（作用方向指向單一中心點的力）能夠，而且唯有連心力能夠，促使物體產生在相等時間掃過相等面積的運動，也證明連心力與距離的平方成反比，而且唯有這種連心力能產生圓錐截線運動，這可以是圓形、橢圓形、拋物線或雙曲線；還有就路徑呈橢圓形的運動而言，這種力促成的軌道週期，和橢圓長軸（第十一章提過，這就是行星從本身路徑各定點到太陽的距離之平均值）的 3/2 次方成正比。所以與距離平方成反比的連心力可以解釋克卜勒的所有定律。牛頓也針對他先前就月球向心加速度與落體加速度之比較的缺失做了些補充，並在第一卷第十二節中指出，球體的組成粒子各自產生與到該粒子距離平方成反比的力，且整個球體所產生的總力與到球心距離之平方成反比。

《原理》第一卷第一節的末尾有一則精彩的注疏，牛頓

在這裡表示他不再仰賴無窮小這種見解。他解釋，速度一類的「流數」並非他先前描述的無窮小數值之比值；他的新說法是「數量消失之際的最終比值，其實並不是兩個最終數值之比值，而是無限減小的兩個量的比值所持續逼近的極限，此一比值能極度逼近該極限，近得使其差異小於任何給定的量。」這基本上就是種現代的極限概念，而且是當今微積分的根本基礎。《原理》書中也有不現代的成份，那就是牛頓有關極限必須使用幾何方法來研究的想法。

第二卷以大量篇幅討論物體在流體中的運動；這部份討論的主要目的是想推導出這類物體所受阻力所遵循的定律。

在這卷書中，牛頓摧毀了笛卡兒的渦旋理論。接著他著手計算聲波的速率。他在命題四十九陳述的結果（速率為壓力與密度之比的平方根）只有在數量級上做對了，因為在那時候，還沒有人知道如何考量膨脹和壓縮期間的溫度變化。不過這點（以及他的海浪波速計算結果）已經是一項令人稱奇的成就：頭一次有人使用物理學原理得出了多少與現實相符的波速計算結果。

最後牛頓在第三卷《論宇宙的系統》（*The System of the World*）篇幅談到了來自天文學的證據。《原理》第一版發行時，民眾普遍認同如今所稱的克卜勒第一定律，即行星沿著橢圓形軌道運行；不過當時對於第二和第三定律（太陽到各行星的連線在相等時間內掃過相等面積，以及各不同行星運動的週期之平方，分別與各軌道長軸的立方成正比）依然抱持相當疑慮。牛頓之所以執著於克卜勒的定律，似乎並不是由於那些定律已有既定基礎，而是因為它們與他本人的理論十分契合。他在第三卷中指出，木星和土星的衛星都遵循克卜勒的第二和第

三定律，還有針對地球之外的五顆行星進行觀測所見相位，顯示它們都環繞太陽運行，還有所有六顆行星都遵循克卜勒的定律，同時月球的運行也滿足克卜勒的第二定律。[9]牛頓自己對一六八○年彗星的嚴謹觀測結果顯示，它的運行路徑也是一條圓錐截線：橢圓形或雙曲線形。這兩種都非常接近拋物線。從這所有觀點（加上他較早期對月球向心加速度和地表落體加速度的比對結果），牛頓歸結認定這是一種遵循平方反比定律的連心力，而且就是這種力把木星和土星的衛星，還有地球的月亮，引向它們所屬行星，也把所有行星和彗星都引向太陽。既然加速度是重力產生的，和加速物體之本質無關，無論那是行星、衛星或蘋果，加速度都只取決於產生力的物體之本質，以及兩物體之間的距離，再加上任意力所產生的加速度，都與其所作用的物體之質量成反比。根據這些事實，牛頓歸結認定，施加於任意物體之重力，肯定都與該物體之質量成正比，於是當我們計算加速度之時，對物體質量之所有依賴性，也就全部抵銷了。這點讓重力和磁力迥然有別，磁力對不同成份的物體作用非常不同，即便那些物體都具有相等質量。

接下來，牛頓在命題七中使用他的第三運動定律，發現了產生力的物體之本質如何決定重力強弱。設想1、2兩物體質量各為 m_1 和 m_2。牛頓已經證明，物體 1 施加於 2 的重力和 m_2 成正比，且物體 2 施加於物體 1 的力與 m_1 成正比。不過根據第三定律，這兩個力的強度是相等的，也因此它們肯定同時與 m_1 和 m_2 成正比。牛頓確認第三定律適用於碰撞，但不適用於重力互動。喬治・史密斯（George Smith）便曾強調點出，多年之後才有可能驗證確認重力和吸引物體暨受吸引物體之慣性質量成正比，結果也正是如此。儘管如此，牛頓依然歸結認定，「重

力普遍存在於所有物體，並與各個物體之物質含量成正比。」
這就是為什麼各不同行星的向心加速度，和它們到太陽距離平
方之乘積，遠大於月球向心加速度和它到地球距離的平方之乘
積：起因就在於，對行星產生重力的太陽，質量遠大於地球質
量所致。

牛頓的這些結果一般總結為一個公式，以此概述質量分別
為 m_1 和 m_2，且距離為 r 的兩個物體之間的重力 F：

$$F = G \times m_1 \times m_2 / r_2$$

其中 G 是一個通用常數，如今稱為牛頓常數。不過這則公
式和常數 G 都沒有出現在《原理》書中，而且即便牛頓引進了
這個常數，由於太陽和地球的質量在那時仍屬未知，因此他也
不可能求出其數值。在計算月球或行星運動時，G 顯然只是作
為一個分別與地球或太陽的質量相乘的因子。

就算不清楚 G 的數值，牛頓依然可以使用他的重力理論來
計算太陽系內各不同星體質量之比值。（見技術箚記三十五。）
舉例來說，知道了木星與土星到其衛星與到太陽的距離之比，
還有木星與土星和它們的衛星的軌道週期之比，他就能夠算出
木星和土星的衛星分朝所屬行星之向心加速度，以及兩顆行星
分朝太陽之向心加速度之比，接著再由此算出木星、土星和太
陽的個別質量。由於地球也有月球這一顆衛星，原則上這相同
技術也可以用來計算出地球和太陽的質量之比。只可惜，儘管
月球到地球的距離，已經從月球的周日視差推算得知，太陽的
周日視差卻小得無從測定，因此地球到太陽和到月球的距離在
當時仍屬未知。（我們在第七章就已看到，阿里斯塔克斯使用

的資料和他從這些資料推估的距離都相當離譜。）即便如此，牛頓依然動手算出質量比值，不過他使用的地球到太陽之距離數值，卻比這個距離的下限數更小，實際上約只為實際數值之半。這裡列出牛頓的質量比值計算結果，引自《原理》第三卷針對定理VIII提出的一項推論，旁邊還列出了現代數值：

由表可知，牛頓的結果就木星部份相當準確，土星方面也還不錯，然而地球的數值卻很離譜，這是由於當時還不知道地球到太陽的距離。牛頓很清楚觀測結果不明確會帶來哪些問題，不過就像二十世紀之前的多數科學家，他也沒有認真寫下計算結果的不確定範圍。還有，就如同我們前面見到的阿里斯塔克斯和比魯尼，他引述計算結果時，把精確度寫得遠高於這些計算之數據基礎的準確度。

附帶一提，有關太陽系大小的第一次認真估算，在一六七二年由讓・里歇爾（Jean Richer）和喬萬尼・卡西尼（Giovanni Domenico Cassini）共同完成。他們分從巴黎和開雲（Cayenne，譯註：南美洲法屬圭亞那首府）觀測火星，由視角差距來測知火星的距離；由於當時已經從哥白尼理論得知太陽到各行星的距離之比，於是太陽到地球的距離也同樣可以求得。依現代單位，他們得出的這項距離為一・四億公里，已經相當接近

比值	牛頓的數值	現代數
太陽質量／木星質量	1,067	1,048
太陽質量／土星質量	3,021	3,497
太陽質量／地球質量	169,282	332,950

1.495985億公里的現代平均距離數值。隨後在一七六一年和一七六九年，金星凌日跨越太陽表面，比較在地球表面不同地點觀測兩次凌日所得結果，得出更準確的地日距離測定值為一．五三億公里。

一七九七至一七九八年，亨利‧卡文迪什（Henry Cavendish）終於能夠在實驗室中測得質量間重力，並由此推出一個 G 值。不過卡文迪什並沒有從這個角度來引用他的測定值，而是使用大家熟知的地球表面重力場產生的加速度（三十二英尺每二次方秒）以及已知地球體積。最後卡文迪什算出地球平均密度為水密度之五．四八倍。

這和物理學界長期沿用的一種實務做法相符：報告得出的比值或比例結果，而非明確的數量大小。舉例來說，我們在前面也看到，伽利略證明地表物體的下落距離和時間的平方成正比，不過他從來沒有說過，與時間平方相乘得出下落距離的常數是三十二英尺每二次方秒。這種現象起碼有部份原因是出自，當時並沒有普世認可的長度單位。伽利略大可以使用多少臂每二次方秒為單位來說明重力所致加速度，不過在英國人或甚至於托斯卡尼以外的義大利人看來，這又有什麼意義呢？長度和質量單位的國際標準化始自一七四二年，當時英國皇家學會寄送兩把標了標準英制尺寸的量尺到法國科學院；法國人在上面標上他們自己的長度計量標誌，接著把其中一把寄回倫敦。隨後直到一七九九年，等國際間逐漸開始採行公制系統之後，科學界才有一種普遍認可的單位系統。如今我們取 G 值為 66.724×10^{-12} 米 / 秒^2 仟克：亦即質量一仟克的小物體位於一米距離之外所產生的重力加速度為 66.724×10^{-12} 米 / 秒^2。

鋪陳了他的運動和重力理論之後，牛頓接著在《原理》中

探討從理論推導的一些結果。這些成果遠遠凌駕克卜勒三定律。舉例來說，在命題十四中，牛頓解釋查爾卡利（為地球）測得的行星軌道進動，不過他並沒有嘗試進行定量計算。

在命題十九中，牛頓指出行星必然全都呈扁圓形，因為它們自轉產生的離心力在赤道部位最為強勁，兩極部份則消失不見。舉例來說，地球自轉產生的向心加速度在赤道等於〇・一一英尺／秒二次方，而落體的加速度則為三十二英尺／秒二次方，可見地球自轉產生的離心力遠低於其重力吸引力，卻也不能完全忽略不計，也因此地球幾乎呈圓形，只略顯扁圓。一七四〇年代的觀測結果終於證明，同一個擺錘放在赤道附近比在較高緯度區擺盪得較為緩慢，這恰與放在赤道時，擺錘與地心相隔較遠（因為地球呈扁圓形）的預期結果相符。

在命題三十九中，牛頓表明重力對扁圓形地球的作用，促使自轉軸產生進動，這種現象稱為歲差，也就是喜帕洽斯率先指出的「春秋分點的進動」或「分點歲差」。（牛頓對歲差有超乎尋常的興趣；他使用其數值以及古代的恆星觀測記錄，嘗試為伊阿宋帶領阿爾戈英雄冒險犯難等「歷史事跡」確定日期。）在《原理》第一版書中，牛頓實際計算出太陽所致周年進動為 $6.82°$（弧度），而月球的作用更大，達 6 又 1/3 倍，總共達每年 50.0"（弧秒），和當時測得的每年進動 50" 完全相符，而且很接近每年 50.375" 的現代數值。結果非常令人嘆服，不過牛頓後來便意識到，他算出的太陽所致進動太小，還得乘上 1.6 倍才是真實的數值，也因此總進動值也得再乘上 1.6 倍才對。他在第二版修正了他有關太陽影響所得結果，同時也修正了月球和太陽的作用之比值，使總數值再次接近每年 50"，依然與當時觀測結果十分相符。牛頓的分點歲差定性解釋是對

的，他對影響效應的計算結果也達到正確的數量級，不過為了讓答案與觀測結果嚴絲合縫，他必須做出許多人為調節。

這只是牛頓改動計算結果，好讓答案和觀測結果密切吻合的一個實例。除此之外，理查·威斯特福爾（R. S. Westfall）也提出了其他一些實例，包括牛頓的聲速計算，還有前面提到的他有關於月球向心加速度和地表落體加速度之比較。牛頓說不定是覺得，除非能與觀測結果相符到近乎天衣無縫，否則就無法讓他的真實的或想像的敵手心服口服。

在命題二十四當中，牛頓提出了他的潮汐理論。相較而言，月球吸引正下方海水的力道，強過它對地球固體部份的吸引力，因為地心和它相隔較遠，同時它吸引地球固體部份的力道，又強過它對遠離月球那另一側地表海水的吸引力。所以，地表兩側的海洋都會出現潮汐隆凸，一邊位於月球正下方，月球重力在那裡把海水拉離地球，還有背對月球的地球另一側，月球重力在那裡把地球拉離海水。這就解釋了為什麼有些地方的滿潮彼此約相隔十二個小時，而非二十四個小時。不過這種效應太過複雜，在牛頓的時代，還有沒辦法以此來驗證這項潮汐理論。牛頓知道太陽和月球都對潮水漲升發揮影響作用。升降水位達最高、最低的潮汐稱為大潮，發生在新月或滿月期間，這時太陽、月球和地球位於同一條直線上，強化了重力效應。不過最棘手的繁複處境則是，對海洋的任何重力效應都受到各大洲形狀和洋底地形的重大影響，而這就是牛頓不可能納入考量的因素。

這在物理學史上可說司空見慣。牛頓的重力理論能成功預測行星運動等簡單現象，然而遇上了潮汐這般比較複雜的現象時，它就沒辦法提出定量說明。如今我們就解釋強作用力的

理論方面，也面臨相同的處境。強作用力是將夸克束縛在原子核所含質子和中子裡面的作用力，這套理論稱為量子色動力學（quantum chromodynamics），向來能合理說明高能量層級的某些歷程，好比高能電子和反粒子湮滅作用生成的種種不同強交互作用粒子，這項成就讓我們深信理論是正確的。然而就我們期望解釋的其他事項，這套理論卻無法用來計算出其準確數值，好比質子和中子的質量，這是由於計算過程太過繁複所致。遇上這種狀況，如同牛頓的潮汐理論所面臨的處境，正確態度就是要有耐性。物理學理論的驗證就看它們能不能提供足夠簡單，也因此充分可靠的做法，來計算出夠多的事項，即便我們沒辦法如我們所願，計算出所有事項也無妨。

《原理》第三卷介紹了針對已測定事項的計算結果，還有針對尚未測定事項的新預測，然而即便最後到了《原理》第三版推出時，牛頓依然完全沒辦法指出，從第一版發行到當時那四十年間，有哪些預測業經驗證確實。儘管如此，就整個來講，牛頓運動理論和重力理論的相關證據依然強勢無匹。牛頓並不需要效法亞里斯多德並解釋重力為何存在，而且他也沒有這樣嘗試。牛頓在他的〈總體注疏〉（General Scholium）篇內歸結論道：

到這裡我已經用重力解釋了天宮和我們海洋的現象，不過我還沒有指出重力的起因。沒錯，這種力根源自某種瀰漫至太陽和行星中心的起因，而且它的作用力也完全不因此減損，同時其作用並不與受力微粒的表面積大小成比例（如機械起因慣見現象），不過它與固態物質的數量成比例，而且其作用穿越浩瀚距離延伸至所有地方，並始終隨距離的平方遞減 … 我還

沒辦法從諸般現象推斷出重力具有這些特性的理由，而且我也不「捏造」假設。

　　牛頓的書收錄了哈雷的一首實至名歸的頌歌。這裡引述其收尾詩節：

享用天宮甘露美食的你們哪	*Then ye who now on heavenly nectar fare,*
和我一起歌頌那個名字吧	*Come celebrate with me in song the name*
讚美牛頓，向親愛的繆斯祭禱；	*Of Newton, to the Muses dear; for he*
因為他	
開啟了隱藏的真理寶藏	*Unlocked the hidden treasures of Truth:*
他的心智滿滿灌注了太陽神的靈	*So richly through his mind had Phoebus cast*
領受了神的聖潔光輝	*The radius of his own d IV inity,*
和神並列比肩，塵世無人能及。	*Nearer the gods no mortal may approach.*

　　《原理》確立了運動定律和萬有引力原理，不過這樣講低估了它的重要性。牛頓帶給未來一種模型，顯示物理學理論可以是什麼樣子：一組可以精確支配繁多不同現象的簡單數學原理。儘管牛頓本人非常清楚，重力並不是唯一的物理力，不過就以牛頓的理論而言，重力是種普適作用——宇宙間所有微粒都會吸引其他微粒，其引力與雙方質量乘積成正比，並與其間距的平方成反比。《原理》不只推導出克卜勒的行星運動規則，使之成為一個簡化問題的精確解，也就是在單一大質量球體重力影響下的質點運動；該書繼續解釋（不過就某些情況只做定性說明）其他五花八門的現象：歲差、近日點進動、彗星路徑、衛星運動、潮汐漲落以及蘋果的墜落。相形之下，物理

學理論的過往成就全都顯得很狹隘。

《原理》在一六八六至一六八七年間出版之後，牛頓也成名了。一六八九年，他獲選為劍橋大學的議會代表，一七〇一年再次獲選。一六九四年，他獲任命皇家造幣廠監管，主持英國貨幣重鑄工作，而且依然保有他的盧卡斯教授職位。一六九八年，沙皇彼得大帝訪問英國，他把造幣廠納入參訪地點，並希望和牛頓會晤，不過我找不到他們實際見面的任何記錄。一六九九年，牛頓奉派擔任造幣廠主管，那是個報酬遠更為優渥的職位。他放棄了教授職位，而且變得很有錢。一七〇三年，宿敵虎克死後，牛頓成為皇家學會的會長。他在一七〇五年受封爵士。牛頓在一七二七年死於腎結石，於西敏寺（Westminster Abbey）舉行國葬，即便他曾拒絕領受英國國教會（Church of England）聖秩。伏爾泰記述，牛頓「像有恩於臣民的國王般下葬。」

牛頓的理論並沒有獲一致採信。儘管牛頓虔誠篤信一神論基督教，英國有些人，好比神學家約翰‧哈欽森（John Hutchinson）和柏克萊主教，對牛頓理論超脫人情的自然主義都感到震驚。這對於虔誠的牛頓並不公道。他甚至還論稱，許多現象都只能以神力介入才能解釋，好比，為何行星的相互重力引力並不會讓太陽系變得不穩定，[10] 還有為什麼太陽和恆星一類星體會自行發光，而其他像行星和所屬衛星本身則都是黑暗的。如今我們當然能從博物學方式來理解太陽和恆星的光——它們發光是由於它們受核心的核反應加熱所致。

儘管對牛頓並不公平，哈欽森和柏克萊對牛頓主義的看法倒不是完全錯誤。後世遵奉牛頓的成就為楷模，甚至沿襲他的主觀意見，到了十八世紀晚期，物理科學已經和宗教徹底

分家。

另一項遲滯牛頓成就為人採信的障礙是，數學和物理學之間歷時久遠的假偽對立，這件事情從本書第八章引述的羅德島的革米努斯的一段評論可見端倪。牛頓並沒有依循亞里斯多德的觀點來談物質和特性，也沒有嘗試解釋重力的起因。尼古拉斯・馬勒伯朗士（Nicolas de Malebranche, 1638－1715）牧師審視《原理》時表示，那是一部幾何學著述，不是物理學作品。馬勒伯朗士顯然是依循亞里斯多德的模式來理解物理學。他卻沒有意識到，牛頓的範例重新制定了物理學的定義。

對牛頓重力理論最難以應付的批評來自惠更斯他十分賞識《原理》，也毫不懷疑支配行星運動的力，隨距離平方反比規則遞減，然而談到是否所有微粒都以這樣的力相互吸引，而且強度與質量乘積成正比，則惠更斯就有所保留。就此，惠更斯似乎是受了擺錘速率在不同緯度的不準確測量值之誤導，那些資料似乎顯示，擺錘在赤道附近的速率減緩現象，完全可以用地球自轉所致離心力效應來解釋。果真如此，這就意味著地球並非扁圓形，然而倘若地球所含微粒依牛頓所述相互吸引，則地球就該是扁圓形的。

早從牛頓在世時期開始，他的重力理論已經在法國和德國遭到笛卡兒的信徒和牛頓的宿敵萊布尼茲等人群起反對。他們論稱，一種吸引力能跨越數百萬英里空無空間產生作用，這真是自然哲學的一種隱匿元素，接著他們堅決認為，對於重力作用應該給予一種理性解釋，不能單憑設想。

就此歐陸自然哲學家則緊守一種古老科學典範，這可以追溯至希臘時期，主張科學理論最終都只該建立在推理基礎之上。我們已經懂得放棄這種堅持。儘管我們在電子和光學方面

非常成功的理論，都能從現代基本粒子標準模型推導得出，而且這個模型最終（我們期望）還有可能從更深入的理論推導得出，然而不論我們推導得多深入，我們仍永遠不可能得出以純推理為本的基礎。就像我一樣，如今多數物理學家也遵從一項事實，我們總要質疑，為什麼我們最深入的理論，並沒有呈現不同風貌。

反牛頓主義主張在一七一五到一七一六年間找到抒發管道，藉由萊布尼茲和牧師塞繆爾‧克拉克（Samuel Clarke）之間的一場著名書信論戰傳揚開來。克拉克是牛頓的追隨者，曾把牛頓的《光學》翻譯成拉丁文。他們的爭論焦點大半集中於上帝的本質：祂是否如牛頓所想，介入世界的運作，或者祂是否從一開始就設定要讓世界自行運作？這種爭議在我看來根本徒勞無益，因為就算這個主題是真的，克拉克和萊布尼茲就此也不可能有絲毫認識。

到最後，反牛頓理論行動並沒有產生影響，因為牛頓物理學一路過關斬將。哈雷整理一五三一年、一六〇七年和一六八二年所見彗星的觀測結果，把它們納入同一條幾乎呈拋物線形的橢圓形軌道，證明這些其實是同一顆彗星一再回歸的身影。法國數學家克萊羅和他的共同研究群使用牛頓的理論，把木星和土星質量所致重力攝動（gravitational perturbation）納入考量，於一七五八年十一月預測這顆彗星會在一七五九年四月中回歸近日點。彗星在一七五八年聖誕節經觀察發現，那時哈雷已經過世十五年，接著在一七五九年三月十三日，彗星抵達近日點。十八世紀中期，經由克萊羅和沙特萊侯爵夫人（Émilie du Châtelet）完成的《原理》法文譯本，加上沙特萊侯爵夫人的情人伏爾泰的影響力，牛頓的理論獲得宣揚。一七四九年，另

一位法國人讓‧達朗貝爾（Jean d'Alembert）根據牛頓學理，率先正確算出精準的分點歲差。牛頓主義終究可說是無往不利。

這並不是由於牛頓的理論，滿足了某種預先存在的科學理論判別準則。實際上並沒有。他的理論沒有就目的論相關問題提出解答，而這正是亞里斯多德物理學的核心議題。不過它提出了普適原理，讓先前看似神祕的眾多謎團，得以成功計算求得。牛頓理論就是以這種方式，帶來一種不可抗拒的模型，顯示物理學理論應該、可以是什麼模樣。

這是發生在科學史上的一種達爾文天擇實例。當某種現象經成功解釋，好比當牛頓解釋了克卜勒的行星運動定律和其他眾多事項時，我們就會感受到強烈的喜悅。存續下來的科學理論和方法都是能帶來那種喜悅的事例，不論它們和先前有關科學該怎樣進行的既存模型相符與否都無妨。

笛卡兒的追隨者和萊布尼茲對牛頓理論的排斥，點出了科學實踐的一項道德寓意：逕自排斥一項像牛頓理論這樣漂亮解釋了眾多觀測結果的理論永遠不會是安全之舉。成功理論之所以生效，原因有可能連理論創建人都不明白，而且最後也總是發現，它們只是更成功理論的近似理論，不過它們也永遠不會是完全錯誤的。

這項道德寓意在二十世紀也不見得都有人留意。一九二〇年代，量子力學問世，為物理學理論帶來激進式新架構。我們不再計算行星或粒子的軌跡，改為計算機率波的演變，波在任意地點和時間的強度，可以告訴我們在該時該地找到行星或粒子的機率有多高。放棄決定論讓量子力學的創始人，包括馬克斯‧普朗克（Max Planck）、薛丁格、路易‧德布羅意（Louis de Broglie）和愛因斯坦等都大感駭異，於是他們都不再深入研究

量子力學理論，只指出這類理論會導出令人無法接受的結果。薛丁格和愛因斯坦對量子力學的一些批評令人煩惱，至今依然讓我們感到憂心。不過到了一九二〇年代末期，量子力學已經成功解釋了原子、分子和光子的性質，因此對這門學問必須認真看待。這些物理學家對量子學理論的排斥，也致使他們無從參與一九三〇年代和四〇年代物理學在固體物理、原子核和基本粒子各方面的重大進展。

就像量子力學，牛頓的太陽系理論也為我們帶來後來所稱的標準模型。我在一九七一年引進了這個術語，用來描述膨脹宇宙之結構和進化理論截至當時的發展狀況，並解釋道：

當然了，標準模型有可能部份錯了或者完全錯誤。然而，其重要性並不取決於其特定真實性，而是在於它提供了為數龐大的種種宇宙學數據的共通交會基礎。藉由在標準宇宙學模式背景脈絡中討論這些資料，我們就能開始領會其宇宙學相關意涵，不論哪種模型最終經證實成立都無妨。

稍後不久，我和其他物理學家也都開始使用標準模型術語，來指稱我們有關基本粒子與其種種交互作用之新興理論。當然了，牛頓的後繼人並不使用這個術語來指稱牛頓派太陽系理論，不過他們也大可以這樣做。對於嘗試就超乎克卜勒定律之觀測結果提出解釋的天文學家而言，牛頓派理論肯定為他們提供了一個共通交會點。

十八世紀晚期和十九世紀早期，許多作者都發展出運用牛頓理論來解決三體或多體問題的做法。其中一項變革對未來發展具有重大意義，十九世紀早期的皮埃爾—西蒙·拉普拉斯

（Pierre-Simon Laplace）就此鑽研著墨尤深。新方法並不把一個系集（如太陽系）裡面所有物體施加的重力累加起來，而是計算「場」。場是空間的一種狀況，其中所有定點都得出系集內所有質量所產生的加速度的大小和方向。計算這種場時，得先解出它所依循的某些微分方程式。（這些方程式設定條件來規範場中某一受測之定點在相互垂直之三方位中朝某一方向移動時，該場的變動情形。）這種取徑簡直要讓牛頓定理（施加於球體質量外的重力與到球心的距離平方成反比）的證明變得平淡無奇。更重要的是，第十五章我們就會看到，場概念在電、磁和光的認識上將扮演一個關鍵要角。

這些數學工具在一八四六年發揮了最戲劇性的用途，由約翰・亞當斯（John Couch Adams）和讓—約瑟夫・勒維耶（Jean-Joseph Leverrier）分別根據天王星軌道的不規則性，各自預測出海王星的存在和位置。海王星隨後不久就被人發現，位置一如預期。

理論和觀測結果依然存有一些微小差異，包括月球的運動和哈雷彗星與恩克彗星（Encke's comets）的運動，還有水星軌道的近日點進動——實際觀測值大於以其他行星所生重力能夠說明的數值，落差為每世紀43"（弧秒）。月球和彗星運動的差距最後追溯到非重力因素，不過水星的過度進動，則是直到愛因斯坦在一九一五年推出廣義相對論之後才解釋明白。

在牛頓的理論當中，特定地點和特定時間的重力，取決於所有質量在同一時間的位置，所以這些位置任何一處突發改變（好比太陽表面出現閃焰耀斑），就會導致所有地方的重力產生瞬時變化。這和愛因斯坦的一九〇五年狹義相對論「任何影響都不能傳播得比光速快」的原理相衝突。這樣看來，顯然就有

必要擬出一種修正版重力理論。在愛因斯坦的廣義相對論中，某質量的位置突發改變，會導致該質量相鄰位置的重力場出現變化，接著該變化就以光速向遠方傳播。

廣義相對論排斥牛頓的絕對空間與絕對時間的見解。其基礎方程式在所有參照系一體適用，不論其加速度或旋轉方式為何。談到這裡，萊布尼茲應該會很開心，不過廣義相對論其實證明了牛頓力學是正確的。它的數學表述基礎和牛頓理論有一項共通特質：某給定地點的所有物體都會經歷相同的重力加速度。這就表示在任意定點，我們都可以使用具有這相同加速度的參照系，來消除重力效應。這種參照系稱為慣性系（inertial frame），電梯就是個例子。我們在自由下落的電梯裡面，感受不到地球的重力效應。牛頓的定律就是適用於這類慣性參照系，起碼當物體的速率不逼近光速時就能適用。

牛頓對行星和彗星運動的處理相當成功，這就顯示在太陽系左近的慣性系當中，靜止不動（或以等速行進）的是太陽，而非地球。根據廣義相對論，這是由於在那個參照系中，遠方星系的物質並不環繞太陽系運行所致。就這層意義來講，牛頓的理論等於為驗證哥白尼理論優於第谷理論建立了穩固的根基。不過在廣義相對論中，我們並不受限於慣性系，可以隨喜選用任意參照系。假定我們採用第谷式參照系，其中地球是靜止的，那麼遠方星系看起來每年都會做一趟圓周旋轉，而且在廣義相對論中，這種浩瀚運動就會產生出類似重力的力，接著這就會作用於太陽和行星，讓它們表現出第谷式理論描述的運動。牛頓似乎也已經意識到這點。在沒有收入《原理》也沒有發表的「命題四十三」中，牛頓坦承，假使除了普通重力之外，還有其他力作用於太陽和行星，那麼第谷的理論是有可能

成立的。

一九一九年，愛因斯坦理論預測的太陽重力場所致光線彎折經觀測確認，倫敦《泰晤士報》宣佈，這就證明牛頓錯了。這樣講錯了。牛頓的理論可以視為愛因斯坦理論的一種近似理論，而且就以速率遠低於光速的物體而言，牛頓理論的有效性還逐步提增。愛因斯坦的理論不僅沒有否定牛頓理論；相對論解釋了當牛頓的理論靈光時它為什麼靈光。廣義相對論本身無疑也是某種更令人滿意的理論的近似理論。

在廣義相對論中，重力場能藉由為空間和時間中每一點指定無重力效應之慣性系來完整描述。這在數學上就與下述事實雷同：我們可以在一曲面上取任意點，為其週邊窄小範圍繪製一幅地圖，讓該範圍看來就是平坦的，如同地表某都市地圖的情況；整個曲面的曲率，可以藉由編制一部各局域地圖部份重疊構成的地圖集來描述。的確，這種數學相似性，讓我們得以把任意重力場都描述成空間和時間的曲率。

因此廣義相對論和牛頓理論的概念基礎是不相同的。在廣義相對論中，重力理念大半由彎曲時空概念取而代之。這對有些人來講是很難接受的。一七三〇年，亞歷山大・波普（Alexander Pope）為牛頓寫了一段令人難忘的墓誌銘：

> 自然和自然法則隱藏在夜間；
> 神說，「讓牛頓出世！」於是光明普照。

二十世紀，英國諷刺詩人J・C・史奎爾（J. C. Squire）為它增添了兩行詩句：

光明持續不久：惡魔咆哮「喝，讓愛因斯坦出世，」
恢復了原狀。

別相信它。廣義相對論和牛頓的運動與重力理論在風格上都非
常相似：它的基礎是一些能以數學方程式表述的普適原則，接
著就能依循這些原則，以數學方法來為五花八門的不同現象推
導出其必然後果，接著就可以拿推導結果來與觀測結果比對，
從而得以驗證理論。愛因斯坦和牛頓的理論之間的差異，遠低
於牛頓的理論和先前一切理論之間的差異。

　　一個問題依然存在：十六和十七世紀的科學革命，為什麼
發生在那個時期和那個地方？目前不乏可能的解釋。十五世紀
歐洲發生了許多改變，幫助奠定了科學革命的基礎。法國在查
理七世（Charles VII）和路易十一世（Louis XI）治下，還有英
國在亨利七世（Henry VII）治下，政權都愈趨穩固。一四五
三年君士坦丁堡陷落，希臘學者紛紛向西流亡到義大利和更遠
的地方。文藝復興強化了對自然界的興趣，也為古文典籍及其
譯本之精確性訂定了更高的標準。活字印刷的發明讓學術交流
變得更為迅速、廉價。美洲的發現和探勘行動，更令人深信許
多事情古人其實並不知道。此外，根據「墨頓命題」（Merton
thesis），十六世紀早期的新教改革為十七世紀英國的偉大科學
突破搭設了舞台。社會學家羅伯特・墨頓（Robert Merton）認
為新教主義營造出對科學有利的社會態度，不但推廣了理性主
義和經驗主義，也加深了自然規律可以理解的信念──這些都是
他在新教徒科學家實際行為中發現的態度和信念。

　　很難判斷這種種外部因素對科學革命的影響有多深遠。不
過儘管我沒辦法說明，為什麼是牛頓在十七世紀晚期的英國，

發現了這些古典運動定律和重力定律，但我想我知道為什麼這些定律以那樣的型式出現。答案非常簡單，因為在非常近似程度上，世界確實服從牛頓的定律。

我們已經全面考察了物理科學從泰勒斯到牛頓的歷史沿革，我想現在就審視促使現代科學概念醞釀成形的原動力，提出一些個人的初步想法，並以牛頓及其後繼者的成就為代表。在古代世界或中世紀世界，從來沒有任何人設想出類似現代科學這樣的目標。沒錯，就算我們的前輩有可能想像出如今這樣的科學，他們也不見得會非常喜歡它。現代科學是超脫人情的，沒有可供超自然介入的餘地，也沒有（除行為科學之外的）人類價值觀容身之處；科學沒有目的意識；也沒有出現確定性的指望。那麼我們是怎麼發展出現況的？

面對令人困惑的世界，所有文化的民眾都曾尋求解釋。就算在不再相信神話的地方，致力謀求解釋，多半也沒有得出任何令人滿意的結果。泰勒斯嘗試理解物質，他猜想物質全都是水，然而有了這項觀點，他又能拿它來做什麼？他能從這裡得到新的資訊嗎？不論在米利都或其他任何地方，沒有人能從萬物皆是水這樣的想法，建構出任何事項。

不過偶爾也會有人找到能夠嚴絲合縫解釋某種現象的好法子，這時發現人就會體會到一種強烈的滿足感，尤其當新的認識是定量的，而觀測結果也細密呈現相符的結果。想像當托勒密領悟到，只要在阿波羅尼奧斯和喜帕洽斯的本輪和偏心輪上添加一個偏心勻速輪，他也就發明了一套行星運動理論，讓他能夠相當準確地預測，在任何時刻任何行星會出現在天空的哪處位置，這時他心中會有什麼感受。他的那種喜悅，從他的字裏行間就能窺見端倪，這段話前面我也引用過：「當我發現了星

體複雜的圓形運轉軌跡，我的雙足不再觸及大地，卻與宙斯比肩同席，飽食仙饌密酒，共享神祇仙物。」

那種喜悅總是有美中不足之處。即便不信奉亞里斯多德學說，你對托勒密理論中行星環繞本輪的奇怪迴圈運動也會產生反感。而且當中還帶有討人厭的微調：水星和金星的本輪中心繞行地球一周的時間必須恰好等於一年，同時火星、木星和土星在各自本輪上繞行一周的時間也必須恰好等於一年。歷經一千年多，哲學家爭辯像托勒密這樣的天文學家應該扮演的合宜角色—要真正認識天空，或只是想擬合數據。

還有當哥白尼能夠解釋托勒密架構的微調和迴圈軌道，無非就是由於我們是從移動中的地球觀看太陽系所致結果，想想他心中的那份喜悅。不過瑕疵依然存在，哥白尼理論並不是完全能與數據相符，它依然需要納入醜陋的繁複手段。還有當數學天才克卜勒摒棄哥白尼的亂象，改以服從他的三定律的橢圓形運動取而代之，這時他心中肯定湧現那股喜悅。

所以對我們來講，世界就像一台教學機，在靈光乍現時增進我們的好點子。許多世紀下來，我們學會了如何辨識哪種認識有可能成立，還有如何找到它們。我們學會了不必為目的煩惱，因為這種煩惱永遠不能為我們帶來我們尋求的那種喜悅。我們學會了放棄尋求確定性，因為讓我們開心的解釋從來不是明確定論。我們學會了做實驗，並且不為人為的或刻意的安排感到憂心。我們養成一種審美意識，提示我們哪些理論可以見效，接著當理論見效時，我們的喜悅也會因此加深。我們的認識累增。這一切都不是事前規劃的，而且是無可預知的，不過從這裡我們得到了可靠的知識，享有伴隨而來的歡欣。

1　牛頓五十幾歲時雇用了他的同母異父妹妹的美麗女兒凱瑟琳・巴頓
　　（Catherine Barton）來當他的管家，儘管建立了深厚友誼，兩人似乎並沒有
　　感情方面的關係。伏爾泰在牛頓死時人在英格蘭，他表示牛頓「死在外科醫
　　師懷中」，他的那位醫師向伏爾泰確認，牛頓從來沒有和女人發生親密關係
　　（見伏爾泰著《哲學通信》Voltaire, *Philosophical Letters,* Bobbs-Merrill Educational
　　Publishing, Indianapolis, Ind., 1961, p. 63）。至於那位外科醫師是怎麼得知這點，
　　伏爾泰並沒有說明。

2　引自凱因斯在一九四六年皇家學會一場會議上發表的《牛頓其人》（*Newton,*
　　the Man）演說。凱因斯在會議召開前三個月過世，演講由他的弟弟代為發表。

3　牛頓還投入了相當精神做煉金實驗。煉金術也可以稱之為化學，因為在那個時代，兩者之間並沒有明顯的差別。我們在第九章討論賈比爾·伊本·哈揚時曾經提到，十八世紀晚期之前，還沒有明確的化學理論能否決煉金術的目標，好比將重金屬轉變成黃金。儘管牛頓投入從事煉金術研究並不代表他背棄了科學，卻也沒有得出任何重要成果。

4　平坦玻璃片並不會區隔出色彩，這是由於，儘管光線射入玻璃時，各種色彩分以略微不同的角度彎折，射出時卻又全部彎折回復原來的方向。由於稜鏡各邊並不平行，射入玻璃時折射程度有別的不同色光線，離開稜鏡時其射向與稜鏡表面的夾角並不等於射入折射角，所以當這些光線離開稜鏡並反向彎折時，各色光線依然有小角度落差。

5　這是 $1 + x$ 的「自然對數」，需計算常數 $e = 2.71828 \cdots$ 的自然對數次冪才能得出 $1 + x$。之所以採用這個奇特的定義，理由是自然對數有一些性質遠比以 10 取代 e 的「常用對數」之特性要簡單得多。舉例來說，牛頓公式表明 2 的自然對數可由級數 $1 - 1/2 + 1/3 - 1/4 + \cdots$ 求得，而 2 的常用對數公式就比較複雜。

6　這則計算忽略 $3to^2$ 和 o^3 兩項似乎會令人覺得結果只是種近似值，實際上並非如此。十九世紀時，數學家學會了擯除無窮小的 o 值這種相當模糊的概念，代之以精確定義的極限值：取 o 值為十分小，則我們就可以任意讓 $[D(t + o) - D(t)]/o$ 儘量接近一個數值，而這就等於速度值。稍後我們我們就會見到，牛頓後來背離了無窮小，轉而採用極限的現代概念。

7　克卜勒的行星運動三定律在牛頓之前還沒有確立成熟，不過第一定律──各行星軌道都呈橢圓形且太陽位於一個橢圓焦點上──則已經廣為人所接受。後來是牛頓在《原理》（*Principia*，這是簡稱，全名 *Philosophiae Naturalis Principia Mathematica*《自然哲學的數學原理》）書中就這三定律提出的導算，才讓這些定律全都普遍為人接受。

8　最早對地球周長做出相當精確測定的第一人是讓──費利克斯·皮卡德（Jean-Félix Picard, 1620－1682），他在一六六九年左右完成這項測定，隨後在一六八四年經牛頓運用來改良這項計算。

9　牛頓未能解答地球、太陽和月球的三體問題，因為他就月球運動古怪行徑的計算結果不夠準確，破解不了讓托勒密、伊本·沙提爾和哥白尼都頭痛的這種異常現象。最後這是到一七五二年才由亞歷克西斯──克勞德·克萊羅（Alexis-Claude Clairaut）使用牛頓的運動理論和重力理論提出解答。

10　在《光學》第三卷當中，牛頓陳述了一項觀點，他說太陽系並不穩定，偶爾必須重新調校。太陽系是不是穩定，有關這道問題的爭議紛爭延續了好幾個世紀。一九八〇年代晚期，賈克·拉斯卡（Jacques Laskar）證明太陽系是混沌無序的；要想預測水星、金星、地球和火星在約超過五百萬年以後的運動，是完全辦不到的。有些初始條件會導致行星對撞，或者在幾十億年之後被拋出太陽系，另有些幾乎毫無二致的條件卻不會如此。相關評論請見 J. Laskar, "Is the Solar System Stable?," https://arxIV.org/abs/1209.5996 (2012)。

第十五章 | 結語：萬法歸宗

　　牛頓的偉大成就留下了眾多未解問題。物質的本質、重力之外也加諸物質之力的特性，還有生命的出奇本領，這些在當時全都依然神祕難解。牛頓之後的這段歲月當中，人類成就了重大進展，遠非一本書的篇幅所能涵括，更別提單獨一個篇章。這篇結語只想提出一個要點，隨著科學在牛頓之後逐日進步，一幅恢宏的圖像也隨之開始成形：原來世界受自然定律所支配，而且這些定律的單純性和統一性，都遠勝過牛頓時代的想像。

　　牛頓本人在《光學》第三卷中勾勒出一種物質理論，當中至少能涵納光學和化學：

　　現在物質的最小粒子或者能以最強的吸引力凝聚，結合構成特色比較薄弱的較大粒子；而這許多較大的粒子，也或能凝聚並結合構成特色又更薄弱的更大粒子，並依此類推出互異後續粒子，直到進程結束，產生出最大粒子，奠定了化學作用和自然物體色彩的基礎，並凝聚組成種種尺寸可觀的物體。

他還關注論述作用於這些粒子的力：

　　我們探詢發出吸引力的起因之前，首先必須從自然現象認識哪種物體會相互吸引，理解那種吸引力的特性和定律。重力、磁力和電力的吸引力，能夠傳達非常可觀的距離，因此常

人肉眼一直都能察覺，此外也說不定另有其他一些力，只是作用距離十分短小，難以察覺。

由此可見，牛頓很清楚除重力之外，自然界還另有一些力。靜電是個古老的故事。柏拉圖在《蒂邁歐篇》書中提到，拿一塊琥珀（希臘文稱 *electron*）摩擦便能吸引小塊輕巧物質。磁性是發現自天然磁石的性質，中國人拿它來看風水，並經伊麗莎白女王的御醫威廉·吉爾伯特（William Gilbert）詳細研究。牛頓也在這裡暗示存有某些作用距離很短，因此尚未得知的力，而這也預示了二十世紀的弱交互作用與強交互作用的發現。

　　十九世紀初，亞歷桑德羅·伏打（Alessandro Volta）發明電池，促成細密的電、磁定量實驗，接著我們很快就發現，原來電和磁並不是完全獨立的現象。首先，哥本哈根的漢斯·厄斯特（Hans Christian Ørsted）在一八二〇年發現，一塊磁體和一條攜帶電流的導線會相互施力。聽聞這項結果之後，巴黎的安德烈——馬里·安培（André-Marie Ampère）發現，攜帶電流的導線也會相互施力。安培推測這種種不同現象其實都大同小異：磁鐵施力和受力是由於鐵中存有循環電流所致。

　　就如重力的情況，電流和磁體會相互施力的見解，也被場的概念所取代，這種作用場稱為磁場。每個磁體和攜帶電流的導線，都對其附近任意點的總磁場做出貢獻，而這個磁場則會對該點上的任意磁體或電流施力。麥克·法拉第（Michael Faraday）認為電流生成的磁力是肇因於圈繞導線的磁場線。他還描述摩擦琥珀生成的電力是產生自一種電場，並將電場描繪成從琥珀上的電荷向外放射的電力線。最重要的是，法拉第在一八三〇年代證明，電場

和磁場之間存有一種關連性：變動的磁場（如旋轉線圈發出的電流滋生的變化）會產生電場，接著這就能在另一條導線內驅動電流。這種現象到現代就由發電廠用來發電。

　　幾十年後，馬克士威終於完成電和磁的統一。馬克士威認為電場和磁場都是張力，發生在「以太」這種無所不在的介質裡面，他還把當時有關電和磁的認識，並以描述電、磁場與其相互變動率之方程式表達出來。馬克士威添加的新事項是，正如變動磁場會生成電場，變動電場也會生成磁場。正如物理學界常見現象，馬克士威方程式的以太概念基礎已經棄置，不過方程式存續下來，甚至印上了物理系學生穿著的Ｔ恤衫。[1]

　　馬克士威的理論醞釀出驚人後果。由於振盪電場會生成振盪磁場，而振盪磁場又會生成振盪電場，於是便可能在以太中，或者在我們今天所說的空無空間中，維繫一個自持振盪的電場和磁場。馬克士威在一八六二年發現，這種電磁振盪能以高速傳播，而且根據他的方程式，該速率恰落於測定光速數值之上。馬克士威自然而然得出結論，認為光不過就是種相互自持振盪的電場與磁場。然而可見光的頻率實在太高，完全無法以普通電路中的電流來生成，不過到了一八八〇年代，海因里希‧赫茲（Heinrich Hertz）已經有辦法依循馬克士威方程組，產生出無線電波：和可見光的唯一差別只在頻率遠遠更低的波。於是電和磁也就從此統一，而且不單是電磁，連光學也統合進來了。

　　如同電和磁的情況，就認識物質本質方面的進展，也是始自定量測量，這裡測量的是參與化學反應的物質之重量。這次化學革命的關鍵要角是法國富人，安東萬‧拉瓦節（Antoine Lavoisier）。十八世紀晚期，他確認了氫、氧兩種元素，證明

了水是種氫氧化合物，空氣則是各種元素混合而成，而火則是其他元素與氧結合生成的。過了沒多久，同樣在這種測量基礎上，約翰·道耳頓（John Dalton）發現，經化學反應結合的元素之重量，可以根據以下假設來理解：水和鹽等純化合物都是由大量粒子（後來稱為分子）所構成，而粒子本身則是由一定數量的純元素原子所構成。舉例來說，水分子是由兩顆氫原子和一顆氧原子所組成。接下來幾十年間，化學家辨識出許多元素：有些是大家熟知的，如碳、硫和常見的金屬；另有些則是新分離出來的，好比氯、鈣和鈉。泥土、空氣、火和水，都沒有登上元素列表。十九世紀前半葉，水和鹽等分子的正確化學式逐一釐清，於是只需測定參與化學反應各種物質的重量，就能求出不同元素之原子質量的相對比例。

　　隨後當馬克士威和路德維希·波茲曼（Ludwig Boltzmann）闡明，熱可以解釋為能量在龐大數量之原子或分子間的分配現象，讓物質的原子論獲得巨大成功。這個朝向統一的一步，惹來部份物理學家抗拒，包括皮埃爾·迪昂（Pierre Duhem），他懷疑真有原子，並堅信熱的理論（熱動力學）起碼和牛頓的力學以及馬克士威的電動力學具有同等基礎地位。不過二十世紀開始過後不久，好幾項新實驗幾乎讓所有人全都深信，原子是真的。約瑟夫·湯姆森（J. J. Thomson）、羅伯特·密立根（Robert Millikan）和其他人以一系列實驗證明，原子所獲得和失去的電荷，只能是某一基本電荷的倍數：電子的電荷，電子是湯姆森在一八九七年發現的粒子。液體表面小粒子的「布朗氏」隨機運動在一九五〇年經愛因斯坦詮釋為粒子與液體個別分子互撞所致，這項詮釋後來經讓·佩蘭（Jean Perrin）驗證確認。接下來威廉·奧斯特瓦爾德（Wilhelm Ostwald）對湯姆森

和佩蘭的實驗結果做出回應。奧斯特瓦爾德是個化學家，早先他對原子心存質疑，一九〇八年，他以一段陳述宣佈他改變了心意，其中他含蓄述說並一路追溯至德謨克利特和留基伯：「現在我深信，我們進來掌握了物質的離散性或顆粒性的實驗證據，找到了原子假說歷經數百、數千年遍尋不得的明證。」

不過原子是什麼？ 一九一一年，歐內斯特・拉塞福（Ernest Rutherford）在曼徹斯特實驗室完成一些實驗，帶動朝問題的解答邁出一大步。拉塞福闡明，金原子質量集中位於一顆小小的很沈重且帶了正電荷的原子核中，且核心周圍有較輕的帶負電荷的電子環繞運行。電子是促成普通化學現象的根源，而原子核內的改變，則是放射性大能量釋放的起因。

這就帶出了一個新問題：是什麼原因讓繞行原子核的電子保持不墜，不因為放射輻射而失去能量，盤旋墜入原子核內？這不只否認存有穩定原子；這些微小的原子災變放射出的輻射的頻率，會形成一幅連續的頻譜，這與觀測結果不符，實際觀測發現，原子只能以分離的特定頻率來放射、吸收輻射，於是在氣體頻譜中顯現出明暗條紋。是什麼因素決定這些特定頻率？

問題解答在二十世紀頭三十年間，隨著量子力學的發展逐漸浮現。量子力學是繼牛頓的研究之後，最能從根本開創變革的理論，從名稱就知道，這門學問的要件是種種物理系統之能量的量子化（也就是離散化）。尼爾斯・波耳（Niels Bohr）在一九一三年提出，原子只能存在於某些特定能量狀態，並擬出了求出最簡單原子所含這類能量的計算規則。愛因斯坦在一九〇五年便取法普朗克先前著述，進一步提出，光的能量是種量子，構成了後來所稱的光子，各光子分別帶有與光頻率成比例

的能量。誠如波耳解釋所述，當一顆原子射出一顆光子並失去能量，該光子所含能量，必然等於原子的初態和終態的能量之差，這項要件確保其頻率固定不變。原子永遠存有一種最低能量狀態，處於這種狀態的原子不能發出輻射，從而得以保持安定。

這些早期進展在一九二〇年代延續發展出量子力學普適規則，這些規則在所有物理系統一體通用。這項成果主要得歸功於德布羅意、維爾納·海森堡（Werner Heisenberg）、沃夫岡·包立（Wolfgang Pauli）、帕斯庫爾·約當（Pascual Jordan）、薛丁格、狄拉克和馬克斯·玻恩（Max Born）。容許原子態的能量值，可以試解薛丁格方程式來求得，這是種通用數學類型的方程式，常見於聲波和光波研究。撥動樂器琴弦發出聲音，其振動部分的弦長，必然是該音高半波長的整數倍；相同道理，薛丁格發現，原子的容許能階，恰好能使遵循薛丁格方程式規範的波，不間斷地瀰漫原子周圍。不過也正如玻恩率先確認的現象，這些波並非壓力波或電磁場波，而是機率波—粒子最可能出現在波函數最大值位置附近。

量子力學不只解答了原子安定性和譜線本質的問題，也把化學帶進了物理學架構當中。運用電子和原子核之間的已知電性作用力，除原子之外，薛丁格方程式也能適用於分子，並得以針對其種種不同狀態做能量計算。這樣一來，原則上該方程式也就可以用來判定哪種原子是安定的，還有哪些化學反應從能量角度來看是可以發生的。一九二九年，狄拉克得意地宣佈，「於是大部份物理學和整個化學所運用的數學理論之必要基本物理定律，也就此全盤知曉了。」

這並不表示化學家都會把他們的問題轉交給物理學家，然

後就此退休。狄拉克也很清楚，除了最小分子之外，其他分子都太複雜了，沒辦法使用薛丁格方程式來求解，所以化學專用工具和洞見依然不可或缺。不過自一九二〇年代開始，大家就會逐漸了解，化學的任何通用原則，好比金屬和氯等鹵素元素會形成安定化合物的規則，都出自量子力學之原子核與電子經電磁力所生作用。

儘管量子力學很能解釋諸般現象，這樣的基礎本身還遠遠稱不上圓滿的統一。這當中有粒子：電子和構成原子核的質子和中子，此外還有場：電磁場和當時所不知道的一些短程場，而這類短程場，想必形成了將原子核束縛在一起的強交互作用，還形成了在放射作用中把中子變換成質子或質子變換成中子的弱交互作用。一九三〇年代，隨著量子場論出現，粒子和場的區別也開始彌平。就像電磁場，其能量和動量都捆紮在稱為光子的粒子裡面，電場也有類似狀況，其能量和動量都捆紮在電子裡面，其他基本粒子也有類似的狀況。

這完全不是那麼顯而易見。我們之所以能直接察覺重力場和電磁場的效應，是由於這些場的量子之質量為零，而且它們所屬的粒子類型（稱為玻色子），容許大量粒子同時佔有同樣的狀態。這類特色讓光子得以累積很大數量，形成依我們觀察似乎服從古典（也就是非量子）物理學規則的電場和磁場之狀態。相較而言，電子具有質量，所屬的粒子類型（稱為費米子）任兩顆都不能佔有同樣的狀態，所以電子場在宏觀觀察中是永遠見不到的。

一九四〇年代晚期，量子電動力學、光子、電子和反電子的量子場論取得了驚人成功，其中有關電子的磁場強度等數值的計算結果，和實驗值嚴絲合縫，吻合到小數點後許多位數。

^{2}從這項成就，接著自然就會想要嘗試發展出量子場論，這樣一來，理論就不只涵括光子、電子和反電子，還可以納入在宇宙射線和加速器當中發現的其他粒子，以及作用於這些粒子的弱交互作用與強交互作用。

現在我們已經有這種量子場論，稱為標準模型。標準模型是量子電動力學的擴充版本。電子場之外還有個微中子場，其量子都是電子一類的費米子，但電荷等於零，質量也幾近於零。還有一對夸克場，其量子是構成原子核之質子和中子的組成成份。基於某些不明原因，這份清單又多出現了一次，納入了沈重得多的夸克和沈重得多的類電子粒子，以及它們的微中子伴侶。電磁場出現在一種統一的「電弱」圖像當中，同時出現的還有生成弱核交互作用的其他場，這使質子和中子能經由放射性衰變相互變換。這些場的量子是重玻色子：帶電荷的W^+和W^-，還有電中性的Z^0。此外還有八種在數學上雷同的「膠子」場，這些場生成強核交互作用，從而能將夸克束縛在質子和中子之中。二〇一二年，標準模型的最後一個缺失零片發現了：標準模型之電弱部份所預測的電中性重玻色子。

標準模型並不是故事的結局。模型缺了重力；也沒有把「暗物質」考量在內，天文學家告訴我們，宇宙六分之五質量，都由這種物質組成；而且這當中牽涉到太多的未解數量值，好比種種不同夸克和類電子粒子的質量比。不過即便如此，標準模型依然提供了一種出奇統一的概觀，將我們在實驗室中遇上的所有類別的物質和力（重力除外），完全收納進只需一張紙就能寫完的方程式。我們可以肯定，標準模型起碼具備了未來任何更優秀理論的一個近似特例。

標準模型在歷來從泰勒斯到牛頓等眾多自然哲學家眼中，

或許並不會令人滿意。它超脫人情；裡面沒有絲毫諸如愛或正義的人性考量。沒有人能從研究標準模型，在做人上受惠而變得更好，實現如柏拉圖期望研究天文學所能帶來的長進。還有，標準模型並不含目的的成份，這和亞里斯多德對物理學理論的期許背道而馳。當然了，我們棲身在一個由標準模型支配的宇宙當中，而且我們也可以想像，電子和兩種輕夸克是為了造就出我們人類才演變出現狀，不過它們還有一些比較沈重的對應粒子，而這些和我們的生活就都毫無關連，就此我們又該如何看待？

標準模型以支配不同場的方程式來表述，卻不能單從數學推導得出。而且它也不能從對自然的觀測直接推衍出來。實際上，夸克和膠子的相互吸引力隨距離增強，因此我們永遠見不到這類粒子獨自存在。還有標準模型也不能從哲學先入偏見推導得出。明確而言，標準模型其實是依循審美判斷猜測的成果，接著還經過眾多成功預測驗證了模型成效。儘管標準模型還有許多解釋不清的層面，我們料想，往後不管接續發展出哪種更深入的理論，至少都能清楚解釋當中的部份特徵。

物理學和天文學歷時久遠的親密關係仍會延續。如今我們對核反應認識之深，不只懂得計算出太陽和恆星如何發光、演變，也能理解種種最輕元素如何在宇宙這次膨脹的頭幾分鐘生成。過去天文學家曾面對種種艱鉅挑戰，眼前也不例外：宇宙膨脹正加速進行，推估這是暗能量造成的結果，那是不含納於粒子質量和運動之中，而是存在於空間本身的能量。

生活中有個經驗層面，乍看之下似乎告訴我們，要基於任何非目的性物理學理論（好比標準模型）來理解任何現象都是辦不到的。談到生物我們無法規避目的論。我們描述心、肺、

根和花時會以它們發揮的作用來入手，這種傾向在牛頓之後還更增強了，原因是卡爾·林奈（Carl Linnaeus）和喬治·居維葉（Georges Cuvier）等博物學家的研究成果，大幅擴充了動、植物相關資訊。不只神學家把動、植物擁有高超本領視為仁慈造物主存在的證據，連波以耳和牛頓等科學家都抱持這樣的見解。就算我們能夠避免以超自然因素來解釋動、植物的能力，然而長期以來我們似乎都難免要把對生命的認識，建立在與（如牛頓所提之）物理理論大相逕庭的目的論原則基礎之上。

生物學和其他科學領域的統一指望始自十九世紀中葉，也就是達爾文和阿爾弗雷德·華萊士（Alfred Russel Wallace）分別獨立提出天擇演化論之際。由於化石記錄提示，演化觀點在當時早為大眾所熟悉。採信演化真相的人士多半把演化解釋為生物學一項基本原理所致結果，那就是生物自我改進的內在傾向，這項原理會排除生物學與物理科學統一的任何指望。達爾文和華萊士則有不同的主張，他們認為演化是經由遺傳變異的出現來起作用，其中有利變異的出現機率並不比不利於變異者高，但能提高存活和繁殖機會的變異，就比較可能傳播開來。[3]

天擇歷經久遠歲月才獲採信為演化的機制。在達爾文的時代，沒有人了解遺傳機制，也沒有人知道遺傳變異的出現機制，因此生物學家自然有理由期望能出現一種比較具有目的性的理論。想想看，若說人類是數百萬年來大自然對隨機遺傳變異的天擇作用所得結果，這會是多麼令人不快的設想。最後，遺傳規則和突變發生規則的發現，在二十世紀催生出了「新達爾文綜論」（neo-Darwinian synthesis），從而為天擇演化論奠定了更穩固的根基。最後由於體認到遺傳資訊乃是由DNA雙螺

旋分子攜帶，於是這項理論最後便擁有了化學基礎，也從而奠定了物理學根基。

所以生物學和化學聯手以物理學為基礎，結合形成一種統一的自然觀點。不過我們有必要體認這種統一的侷限之處。沒有人會想拋棄生物學的語言和方法，改而採用個別分子，甚至夸克和電子的視角來描述生物。就一方面，生物的複雜程度太高，超過有機化學的最大分子，非這類描述所能勝任。更重要的是，即便我們能追蹤動、植物體內所有原子的運動，那般浩瀚的資料，仍會讓我們錯過我們感興趣的事項─獅子獵捕羚羊或花朵吸引蜜蜂。

生物學就像地質學，還遇上了化學毋須面對的另一個問題。生物之所以演變出現狀，不只是基於物理學原理，還肇因於為數龐大的歷史偶然，包括六千五百萬年前那顆彗星或流星意外擊中地球，衝撞力道大得把恐龍殺光，還有一件事實起因，可以追溯至地球形成時與太陽的相隔距離，以及其初始化學組成。這些偶發事件我們可以從統計上來理解，但是要認識個別事件就無能為力了。克卜勒錯了：永遠沒有人能單靠物理學原理來算出從太陽到地球的距離。我們說生物和科學其他領域的統一，意思只是指不會有獨立的生物學原理，和地質學的情況沒有太大不同。任何生物學普適原理之所以如現狀樣貌，都是由於物理學基本原理加上歷史偶然所致，而根據定義這是永遠無法解釋的。

這裡所描述的觀點被冠上（一般帶有貶損意味的）「還原論」（reductionism）稱號。即便在物理學界都存有反對還原論的意見。研究流體或固體的物理學家，經常引用「突現」的例子，這是指在描述宏觀現象時出現的概念（好比熱或相變），

而這些概念在基本粒子物理學中找不到對應觀念，也不取決於基本粒子之細部詳情。試舉熱動力學為例，這是研究熱的學科，適用於形形色色的各式系統：除了馬克士威和波茲曼所鑽研的含大量分子的體系之外，也包括大型黑洞的表面。不過它並不適用於所有系統，而且當我們斟酌它是否適用於某特定系統，還有適用理由時，我們還必須參酌更深入、更真正基本的物理學原理。從這層意義來看，還原論並不是種科學實踐改革方案；它是審視世界為什麼猶如現狀樣貌的一種觀點。

我們不知道科學還會在這條還原的路線上逗留多久。說不定到了某一天，人類物種以手頭資源條件將無法進一步發展。就眼前看來，有種質量等級約達氫原子質量之 10^{18} 倍的巨大質量，在這個質量數量級下，重力和其他尚未察覺的力，當能與標準模型的各種力相互統一。這種質量稱為「普朗克質量」（Planck mass）；該等級質量粒子具有的重力吸引力，當與間隔相等距離的兩電子之相互電斥力等強。就算全人類的經濟資源完全任由物理學家來支配，我們目前也想不出法子在實驗室裡創造出質量這麼龐大的粒子。

或許我們會先耗盡智力資源—人類說不定還沒有聰明到足以理解真正基本的物理學定律。也或者我們遇上某種現象，而且原則上那完全無法納入所有科學的統一架構。舉例來說，即便我們有可能逐漸認識造就出意識的腦中歷程，卻依然很難想像我們該怎樣用物理學術語來描述意識感受本身。

無論如何，我們在這條道路上已經走了很遠的路，而且還沒有走到盡頭。這是一段壯闊的故事——研究天和研究地的物理學如何由牛頓統一，電和磁的統一理論如何發展成形，最後還有辦法解釋光，電磁量子理論如何拓展納入了弱核力和強核

力，還有化學乃至於生物學如何被納入一種以物理學為本的局部統一自然觀。我們發現的形形色色科學原理，向來都是朝著還原為更基本物理學理論方向發展，過去這樣，現在也如此。

註：

1　馬克士威本人寫的方程式，型式和今天用來描述電場和磁場支配規則的方程式（稱為「馬克士威方程組」）並不相同。他的方程式牽涉到其他類型的場，稱為「勢」，勢隨時間和位置變動的改變率就是電場和磁場。今人比較熟悉的馬克士威方程組型式，約在一八八一年由奧利弗・黑維塞（Oliver Heaviside）提出。

2　我在這裡和底下都不會引用個別物理學家的論述。太多人參與其中，談起來會佔用太大篇幅，而且其中許多人都依然健在，所以倘若引述了某物理學者之言，卻漏掉了其他人士所見，那我就可能冒犯了別人。

3　這裡我把性擇和天擇混為一談，也把斷續平衡說（punctuated equilibrium）和穩定演化說結合在一起；而且我也不區分突變和基因漂變這兩種遺傳變異根源的差別。這些差異對生物學家來講都非常重要，不過就我在本文著眼的觀點而言，這些都沒有影響：沒有哪項獨立的生物學定律，可以讓遺傳變異有機會變得更加完善。

致謝詞

　　我有幸能得到好幾位專家學者的幫忙：古典學家吉姆·漢金森（Jim Hankinson）和歷史學家布魯斯·亨特（Bruce Hunt）和喬治·史密斯（George Smith）。他們讀了本書大半篇幅，我也根據他們所提建議做了許多修正。就此我深致謝忱。我還要謝謝路易絲·溫伯格（Louise Weinberg，譯註：本書作者之妻，娘家姓 Goldwasser）提出寶貴的批評建言，還提議使用鄧約翰詩句，為本書前頁增色。接著還有彼得·迪爾（Peter Dear）、歐文·金格里奇（Owen Gingerich）、阿爾伯托·馬丁內斯（Alberto Martinez）、山姆·施韋伯（Sam Schweber）和保羅·伍德拉夫（Paul Woodruff），感謝他們就不同專題提供的高見。最後我要特別感謝底下人士的鼓勵和好建議，包括我明智的代理人，莫頓·詹克洛（Morton Janklow），還有我優秀的哈潑柯林斯出版社編輯，提姆·杜根（Tim Duggan）以及艾蜜莉·坎寧漢姆（Emily Cunningham）。

技術箚記

　　以下箚記為本書所討論的眾多歷史發展進程，分別描述了科學和數學背景。讀者若是在高中階段學過一些代數和幾何學，只要還沒有完全忘記，以這些箚記的數學水平，要能讀懂應該並不困難。不過依照我對本書的組織安排，若是對技術細節不感興趣，各位也完全可以跳過這些箚記，依然能夠讀懂正文。

　　這裡先說明一點：這些箚記的推理方式，不見得和歷史實情相符。從泰勒斯到牛頓，當初應用來探究物理學問題的數學風格，和當今普遍依循的作風相比，多了幾何而少了代數。採用這種幾何風格來解析這樣的問題，對我來講會很困難，而且會讓讀者覺得乏味。在這些箚記當中我會闡明，過去的自然哲學家所得到的結果，如何與他們所倚仗的觀測和假設相符（或就某些情況，不相符），不過我並不試圖忠實重現他們的細部推理過程。

箚記目錄

1 泰勒斯定理

泰勒斯定理使用簡單的幾何推理，推導出了一個和圓與三角形有關的不是十分顯而易見的結果。不論這項結果是不是真由泰勒斯提出證明，泰勒斯定理總歸是可以讓我們看出歐幾里德時代之前的希臘幾何知識所涵括範圍的一個實例。

考慮一任意直徑之任意圓。設 A 和 B 為直徑與圓相交的兩點。從 A 和 B 向圓上任意其他點 P 劃出連線。該直徑和從 A 到 P 以及從 B 到 P 的兩條連線共同組成一三角形 ABP（我們用三角形的三個頂點來標示三角形。）泰勒斯定理告訴我們，這是個直角三角型：三角形 ABP 中以 P 為頂點的角為直角，換言之即為九十度角。

證明本定理的訣竅在於從圓心 C 向點 P 劃一條連線。這條直線把三角形 ABP 區隔成兩個三角形，ACP 和 BCP。（見圖一。）兩三角形都為等腰三角形，也就是兩邊相等的三角形。三角形 ACP 的邊 CA 和邊 CP 都是圓的半徑，根據圓的定義，兩線長度相等。（我們用三角形的兩頂點來標示連接該兩頂點的邊。）同理，三角形 BCP 的邊 CB 和邊 CP 也相等。等腰三角形毗鄰兩等邊之兩角相等。所以邊 AP 和邊 AC 的夾角 α 等於邊 AP 和邊 CP 的夾角，而邊 BP 和邊 BC 的夾角 β 等於邊 BP 和邊 CP 的夾角。任意三角形之內角和等於等於兩個直角，[1]或以較熟悉的術語來說明，等於 $180°$，所以若我們將三角形 ACP 的第三個角（邊 AC 和邊 CP 的夾角）標示為 α'，再將邊 BC 和邊 CP 的夾角標示為 β'，則

$$2\alpha + \alpha' = 180° \quad 2\beta + \beta' = 180°$$

兩方程式相加並重整各項便得

$$2(\alpha + \beta) + (\alpha' + \beta') = 360°$$

現在，$\alpha' + \beta'$ 為 AC 和 BC 的夾角，兩角合併則兩邊在同一條直線上，因此整整繞了半圈，構成 $180°$，所以

$$2(\alpha + \beta) = 360° - 180° = 180°$$

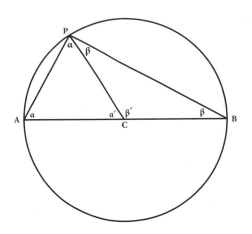

圖一。泰勒斯定理的證明。定理說明，無論點P位於圓上何處，從直徑兩端到點P連線之間的夾角均為直角。

於是 $\alpha + \beta = 90°$。不過參看圖一可知，$\alpha + \beta$ 就是三角形ABP的邊AP和邊BP的夾角，正是我們一開始談到的角，所以我們知道，這確實是個直角三角型，定理得證。

2　柏拉圖立體

柏拉圖有關物質本質的推論有個核心要角，那就是一類號稱正多面體的實體造型，如今我們也稱之為柏拉圖立體（Platonic solids）。正多面體可以看成是平面幾何正多邊形的三維類推，從某個意義來講也是以正多邊形組成的。正多邊形是以n條線段為界的平面圖型，所有線段長度相等，且在n個頂點兩兩相連，構成相等角度的頂角。等邊三角形（三邊等長的三角形）和正方形都是正多邊形。正多面體是以正多邊形為界的立方形體，所有正多邊形都一模一樣，而且各個頂點都有數量相等的N個正多邊形以相等角度相接。

最熟見的正多面體是立方體。立方體以六個全等的正方形為界，八個端點各有三個正方形相接。還有一種比立方體更簡單的正多面體稱為

四面體。四面體是以四個全等的等邊三角形為界的三角形金字塔，四個頂點各有三個三角形相接。（這裡我們只考量所有頂點全都朝外的凸多面體，好比立方體和四面體都屬之。）翻閱《蒂邁歐篇》可以讀到，柏拉圖不知如何便得知這類正多面體只有五種可能形狀，而且他認為這就是組成所有物質的原子的形狀。五種造型是分別具有四、六、八、十二和二十個面的四面體、立方體、八面體、十二面體和二十面體。

根據存留迄今的古代文獻，最早嘗試證明正多面體只有五種的著述，出自歐幾里德《幾何原本》的最後精彩章節。該著述第十三卷的命題十三至十七，歐幾里德提出了四面體、立方體、八面體、二十面體和十二面體的幾何結構。接著他說明，[2]「接著我要說，沒有其他形體了，除了上述五種形體，沒有其他形體能以相同的等邊或等角形狀建構組成。」歐幾里德在這段陳述之後接著提出一則論證，不過他所述結果實際上並不是那麼確鑿，指稱任意正多面體的各多邊形面之邊數n和相接於頂點之多邊形數N之間只有五種可能的組合。底下所述證明，和歐幾里德的證明基本上是相同的，不過是以現代說法來傳達。

第一步是分別計算正n邊形在n個頂點的內角 θ。從多邊形中心向邊界各頂點劃出連線，把多邊形的內部區分成n個三角形。由於任意三角形的三內角和都為180°，且這些三角形各有兩頂點的角度為 $\theta/2$，則各三角形的第三個頂點（位於多邊形中央的那個）之角度必為180°$-\theta$。但這n個角的總和必為360°，所以n(180°$-\theta$)＝360°。由此解出

$$\theta = 180° - 360°/n$$

舉等邊三角形為例，我們知道 n＝3，所以 $\theta = 180° - 120° = 60°$，若為正方形則 $n = 4$，所以 $\theta = 180° - 90° = 90°$。

下一步是想像將正多面體的一個頂點保留，其餘所有的邊和頂點全都切除，接著從殘留的頂點把該多面體壓成一個平面。於是相接於該頂點的N個多邊形就會平鋪在該平面上，不過n個多邊形之間必然留有間隙，否則它們就會形成單獨一個面。所以我們必然得出 $N\theta < 360°$。使用上述 θ 公式，把不等式兩邊分別除以360°，結果便為

$$N\left(\frac{1}{2} - \frac{1}{n}\right) < 1$$

或（將兩邊分別除以N）相當於

$$\frac{1}{2} < \frac{1}{n} + \frac{1}{N}$$

這樣一來，我們必然得出 n ≥ 3，否則多邊形的各邊之間就不會存有任何面積，而且我們必然得出 N ≥ 3，否則在某一頂點收攏的各面之間就不會存有空間。（舉例來說，立方體各邊都是正方形，所以 n＝4，且 N＝3。）於是根據上列不等式，1/n 和 1/N 都必然大於 1/2－1/3＝1/6，所以n和N都必然小於6。我們可以輕鬆核算 5 ≥ N ≥ 3 和 5 ≥ n ≥ 3 的所有整數數對，檢視數對是否滿足不等式，結果發現只有五對符合要求：

(a)N＝3 ， n＝3
(b)N＝4 ， n＝3
(c)N＝5 ， n＝3
(d)N＝3 ， n＝4
(e)N＝3 ， n＝5

（就 n＝3、n＝4 和 n＝5 等情況，正多面體各面分別為等邊三角形、正方形和正五邊型。）這些就是我們能在四面體、八面體、二十面體、立方體和十二面體見到的n和n值。

以上就是歐幾里德證明的範圍。不過歐幾里德並沒有證明，每一對 n、N 數值只能分別構成一個正多面體。底下我們會從歐幾里德的成果更進一步闡明，就每一對N、n數值，我們都能找到對應於多面體其他特徵（面數F、邊數E和頂點數V）的一組獨特結果。這裡有三個未知數，所以我們需要三個方程式來求解。推導第一個時，請注意多面體表面的所有多邊形之總邊數為 nF，不過E條邊中的每一條，都同時構成兩個多邊形之邊，所以

$$2E = nF$$

同時，V 個頂點中的每一個都有n條邊，且E條邊中的每一條都連接兩個頂點，所以

$$2E = NV$$

最後，F、E 和 V 還有種比較微妙的關係。推導這層關係時，我們必須多做一項假定：多面體是單連通的（simply connected），意思是說，表面上任兩點之間的任何路徑，都可以連續變形構成這兩點間的其他任意路徑。適用本假設的實例包括立方體和四面體，不過在甜甜圈表面描畫出邊和面所構成的多面體（不論是否正多面體）就不適用。有個很深入的定理說明，在四面體添加邊、面和／或頂點，可以建構出任意單連通多面體，接著若有必要，還可以再連續擠壓建構出的多面體，形成某種合意的形狀。基於這一事實，現在我們就證明，任意單連通多面體（不論是否為正多面體）都能滿足以下關係：

$$F - E + V = 2$$

我們很容易證明四面體能滿足這項條件，由於四面體的 F＝4，E＝6 且 V＝4，所以式子左邊 4－6＋4＝2。現在，如果我們為任意多面體增添一條邊，從一面的一邊連往另一邊，於是我們就添了一個新的面和兩個新的頂點，所以 F 和 V 分別多了一個和兩個單元。不過這也會把每條舊邊都在新邊端點處一分為二，所以 E 的增量為 1＋2＝3，於是 F－E＋V 的值不變。相同道理，假使我們從一頂點到一個舊邊增添一條邊，則我們就為 F 和 V 分別增添一個單元，並為 E 增添兩個單元，則 F－E＋V 值依然不變。最後，倘若我們從一個頂點到另一個頂點增添一邊，則我們便為 F 與 E 分別增添一個單元，而且 V 值不變，所以 F－E＋V 值依然不變。既然任意單連通多面體都能以這種法子建構成形，所有這類多面體的這個數值也全都相等，也因此所得數值必然正如四面體之 F－E＋V＝2。（這是數學一個稱為拓樸學之分支的一項簡單實例，F－E＋V 的值在拓樸學中稱為多面體的「尤拉示性數」〔Euler characteristic〕）

現在我們可以解這三個方程式來求 E、F 和 V。最簡單的做法是使用頭兩個方程式，把第三個方程式裡的 F 和 V 分別用 2E/n 和 2E/N 代入，於是第三個方程式就變成 2E/n－E＋2E/N＝2，並得出

$$E = \frac{2}{2/n - 1 + 2/N}$$

接著使用另兩個方程式並得出

$$F = \frac{4}{2 - n + 2n/N} \qquad V = \frac{4}{2N/n - N + 2}$$

所以就上列五種情況，面、頂點和邊的數目分別為：

	F	V	E	
N＝3, n＝3	4	4	6	四面體
N＝4, n＝3	8	6	12	八面體
N＝5, n＝3	20	12	30	二十面體
N＝3, n＝4	6	8	12	立方體
N＝3, n＝5	12	20	30	十二面體

這些就是柏拉圖立體。

3　和聲

　　畢達哥拉斯派學者發現，同時撥動樂器兩根張力一致、粗細均等且材質相同的琴弦，若其弦長之比恰為兩個小整數之比，好比 1/2、2/3、1/4 或 3/4 等，則兩弦就會發出悅耳的聲音。要理解箇中道理，首先我們必須釐清任意類型的波動之頻率、波長和速度之間的一般關係。

　　任意波動都能以某種振盪幅度來說明其特色。聲波的振幅是傳播波動之空氣的壓力；海浪的振幅是水的高度；就具有明確偏振方向的光波而言，振幅是朝著該方向的電場；而沿著樂器琴弦移動的波的振幅，則是琴弦朝向與弦垂直方向偏離正常位置的位移。

　　有一種特別單純的波稱為正弦波。採擷正弦波在任意片刻的快照，我們就會見到，波動振幅在沿著行進方向的一些點上消失。花短暫時間專注審視當中一點，倘若我們沿著行進方向進一步前行，我們就會見到振幅先增長接著又縮減為零，隨後當我們再往前看，則振幅就會先落入

負值區間，然後又增長為零，隨後當我們繼續沿著波動方向觀看，這整個週期還會一再反覆並循環出現。任一完整週期的起點和終點之間的距離，就是波動的特徵長度，稱為波長，依慣例以符號 λ（lambda）來表示。接下來會發生一種重要現象，既然波幅不只在週期的起點和終點消失，在中間點也會消失不見，接連消失點之間的距離便為波長之半，即 $\lambda/2$。則任兩個波幅消失點之相隔距離，必然為半波長之某整數倍。

有一條基本數學定理指出（這是直到十九世紀早期才明確釐清），基本上任何擾動（意指具有隨波動距離變得平滑之充分依賴性的任何擾動）都能以分具不等波長之正弦波的疊加來表示。（這種做法稱為「傅立葉分析」〔Fourier analysis〕。）

各個正弦波都在時間上以及順沿波動行進方向之距離上表現出一種特有振盪。倘若波動是以速度 v 行進，那麼它在時段 t 中移行的距離便為 vt。於是在時段 t 中通過某定點的波長數便為 vt/λ，而在某給定點之振幅和改變率都一再恢復同一數值的每秒週期數便為 vt/λ。這就稱為頻率，以符號 ν 表示，所以 $\nu = v/\lambda$。琴弦振動波的速度很接近常數，取決於弦的張力和質量而定，不過與波長和振幅都幾無絲毫關係，所以就這類波（如同光的情形）而言，頻率完全與其波長成反比。

現在考量某樂器上一條長度為 L 的琴弦。波幅在弦的端點（固定弦的定點）一定會消失。這項條件侷限了可以對琴弦整體振動幅度做出貢獻的每道正弦波之波長。前面已經指出，任意正弦波之振幅消失的兩點間距離，可以是半波長的任意整數倍數。所以在一根兩端固定的琴弦上的波，必然含整數 n 倍之半波長，即 $L = N\lambda/2$。也就是說，波長只可能為 $\lambda = 2L/N$，其中 N＝1、2、3 等，而頻率只可能為[3]

$$\nu = vN/2L$$

最低頻率（當 N＝1 時）為 $v/2L$；較高頻率（當 N＝2、N＝3 等之時）全都稱為「泛音」（overtone）。舉例來說，任何樂器的中央 C 弦的最低頻率都為每秒 261.63 周，不過該弦也有其他振動，包括每秒 523.26 周和每秒 784.89 周等。不同泛音的強度造就了不同樂器的音質差異。

現在，假定振動是發生在兩根不等長弦上，弦長分別為 L_1 和 L_2，此

外兩弦就一模一樣，特別是它們都具有相等波速 v。在時段 t 內，第一弦和第二弦的最低頻振動模式會分別經歷 $n_1 = v_1 t = vt/2L_1$ 和 $n_2 = v_2 t = vt/2L_2$ 週期或局部週期。兩邊的比值為

$$n_1/n_2 = L_2/L_1$$

所以，為了讓兩弦的最低頻振動在同一時間內各自經歷整數次週期，L_2/L_1 量值必然為兩個整數之比——也就是個有理數。（在這個情況下，每根弦在同一時間發出的泛音，也都會經歷整數次週期。）因此兩根弦發出的聲音會自行疊加，仿如單弦撥動的情況。這似乎會讓聲音更顯得悅耳。

好比若 $L_2/L_1 = 1/2$，則當弦 1 每完成一個振動週期，弦 2 便相對經歷兩個完整週期。就這種情況，我們說兩根弦發出的音相隔一個八度。鋼琴琴鍵上不同 C 鍵所產生的頻率全都以八度的倍率相隔。若 $L_2/L_1 = 2/3$，兩根弦產生的和絃便稱為五度。舉例來說，若一弦發出中央 C，頻率為每秒 261.63 周，則長度為 2/3 的另一弦就會發出中央 G，頻率為每秒 3/2 × 261.63 = 392.45 周。[3] 若 $L_2/L_1 = 3/4$，產生的和絃便稱為四度。

這些和絃之所以悅耳還有另一項理由，那就是泛音的影響。為使弦 1 的第 N_1 泛音與弦 2 的第 N_2 泛音頻率相等，我們必須讓 $vN_1/2L_1 = vN_2/2L_2$，於是

$$L_2/L_1 = N_2/N_1$$

弦長之比同樣是有理數，不過理由是不同的。然而假使這個比值是個無理數，好比 π 或者 2 的平方根，那麼儘管高泛音的頻率會相互任意貼近，兩弦的泛音卻是永遠不能匹配的。那種聲音顯然會相當難聽。

4 畢達哥拉斯定理

「畢達哥拉斯定理」即勾股定理，這是平面幾何的最著名結果。據信這是出自畢達哥拉斯派學者（可能是阿爾庫塔斯），不過其出處詳情仍屬不明。底下是最簡單的證明，過程用上了希臘數學家常用的比例觀念。

考量一三角形，設其頂點各為 A、B 和 P，且位於 P 的角為直角。定

理說明以 AB（三角形斜邊）為邊的正方形之面積，等於分別以三角形其他兩邊（AP和BP）為邊的兩正方形之面積之和。依現代代數術語，我們可以認為 AB、AP 和 BP 為等於這些邊長之數值，並將該定理陳述如下：

$$AB^2 = AP^2 + BP^2$$

證明的竅門在於從 P 向斜邊 AB 劃一條線，與斜邊相交於一點（這裡稱之為點 C）並形成一直角。（見圖二。）這會把三角形 ABP 分割成兩個較小的直角三角形（APC 和 BPC）。我們很容易看出，這兩個較小的三角形都與三角形 ABP 相似——也就是各對應角的角度都相等。若我們設頂點 A 和 B 的角為 α 和 β，則三角形 ABP 的三內角為 α、β 和 90°，所以 $\alpha + \beta + 90° = 180°$。三角形 APC 有兩個內角分別等於 α 和 90°，所以要讓三內角和等於 180°，第三個內角必然為 β。相同道理，三角形 BPC 有兩個內角分別等於 β 和 90°，所以它的第三個內角必定是 α。

由於這些三角形全都相似，它們的對應邊都成比例。也就是說，AC 和三角形 ACP 的斜邊 AP 之比，必定等於 AP 與原三角形 ABP 的斜邊 AB 之

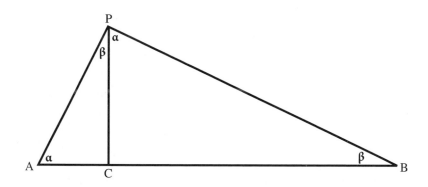

圖二。畢氏定理的證明。本定理說明，分別以 AP 和 BP 為邊的兩個正方形的面積之和，等於以斜邊 AB 為邊的正方形之面積。證明這項定理時，首先從 P 劃一線連往點 C，選定該點的目的是要讓這條線與 AB 連線垂直。

比，且BC與BP之比也必定等於BP與 AB 之比。我們可以用比較方便的代數寫法，來陳述AC、AP等長度之比：

$$\frac{AC}{AP} = \frac{AP}{AB} \qquad \frac{BC}{BP} = \frac{BP}{AB}$$

由此可直接得出AP^2 ＝ AC × AB，且BP^2 ＝ BC × AB。兩式相加得

$$AP^2 + BP^2 = (AC + BC) \times AB$$

但 AC ＋ BC ＝ AB，所以這就得出要證明的結果。

5　無理數

早期希臘數學家只認識有理數，也就是整數（如1、2、3等）或整數之比（如1/2、2/3等）。倘若兩線長度之比為有理數，則稱兩直線為「可公度的」（commensurable）——好比若兩線長度之比為 3/5，則其中一條線的五倍長度等於另一條線的三倍長度。因此當我們得知並不是所有線都可以公度時，心中自然大受震撼。尤其是，等腰三角形的斜邊和其他兩等邊當中的任何一條都是不可公度的。依現代說法，既然根據畢氏定理，這種三角形的斜邊平方兩倍於兩等邊任一邊的平方，而斜邊的長度等於其他任一邊的邊長乘以二的平方根，所以這也就是說二的平方根並不是個有理數。歐幾里德在《幾何原本》第十卷提出的證明用上了假設命題不成立的反證法，依現代說就是，假定有個平方為 二的有理數，然後推導出一項荒謬的結果。

假定一有理數p/q（其中P和q均為整數）的平方等於2：

$$(p/q)^2 = 2$$

這時該組數字會有個無窮值，把任意給定P和q 乘上任意相等整數即可求得，不過讓我們設P與 q 為能使 $(p/q)^2 = 2$ 成立的最小整數。由本方程式得

$$p^2 = 2q^2$$

這就證明 p^2 是個偶數,然而任意兩奇數的乘積都是奇數,所以 P 必為偶數。也就是說,我們可以設定 p＝2p',其中 p' 是個整數。不過由於

$$q^2 = 2p'^2$$

所以根據前面的相同理由,q 是個偶數,因此可以寫成 q＝2q',其中 q' 是個整數。不過由於 p/q＝p'/q',所以

$$(p'/q')^2 = 2$$

其中 p' 和 q' 都是整數,且分別等於 P 和 q 之半,這就違背了前面所下定義:p 和 q 為能使 $(p/q)^2 = 2$ 成立的最小整數。所以「存有整數 P 和 q 能使 $(p/q)^2 = 2$ 成立」之原始假設會導出矛盾結果,不可能成立。

這項定理有一項明顯的延伸:本身非任意整數之平方的數值,如 3、5 和 6 等,都不可能是任何有理數的平方。舉例來說,若 $3 = (p/q)^2$,其中 P 和 q 是能使之成立的最小整數,則 $p^2 = 3q^2$,不過這要成立就必須先有個 p' 能使 p＝3p',然而 $q^2 = 3q'^2$,所以存有整數 q＝3q',於是 $3 = (p'/q')^2$,這就違反前述 P 和 q 為可使 $(p/q)^2 = 2$ 成立的最小整數。因此 3、5、6……的平方根全都是無理數。

我們在現代數學能接受存有無理數,好比平方等於 2 的數記為 $\sqrt{2}$。這種數值的十進制展開式構成無窮無盡也不循環的無限小數,好比 $\sqrt{2}$ ＝ 1.414215562 … 有理數和無理數都為數無窮,不過就某層意義來講,無理數比有理數要多得多,這是由於我們能以一無窮序列完整涵括任意給定的有理數:

1、2、1/2、3、1/3、2/3、3/2、4、1/4、3/4、4/3……

然而我們卻不可能完整列出所有無理數。

6　終端速度

為理解亞里斯多德如何從落體觀測結果推出他的運動學說,我們可以借助一項亞里斯多德不知道的物理學原理,牛頓的運動第二定律。這

項原理告訴我們，一物體之加速度 a（加速之速率）等於作用於物體的總力 F 除以該物體的質量 m：

$$a = F / m$$

物體在空中下落時，主要承受兩種力的作用。其中一種是重力，強度與物體的質量成正比：

$$F_{重力} = mg$$

這裡 g 是一獨立於落體性質之常數。它等於只承受重力影響之落體的加速度，其數值在地球表面附近為三十二英尺每二次方秒。另一種力是空氣阻力。這是個與空氣密度成正比的量 $f(v)$，隨速度提高而增大，也取決於物體的形狀和大小，不過和物體的質量無關：

$$F_{空氣} = -f(v)$$

這則公式的空氣阻力帶了個負號，因為我們認為加速度的方向朝下，而就一落體而言，空氣阻力則向上作用，所以公式帶了負號，$f(v)$ 就為正值。舉例來說，在具有充分黏度的流體中下落的物體，其所受「空氣」阻力與速度成正比

$$f(v) = kv$$

其中 k 是個取決於物體之大小和形狀的正值常數。當流星或飛彈進入上大氣層稀薄空氣，我們的公式就變成

$$f(v) = Kv^2$$

其中 K 是另一個正值常數。

使用以上公式計算兩力的總和 $F = F_{重力} + F_{空氣}$，使用牛頓定律得出的結果，則我們得到

$$a = g - f(v) / m$$

物體一開始拋落時的速度為零，所以並沒有空氣阻力，向下的加速度恰為 g。隨著時間流逝，它的速度也跟著提增，空氣阻力開始減弱其加速度。最後速度逼近一個 v 值，使加速度公式中的 $-f(v) / m$ 項恰好能與 g 相約，於是得出的加速度也就可以忽略。這就是終端速度，以下列方程式的解來定義：

$$f(v_{終端}) = gm$$

亞里斯多德從來沒有談過終端速度，不過本公式得出的速度，卻有某些特性與他賦予落體速度的特性雷同。既然 $f(v)$ 是 v 的一種遞增函數，終端速度也隨質量 m 增加而提增。就 $f(v) = kv$ 這個特例而言，終端速度恰與質量成正比，並與空氣阻力成反比：

$$v_{終端} = gm / k$$

然而這些並非落體速度的一般特性；重物只有在下落很長一段時間之後才會達到終端速度。

7　下落的液滴

斯特拉托觀測得知，下落液滴下墜時彼此會相隔愈來愈遠，由此他歸結認定，這些液滴都朝下加速。倘若一個液滴下落得比其他的快，它的下落持續時間肯定比較長，倘若液滴彼此分離，則下落時間較長者必然也下落得較快，這就表明液滴下落時會加速。儘管斯特拉托並不知道，不過加速度是恆定的，而且稍後我們就會見到，這會導致液滴的間隔距離與其時間間隔成正比。

技術箚記六便已指出，若忽視空氣阻力，則任意落體的向下加速度就為常數 g，在地球表面附近時，這個數值為三十二英尺每二次方秒。若一物體從靜止狀態開始下落，則間隔時段 τ (tau) 之後，其向下速度便為 $g\tau$。因此若液滴 1 和液滴 2，各在時刻 t_1 和 t_2 分從靜止狀態順著同一支降流管朝下墜落，則在隨後時刻 t，兩液滴的下落速率將分別為 $v_1 = g(t-t_1)$ 和 $v_2 = g(t-t_2)$。於是它們的速率差異便為

$$v_1 - v_2 = g(t - t_1) - g(t - t_2) = g(t_2 - t_1)$$

儘管 v_1 和 v_2 都隨時間流逝而增加，它們的差別仍與時刻 t 無關，所以所以兩液滴的相隔間距 s 完全隨時間呈正比例增加：

$$s = (v_1 - v_2)t = gt(t_1 - t_2)$$

舉例來說，若第二滴液滴比第一滴晚了十分之一秒離開降流管，則半秒過後，兩液滴的間隔距離便為 32 × 1/2 × 1/10 = 1.6 英尺。

8　反射

　　亞歷山卓的希羅對反射定律的導算開創先例，他率先使用數學演繹法，從更深入、普適的原理來推導出物理原理。假定一位身處 A 點的觀測者在鏡中見到位於 B 點的物體之反射影像。倘若觀測者是在鏡面 P 點見到該物體的影像，則光線必然從 B 傳播到 P 接著再傳播到 A。（希羅或許會說，光線從位於 A 的觀測者向鏡子傳播接著再射往位於 B 的物體，彷彿

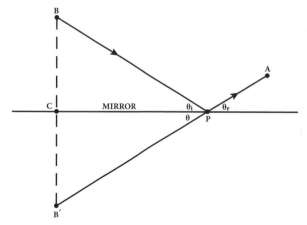

圖三。希羅定理的證明。本定理說明，從物體所在位置 B 到鏡面接著再到 A 點（眼睛所在位置）的最短路徑，就是可以使角 θi 和 θr 相等的路徑。帶箭頭實線代表一道光線的路徑；水平線是鏡面，虛線是鏡面的一條垂線，從點 B 連往鏡面另一側的點 B'，且兩點到鏡面的距離相等。

眼睛向外伸展並碰觸物體，不過這對以下論證並沒有影響。）反射的問題乃在於：P是位於鏡面何處？

　　為回答這個問題，希羅假定光始終採行最短可能路徑。就反射的情況，這就意味著P的位置應能使從B到P再到A的路徑總長，正是從B到鏡面任意位置再到A的路徑當中的最短一條。由此他歸結認定，鏡面和入射射線（從B到鏡面的線）的夾角 θi(thetai)等於鏡面和反射射線（從鏡面到A的線）的夾角 θr。

　　這裡提出等角法則的證明。從鏡面前方的B點向鏡面後方的B'點劃一條垂線，B和 B'與鏡面的距離相等。（見圖三。）假定這條線和鏡面相交於C點。直角三角形 B'CP邊 B'C 和邊 CP與直角三角形 BCP的邊 BC 與邊CP等長，所以這兩個三角形的斜邊 B'P 和BP也必然等長。因此光線從B向P傳播，接著再射向A的總距離，和從 B' 向P傳播，接著再射向A的光線所行經的距離相等。B' 和A兩點間的最短距離是一條直線，所以能夠讓物體和觀測者之間的總距離縮減至最短的路徑，就是能讓P位於B'和A之間的直線上的路徑。兩條直線相交時的對頂角相等，所以線 B'P和鏡面之夾角 θ，等於反射射線和鏡面的夾角 θr。不過由於B'CP和 BCP這兩個直角三角形有共同的邊，所以角 θ 也必定等於入射射線BP和鏡面的夾角 θi。所以既然 θi 和 θr 都等於 θ，它們自然也相等。這就是決定物體影像在鏡面上所處位置P的基本等角法則。

9　浮體與潛體

　　在《論浮體》鉅著當中，阿基米德假設物體漂浮水面或懸浮水中之時，倘若水中相等深度之等面積範圍承受的向下壓迫重量並不相等，則水和物體就會持續移動，直至給定深度之所有等面積範圍，承受的向下壓迫重量都相等為止。從這項假設，他推導出有關浮體和潛體的一般結果，其中有些甚至還具有重要的實用價值。

　　首先，設想一重量低於等體積水重的物體（如船隻）。該物體會浮在水面並排開一定數量的水。若我們在浮體正下方某深度位置標誌出一小片水平範圍，使其面積等於物體在水線處的面積，則壓在該標誌面上

的重量，就等於浮體的重量加上這片範圍正上方的水的重量，但不包括被物體排開的水的重量，因為那部份的水，已經不再壓在這片範圍之上了。我們可以拿它來和另一個也壓在相等面積、相等深度，但遠離浮體所在位置的重量兩相比較。這當然不包括浮體的重量，不過它倒是把從這片標誌範圍到水面的所有水都涵括在內，而且並沒有水被排開。為使兩個標誌範圍都承受相等重量壓迫，被浮體排開的水的重量，必定等於該浮體的重量。這就是為什麼船舶的重量，也稱為船舶的「排水量」。

接下來設想一個重量大於同體積之水重的物體。這樣的物體並不會漂浮，不過可以用纜繩懸吊在水中。若把纜繩綁縛在天平的一臂，這樣我們就可以測知物體浸沒水中之時的表觀重量 $W_{表觀}$。位於水中懸吊物正下方之水平標誌範圍所承受的下壓重量，必然等於該懸吊物的真正重量 $W_{真正}$ 減去其表觀重量 $W_{表觀}$（這已經被纜繩張力所抵銷）加上標誌範圍正上方的水之重量，當然了，被物體排開的水並不包括在內。我們可以拿這個重量和在相等深度壓在相等面積上的重量相比，這個重量並不包括 $W_{真正}$ 或 $-W_{表觀}$，不過它倒是把從這片標誌範圍到水面的所有水都涵括在內，而且並沒有水被排開。為使兩片標誌範圍都承受相等重壓，我們必須使

$$W_{真正} - W_{表觀} = W_{排開的水}$$

其中 $W_{排開的水}$ 是被懸吊物體排開的水之重量。所以，只需秤量物體懸吊水中時的重量，也秤量它離水時的重量，我們就可以得出 $W_{表觀}$ 和 $W_{真正}$，而且這樣一來，我們也就能得出 $W_{排開的水}$。假使物體的體積為 V，則

$$W_{排開的水} = \rho_{水} V$$

其中 $\rho_{水}$ 是水的密度（每單位體積多重），接近每立方厘米一克。（當然了，就一個形狀簡單的物體如立方體來講，我們只需測量物體的尺寸，就能求得 V，不過若是如王冠一般的不規則物體，就很難採用這種做法來求出 V。）還有，物體的真正重量是

$$W_{真正} = \rho_{物體} V$$

其中 $\rho_{物體}$ 是物體的密度。體積在 $W_{真正}$ 和 $W_{排開的水}$ 的比值中相互抵銷，因此只需測量 $W_{表觀}$ 和 $W_{真正}$，我們就能求得物體和水之密度比為：

$$\frac{\rho_{body}}{\rho_{water}} = \frac{W_{true}}{W_{displaced}} = \frac{W_{true}}{W_{true} - W_{apparent}}$$

這個比值稱為該物體之組成材料的「比重」。例如，如果物體的重量在水中比在空氣中少了百分之二十，則 $W_{真正} - W_{表觀} = 0.20 \times W_{真正}$，因此它的密度必定是水的 1/0.2 = 5 倍。也就是說，它的比重為 5。

水在這則分析當中並沒什麼特殊性；如果對於懸吊在某其他液體中的物體進行相同的測量，則由該物體之真正重量以及它懸浮在液體中時所減少的重量之比，便可得出物體之密度與液體密度之比。這項比例關係有時也用來測量種種不同液體的密度，將已知重量和體積的物體懸吊於該液體中，就能測得液體密度。

10　圓的面積

計算圓的面積時，阿基米德設想一個具有許多條邊的多邊形外切於一個圓。為簡單起見，讓我們考量一個正多邊形，其所有邊長和所有頂角角度都彼此相等。計算多邊形的面積時，首先從中心劃線分別連往多邊形各頂點，再從中心劃線連往多邊形各邊中點，這些連線所構成的所有直角三角形的面積和，即為該多邊形的面積。（見圖四，其中多邊形為正八邊形。）直角三角形的面積為其直角兩邊的乘積之半，這是由於兩個這種直角三角形可以貼著斜邊拼成一個長方形，且其面積為兩邊的乘積。就我們的情況，這就表示各三角形的面積，等於從中心到各邊中點的距離 r（這正是圓的半徑）以及從各邊中點到多邊形最近頂角的距離 s（這當然就是多邊形該邊長度之半）之乘積之半。把這些面積加總起來，我們就能求出整個多邊形的面積等於 r 之半乘以多邊形的總周長。假使我們讓多邊形的邊數趨近無窮，則其面積將趨近圓的面積，周長將趨近圓的周長。所以圓的面積是其周長之半乘以其半徑。

依現代術語表述，我們定義一數字 $\pi = 3.14159\cdots\cdots$，並使半徑為 r

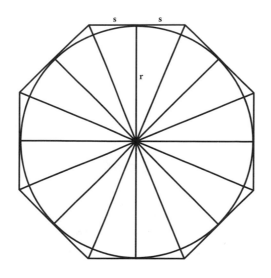

圖四。圓的面積計算法。在此計算當中，一個具有多條邊的多邊形外切於一個圓。圖中的多邊形有八條邊，其面積已經很接近圓的面積，隨著愈來愈多的邊添加到多邊形中，其面積也就愈接近圓的面積。

的圓之周長等於 $2\pi r$。因此圓的面積為

$$1/2 \times r \times 2\pi r = \pi r^2$$

若是我們把多邊形內接於一個圓，而非如圖四所示外切於一個圓，這相同論證依然成立。由於圓總是位於它的外切多邊形和內接多邊形之間，於是阿基米德得以使用這兩種類型的多邊形，求出了圓的周長與半徑之比（即 2π）的上下限。

11　太陽和月球的大小和距離

阿里斯塔克斯根據四項觀測結果，參照地球直徑來判定從地球到太陽和到月球的距離，以及太陽和月球的直徑。讓我們逐一審視各項觀測

結果，看看從這裡我們能學到什麼事情。底下 d_s 和 d_m 分別為從地球到太陽和到月球的距離，D_s、D_m 和 D_e 則分別指稱太陽、月球和地球的直徑。我們這裡要假定，直徑和距離相比可以忽略不計，因此，談到從地球到月球或到太陽的距離時，我們毋須指定從地球、月球或太陽上的哪一點來測量距離。

觀測結果一
當半月時，從地球到月球和到太陽的視線之夾角為 87°。

半月時，從月球到地球和從月球到太陽兩條連線之夾角必定恰好為 90°（見圖五 a），因此由日月、地月和日地三條連線構成的三角形便為直角三角形，並以日地連線為斜邊。直角三角形中一 θ 角的鄰邊與斜邊之比是一個三角量，稱為 θ (theta) 角的餘弦，簡稱 cos θ，這個數可以查表得知或用任何科學計算器求得，所以我們有

$$d_m/d_s = \cos 87° = 0.05234 = 1/19.11$$

且這項觀測結果顯示，太陽到地球的距離是月球到地球距離的 19.11 倍。阿里斯塔克斯不懂三角學，所以他只能歸結認定，這個數字是介於十九和二十之間。（其實那個角度並不是 87°，而是 89.853°，而且日地距離實際上是地月距離的 389.77 倍。）

觀測結果二
月球在日食期間恰好掩住太陽的可見圓面。

這表明太陽和月球的視尺寸基本上是相等的，理由在於從地球到太陽圓面兩側之視線的夾角，還有到月球圓面兩側之視線的跨角是相等的。（見圖五 b。）這就表示，這兩條視線分別與太陽和月球的直徑所構成的兩個三角形是「相似的」，亦即形狀相同。因此這兩個三角形對應邊的比值相等，所以

$$D_s / D_m = d_s / d_m$$

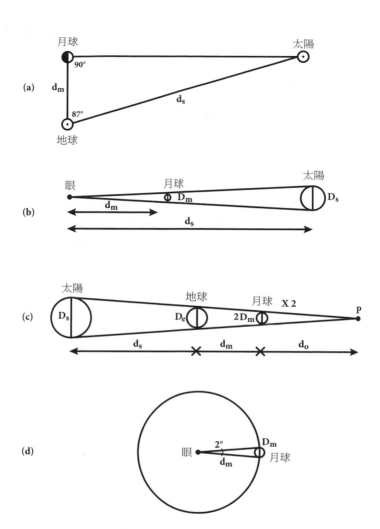

圖五。阿里斯塔克斯計算太陽和月球之大小與相隔距離時用上的四項觀測結果。
（a）半月時，地球、太陽和月球構成的直角三角型。（b）日全食時，月球恰好掩
住了太陽圓面。（c）月食時，月球進入地球的陰影。恰好填滿地球本影的球體之
半徑為月球半徑的兩倍，P是地球所投落陰影的終端點。（d）對月球視線所跨越
的角度為 2°（實際跨角約為 0.5°）。

於是根據觀測結果一，我們得出 $D_s / D_m = 19.11$，而兩直徑的實際比值則非常接近 390。

觀測結果三
月食時，地球投落月球所在位置的陰影，正好能夠納入兩倍於月球直徑的球體。

設 P 為地球影錐的末端。則我們得到三個相似的三角形：由太陽的直徑和從太陽圓面邊緣到 P 的連線所構成的三角形；由地球的直徑和從地球圓面邊緣到 P 的連線所構成的三角形；由兩倍月球直徑和在月食期間位於月球位置之（具有該直徑之）球體圓面邊緣到 P 的連線所構成的三角形（見圖五 c。）由此可得這些三角形對應邊的比值都是相等的。假定 P 點與月球相距 d_0，則太陽與 P 點相距 $d_s + d_m + d_0$，且地球與 P 點相距 $d_m + d_0$，所以

$$\frac{d_s + d_m + d_0}{D_s} = \frac{d_m + d_0}{D_e} = \frac{d_0}{2D_m}$$

接下來就是代數問題了。根據第二個方程式求解 d_0，得：

$$d_0 = \frac{2D_m d_m}{D_e - 2D_m}$$

把這項結果代入第一個方程式且兩邊同時乘以 $D_e D_s (D_e - 2D_m)$，得到

$$(d_s + d_m) D_e (D_e - 2D_m) = d_m D_s (D_e - 2D_m) + 2D_m d_m (D_s - D_e)$$

右邊的 $d_m D_s \times (-2D_m)$ 與 $2D_m d_m D_s$ 相互抵銷。右邊的餘項有一個因子 D_e，和左邊的因子 D_e 相互抵銷，最後我們得出 D_e 的公式：

$$D_e = 2D_m + \frac{d_m (D_s - 2D_m)}{d_s + d_m} = \frac{2D_m d_s + d_m D_s}{d_s + d_m}$$

現在若我們根據觀測結果二得出的 $d_s/d_m = D_s/D_m$，則本式可以完全用直徑來寫成：

$$D_e = \frac{3D_m D_s}{D_s + D_m}$$

若我們根據前面所得結果 $D_s/D_m = 19.1$，結果便得 $D_e/D_m = 2.85$。阿里斯塔克斯提出一個從 108/43 = 2.51 到 60/19 = 3.16 的範圍，當中漂亮地包括了 2.85。實際數值是 3.67。儘管阿里斯塔克斯算出的 D_s/D_m 值非常不精確，他得出的 D_e/D_m 卻相當接近實際值，理由在於若 $D_s \gg D_m$，則其結果便非常不容易受到 D_s 精確度的影響。沒錯，如果我們完全略過分母中和 D_s 相比毫不起眼的 D_m，那麼所有對 D_s 的依賴性就完全抵銷了，而我們也只剩 $D_e = 3D_m$，這和實情也相去不遠。

另一個更具重大歷史意義的事項是，倘若我們把 $D_s/D_m = 19.1$ 和 $D_e/D_m = 2.85$ 兩項結果合併起來，我們將得到 $D_s/D_e = 19.1/2.85 = 6.70$。實際值是 $D_s/D_e = 109.1$，但重點在於，太陽比地球大得多。為強調這點，阿里斯塔克斯比較體積而非直徑，倘若直徑比值為 6.7，則體積比值便為 $6.7^3 = 301$。如果我們相信阿基米德的話，那麼也就是這項比較使阿里斯塔克斯認定是地球繞著太陽轉，而不是太陽繞著地球轉。

我們這裡描述阿里斯塔克所做結果，已經得出了太陽、月球和地球直徑之間的所有比值，以及地球到太陽和到月球之距離的比值。不過到目前為止還沒有得出任何距離與任何直徑之比值。這得從觀測結果四來推知：

觀測結果四
月球的張角為 2°。

（見圖五 d。）由於一個完整的圓為 360°，半徑為 d_m 的圓之周長為 $2\pi d_m$，則月球的直徑便為

$$D_m = \left(\frac{2}{360}\right) \times 2\pi d_m = 0.035 \, d_m$$

阿里斯塔克斯算出 D_m/d_m 的值介於 $2/45 = 0.044$ 和 $1/30 = 0.033$ 之間。然而不知道為什麼，他的存世著作卻大大高估了月球的真正張角；實際張角為 $0.519°$，由此得出 $D_m/d_m = 0.0090$。我們在第八章中已經指出，阿基米德在《數沙者》中提出的月球視角值為 $0.5°$，這和真正數值已經相當接近，據此也可以相當準確地估計出月球的直徑與距離之比值。

　　阿里斯塔克斯從觀測結果二和三得出地球和月球之直徑比值 D_e/D_m 之後，到這裡又從觀測四得出了月球的直徑和距離之比值 D_m/d_m，這時他就可以求出月球直徑對地球直徑的比值。好比設 $D_e/D_m = 2.85$ 且 $D_m/d_m = 0.035$，由此可得

$$d_m/D_e = \frac{1}{D_e/D_m \times D_m/d_m} = \frac{1}{2.85 \times 0.035} = 10.0$$

（實際值約為 30。）接著這就可以和觀測結果一的地球到太陽和到月球的距離之比值 $d_s/d_m = 19.1$ 結合起來，求得地球到太陽的距離和地球直徑之比為 $d_s/D_e = 19.1 \times 10.0 = 191$（實際值約為 11,600。）下一項使命是測量地球的直徑。

12　地球的大小

　　埃拉托斯特尼使用了在不同地點夏至正午進行觀測所得結果，由此他得知在亞歷山卓，太陽偏離垂線 $1/50$ 個全圓（即 $360°/50 = 7.2°$），而在據信位於亞歷山卓正南方的都市賽伊尼，夏至正午時的太陽據稱便位於頭頂正上方。由於太陽十分遙遠，射向亞歷山卓和賽伊尼的光線，基本上是平行的。任何城市的垂直方向都是從地球中心到該城市連線的延伸，所以從地球中心到亞歷山卓和到賽伊尼的連線之間的角度也必定為 $7.2°$，或 $1/50$ 個全圓。（見圖六。）因此，根據埃拉托斯特尼的假設，地球的周長必定五十倍於亞歷山卓和賽伊尼之間的距離。

　　賽伊尼並不位於地球的赤道，而是如圖示所見，很靠近北回歸線——北緯 $23.5°$ 線。（也就是說，地球中心到北回歸線上任意點之連線，

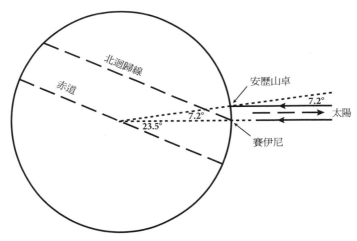

圖六。埃拉托斯特尼用來計算地球大小的觀測結果。標有箭頭的水平線代表夏至正午的陽光。兩條虛線分從地球中心連往亞歷山卓和賽伊尼，並標示出這兩處的豎直方向。

以及地球中心到其正南方赤道上一點之連線的角度為23.5°）夏至正午，太陽在北回歸線的正上方，而不是位於赤道正上方，這是由於地球的旋轉軸並不垂直於其軌道平面，而是傾斜偏離垂線23.5°所致。

13　內行星和外行星的本輪

　　托勒密在《天文學大成》中提出了一項行星運動理論，根據該理論的最簡單版本，各行星分別在（繞行太空中某點的）一個稱為「本輪」的圓周上運行，而本輪中心又在另一個圓周（稱為該行星之「均輪」）上繞地球運行。我們眼前的問題是，為什麼這項理論能這般準確地闡明從地球見到的行星視運動。就這道問題，有關內行星（水星和金星）的答案和外行星（火星、木星和土星）的答案不同。

　　首先考量內行星，即水星和金星。根據我們現代的認識，地球和各行星都在距太陽約略恆定的距離，以約略恆定的速度環繞太陽運行。若

不考慮物理定律，我們同樣可以改變觀點，認同地球中心說。根據此一觀點，太陽環繞地球運行，其他各行星則環繞太陽運行，全都保持等速並相隔恆定距離。這就是第谷所提理論的一個簡單版本，而且赫拉克雷德斯說不定也曾提過這項理論。它能準確預測出行星的視運動，不過仍需做一些微小修正，因為行星的運行軌道並不是圓形的，而是接近正圓的橢圓形，而且太陽的位置並不在這些橢圓的中心，而是偏離中心微小距離之外，還有各行星的速度也會隨著軌道運行而有若干變動。這也是托勒密理論的一個特例（不過托勒密倒是從未著眼探討），在這項理論中，均輪無非就是太陽環繞地球運行的軌道，而本輪則是水星和金星環繞太陽運行的軌道。

現在，就天空中太陽和行星群的視位置方面，我們可以拿任意行星到地球的變動距離乘以一個常數，結果並不會導致其外觀出現變化。試舉一種做法為例，為水星和金星分別選擇一個常數因數，接著將兩行星的本輪和均輪之半徑分別乘以該因數。比方說，我們可以取金星均輪的半徑為地球到太陽距離之半，而其本輪半徑則為金星繞日軌道半徑之半。這不會改變行星的本輪中心總是位於地球和太陽連線上之事實。（見圖七a，圖示為其中一顆內行星的本輪和均輪，未按比例繪製。）只要我們不改變各行星均輪和本輪的半徑之比值，金星和水星在天空中的視運動就不會受這種改變的影響而變動。這是托勒密所提內行星理論的一個簡單版本。根據這項理論，行星在本輪上繞行的時間，也正是它實際上環繞太陽一周的時間，就水星為八十八天，就金星則為二百二十五天，而本輪中心隨太陽一起環繞地球運行，在均輪上完整繞行一周需時一年。

特別指出一點，由於我們並沒有改變均輪和本輪的半徑比，所以必然有以下關係

$r_{EPI}/r_{DEF} = r_P/r_E$ 　　　（EPI為本輪，DEF為均輪）

其中 $r_{本輪}$ 和 $r_{均輪}$ 分別代表托勒密體制中本輪和均輪的半徑，而 $r_{行星}$ 和 $r_{地球}$ 分別為哥白尼理論中行星和地球軌道的半徑（也可以看成第谷理論中行星環繞太陽和太陽環繞地球運行的軌道之半徑）。當然了，托勒密對第谷或哥白尼的理論都一無所知，他也不是用這種做法導出他的理論。以

上討論只是為了闡釋托勒密的理論為什麼這麼有效，而不是要探討他如何導出理論。

現在，讓我們考量外行星（火星、木星或土星）。在哥白尼（或第谷）理論的最簡單版本中，各行星不僅與太陽保持固定間距，而且與天空中一個移動的點 C' 也保持一個固定間距，同時 C' 到地球的距離保持固定不變。為找出這一點，畫一個平行四邊形（圖 7b），環繞該四邊形的頭三個頂點依序為太陽的位置 S、地球的位置 E 和一顆行星的位置 P'。該移動的點 C' 為平行四邊形的第四個閒置角落。由於 E 和 S 間連線長度固定，P' 和 C' 間連線為平行四邊形的對邊，所以其長度固定且與 ES 連線長度相等，因此該行星和 C' 的距離保持固定，也等於地球到太陽的距離。相同道理，由於 S 和 P' 之間的連線長度固定，且 E 和 C' 之連線為平行四邊形的對邊，因此其長度固定且與 SP' 連線長度相等，所以點 C' 和地球保持固定間距，也等於該行星到太陽的距離。這是托勒密理論的一個特例，不過托勒密從未就此著眼探究，其中均輪無非就是點 C' 的繞地軌道，而本輪也只是火星、木星或土星環繞 C' 運行的軌道。

再說一遍，就天空中太陽和行星群的視位置方面，我們可以拿任一行星到地球的變動距離乘以一個常數因子，結果並不會導致其外觀出現變化，也就是為每一顆外行星分別選定一個常數因子，並以其本輪和均輪的半徑分別乘上這個因子。儘管我們不再有平行四邊形，行星和 C 之間的連線，依然與地球和太陽之間的連線保持平行。只要我們不改變各行星的均輪和本輪半徑之比值，這種變換並不會改變任一外行星在天空之的視運動。這是托勒密所提外行星理論的一個簡單版本。根據這項理論，行星在其本輪上環繞 C 一周需時一年，而且在這段期間，C 則環繞均輪一周，於是它實際上便帶著行星繞行太陽一周：就火星為一‧九年，木星為十二年，就土星則為二十九年。

特別指出一點，由於我們沒有改變均輪和本輪的半徑比，所以現在我們必然有

$$r_{本輪}/r_{均輪} = r_{地球}/r_{行星}$$

其中 $r_{本輪}$ 和 $r_{均輪}$ 分別為托勒密體制中本輪和均輪的半徑，而 $r_{行星}$ 和 $r_{地球}$ 則

分別為哥白尼理論中行星和地球軌道的半徑（也可以看成是第谷理論所述，行星環繞太陽和太陽環繞地球運行的軌道之半徑）。再次說明，以上討論所述，並不是托勒密推導出其理論所採做法，只是說明該理論為什麼有這般優異的效能。

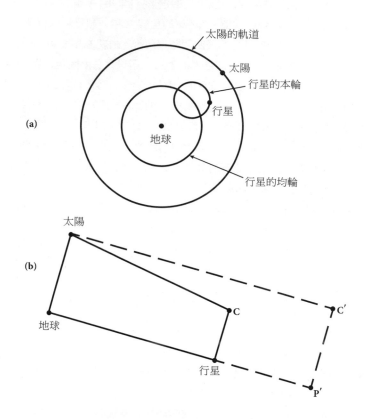

圖七。托勒密所述本輪理論的一個簡單版本。（a）一顆內行星（水星或金星）的假想運動。（b）一顆外行星（火星、木星或土星）的假想運動。行星 P 在一本輪上環繞 C 運行一年，從 C 到 P 的連線總是平行於地球到太陽的連線，而且 C 點在均輪上環繞地球運行較長的時間。（虛線表示托勒密理論中一個等同於哥白尼理論的特例。）

14 月球的視差

從地球表面O點觀測月球，假定視線方向與O點天頂所成夾角為 ζ' （zeta prime）。月球環繞地球中心平穩、規律運行，因此使用重複觀測月球所得結果，就可以同時算出從地球中心 C 到月球中心 M 的方向，特別是算出從 C 到月球之方向與 O 的天頂之方向（這也就是從地球中心到 O 的連線的方向）之間的夾角 ζ。角度 ζ 和 ζ'略有不同，這是由於相較於從地球中心到月球的距離 d，地球半徑 r_地球 並不能完全忽略不計，根據這一差異，托勒密就能算出比值d/r_地球。

點 C、O 和 M 形成一個三角形，其中 C 點上的角等於 ζ，O 點上的角為 180°－ζ'，且（由於任意三角形三內角和等於 180°）M 點的角為 180°－ζ－（180°－ζ'）＝ ζ'－ζ。（見圖八。）現在就可以算出 d/r_地球 比值，我們的做法遠比托勒密的方式更為輕鬆，因為我們可以動用一則現代三角學定理：任意三角形的邊長與其對

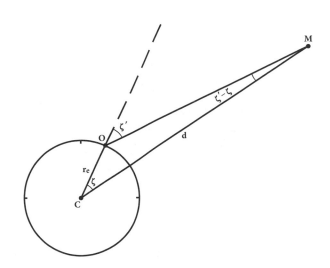

圖八。利用視差來測量到月球的距離。這裡 ζ'是對月球視線和垂直方向之觀測角度，而 ζ 則是若從地球中心觀測月球時會測得的角度值。

角之正弦成正比。（正弦可參閱技術箚記十五討論內容。）長度為 $r_{地球}$ 的 CO 連線之對角角度為 $\zeta' - \zeta$，而長度為 d 的 CM 連線之對角角度為 $180° - \zeta'$，所以：

$$\frac{d}{r_e} = \frac{\sin(180° - \zeta')}{\sin(\zeta' - \zeta)} = \frac{\sin(\zeta')}{\sin(\zeta' - \zeta)}$$

西元一三五年十月一日，托勒密觀測出在亞歷山卓所見月球天頂角為 $\zeta' = 50° 55'$，他的計算表明，在同一時刻，若從地心觀測所得相應角度便為 $\zeta = 49° 48'$。相關正弦為

$$\sin \zeta' = 0.776 \quad \sin(\zeta' - \zeta) = 0.0195$$

由此托勒密便得以歸結確認，若以地球的半徑為單位，則從地心到月球的距離便為

$$\frac{d}{r_e} = \frac{0.776}{0.0195} = 39.8$$

這明顯低於平均約為 60 的實際比值。問題在於托勒密並不是真的知道 $\zeta' - \zeta$ 的準確差值，不過起碼這能讓我們明確得知到月球距離之數量級。

不論如何，托勒密的表現優於阿里斯塔克斯，根據阿里斯塔克斯得出的地球和月球之直徑比值，以及月球的距離和直徑數值，他可以推斷出 $d/r_{地球}$ 為介於 2 15/9 = 23.9 和 57/4 = 14.3 之間。不過倘若阿里斯塔克斯使用了正確的月球圓面角直徑數值（約 $1/2°$），而非他的 $2°$，則他就會發現，$d/r_{地球}$ 應為四倍大小，也就是介於 57.2 和 95.6 之間。這個區間包括了實際數值。

15　正弦及弦

如今納入高中教材號稱三角學的數學分支，對古代數學家和天文學家來講會相當有用。給定正三角形之任意一角（直角本身除外），根據三角學我們就能算出各邊邊長的比值。特別要說明，該角對邊除以斜邊

就是稱為該角「正弦」之數值。這可以查數學表格得知，或者在手持式計算器上鍵入角度值並摁下「sine」鍵求得。（三角形某角鄰邊除以斜邊稱為該角的「餘弦」，還有對邊除以鄰邊稱為該角的「正切」，不過這裡我們只處理正弦就夠了。）儘管希臘數學完全沒有出現過有關正弦的理念，托勒密的《天文學大成》倒是用上了一個相關連的量，稱為角的「弦」。

定義一角 θ（theta）的弦時，先畫一半徑為一的圓（可隨你方便任取長度單位），並從圓心向圓周畫兩條相隔 θ 角的徑向線。把兩條徑向線與圓周之兩個交點連接起來，這樣畫出的直線就是該角的弦。（見圖九。）《天文學大全》列出了一張弦表，[5] 使用巴比倫的六十進位記數法，且角度都以弧度來表示，範圍從 1／2° 到 180°。舉例來說，該表把 45° 的弦寫成 45 15 19，或以現代記號書寫即為

$$\frac{45}{60} + \frac{55}{60^2} + \frac{19}{60^3} = 0.7653658\ldots$$

其實際數值為 0.7653669⋯⋯。

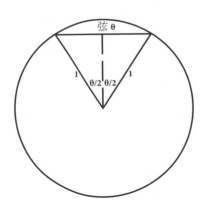

圖九。角 θ 的弦。圖示圓形的半徑等於 1，並可見兩條實徑向線在圓心構成一個 θ 角，還有一條水平直線連接兩實線與圓之交點，本連線的長度就是該角之弦。

弦在天文學上具有很自然的應用。假使我們設想恆星都座落於半徑等於1的球殼上頭，而其球心則是地球中心點，則若望向兩恆星的視線相隔了 θ 角，兩恆星之間的視直線距離便為 θ 的弦。

　　要了解這些弦和三角學有什麼關係，讓我們回頭審視定義 θ 角之弦時使用的插圖，並從圓心畫一線（圖九中的虛線）來把弦等分為兩段。於是我們有兩個直角三角形，各在圓心處具有一等於 $\theta/2$ 的角，同時兩個三角形還各有一條位於該角對面的邊，且邊長等於弦長之半。兩個三角形的斜邊分別等於圓的半徑，前面我們已經設定半徑等於 1，所以 $\theta/2$ 的正弦（數學式寫成 $\sin(\theta/2)$）等於 θ 的弦的一半長度，或：

　　θ 的弦＝$2\sin(\theta/2)$

因此，任何能以正弦完成的計算，也都能以弦來完成，不過在多數情況下會顯得比較不方便。

16　地平線

　　在室外時，我們的視線經常會被鄰近的林木、屋宇或其他障礙物遮擋。天候清朗時，在山頂我們可以看到更遠的地方，不過我們的視野範圍依然受限於地平線，在那範圍之外，視線就會被地球本身遮住。阿拉伯天文學家比魯尼描述了一種高明的做法，只需要知道山的高度，毋須得知任何距離，就能運用這種現象來測知地球的半徑。

　　山頂一位觀測者 O 能眺望地球表面的 H 點，他的視線和表面相切。（見圖十。）這調適恰和 H 與地心 C 的連向成直角，所以三角形 OCH 是個直角三角形。視線並不是對準水平方向，而是低於水平方向某一角度 θ，由於地球很大，地平線在相當遙遠之外，因此 θ 是個很小的角度。因此視線和山的垂直方向之夾角便為 $90° - \theta$，由於任意三角形的內角和必為 $180°$，該三角形位於地心位置的銳角便為 $180° - 90° - (90° - \theta) = \theta$。三角形中這個角的鄰邊，就是從 C 到 H 的連線，其長度等於地球的半徑 r，而三角形的斜邊為從 C 到 O 的距離，亦即 r＋h，其中 h 為山的高度。根據餘弦的通用定義，任意角的餘弦為鄰邊與斜邊之比，於

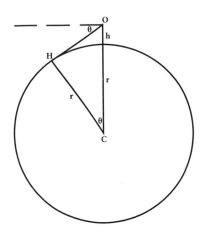

圖十。比魯尼運用地平線來測定地球的大小。O 是山上的一位觀測者，高度為h；H 是這位觀測者眼中所見地平線，從 H 到 O 的直線在H點與地球表面相切，於是 HO 線與從地球中心 C 到 H 的連線便組成一直角。

是這裡可得

$$\cos \theta = \frac{r}{r+h}$$

解本方程式求r時，請注意其倒數整理得出 $1 + h/r = 1/\cos \theta$，所以等式兩邊同時減 1 再取倒數則得

$$r = \frac{h}{1/\cos\theta - 1}$$

舉例來說，比魯尼在印度一座山上觀測得 $\theta = 34'$，則 $\cos \theta = 0.999951092$，且 $1/\cos \theta - 1 = 0.0000489$。因此

$$r = h / 0.0000489 = 20{,}450h$$

比魯尼說明，這座山的高度為 652.055 肘（此數值精確度遠高於他當時可能達到的等級），接著得出實際半徑 r = 13.3 百萬肘，然而他提出的結果卻為 12.8 百萬肘。我不知道他是哪裡出了錯。

17　平均速度定理的幾何證明

　　假定我們作圖來描繪等加速度情況下的速度相對於時間之變化，其中速度標於縱軸，時間標於橫軸。在每個微小的時距，移動距離為當時的速度（只要時距夠短，該時距中的速度變化就可以忽略）與該時距之乘積。這就是說，移行距離等於一條細窄矩形的面積，其高度等於在那個時點的圖形高度，而寬度則為該微小時距。（見圖十一a。）我們可以使用從初始時間到最終時間依序排列的一條條細窄矩形來填滿圖形下方的面積，則總共移行距離便為這所有矩形的總面積——也就是圖形下方的面積。（見圖十一b。）

　　當然了，不論我們分割出的矩形多麼細窄，所有矩形面積之和，依然只是近似圖形下方的面積。不過我們可以隨意把矩形畫得十分細窄，從而達到我們期望的近似程度。只要設想為數無窮之無限細窄矩形的極限，我們就能歸出結論：移行距離等於速度對時間之圖示下方的面積。

　　迄至目前為止，即便加速度並不均勻，本立論依然不改，只是圖形不會再是一條直線。事實上，我們才剛推導出積分學的一項基本原理：若我們作一圖並標繪出任意量相對於時間之變動率，則該量在任意時距內之這項變動就是曲線下方的面積。不過就均勻提增的變動率，好比等加速度情況而言，該面積便可由一項簡單的幾何定理來求得。

　　該定理說明，直角三角形的面積是直角兩鄰邊（除斜邊之外的另兩邊）長度乘積之半。這可以直接得自一項事實：兩三角形能合併形成一矩形，而矩形的面積為其兩邊之乘積。（見圖十一c。）就我們這個情況，直角兩鄰邊分別為最終速度和相隔總時間。移行的距離為具此尺寸之直角三角形的面積，或就是最終速度與間隔總時間的乘積之半。不過由於速度是從零以恆定速率遞增，因此其平均值便為最終值之半，所以移行距離就是平均速度乘以相隔時間。這就是平均速度定理。

18　橢圓

　　橢圓是平坦表面上的一種封閉曲線。要精確描述這種曲線起碼有三

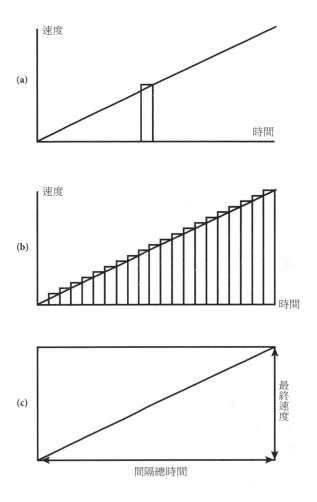

圖十一。平均速度定理的幾何證明。圖中斜線代表一物體從靜止開始做等加速期間的速度對時間之變化。（a）小矩形之寬是一個很短時距；矩形的面積很接近在該時距內移行的距離。（b）等加速經歷時間經切割成很短時距；隨著矩形數量增多，所有矩形的面積總和便任意地逼近斜線下方的面積。（c）斜線下方的面積等於間隔時間和最終速度乘積之半。

種做法。

第一種定義

橢圓是在一平面上滿足以下方程式的點集合

$$\frac{x^2}{a^2} + \frac{y^2}{b^2} = 1 \qquad\qquad (1)$$

其中 x 是橢圓上任一點沿一軸到橢圓中心的距離，y 是同一點沿著與該軸垂直之座標軸到橢圓中心的距離，且 A 與 B 都是用來描述橢圓的尺寸和形狀之正數，依慣例定義 $a \geqq b$。為方便描述，免生誤解，我們可以把 x 軸想成橫軸，y 軸想成垂直軸，不過當然兩軸可以任意設定方向，只要彼此垂直即可。根據方程式(1)可以推知，橢圓上任意點到中心（x ＝ 0 且 y ＝ 0）的距離 $r ＝ r ＝ \sqrt{x^2 + y^2}$ 滿足

$$\frac{r^2}{a^2} \leq \frac{x^2}{a^2} + \frac{y^2}{b^2} = 1 \quad \text{and} \quad \frac{r^2}{b^2} \geq \frac{x^2}{a^2} + \frac{y^2}{b^2} = 1$$

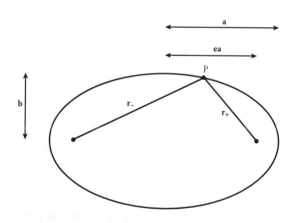

圖十二。橢圓的元素。橢圓中的標記點是它的兩個焦點；a 和 b 分別為該橢圓的長軸和短軸之半；從各焦點連往橢圓中心的距離均為 ea。兩焦點與橢圓上一點 P 的連線長分別為 r_+ 和 r_-，不論 P 位於橢圓上哪處位置，該兩長度之和都等於 2a。本圖所示橢圓的橢圓率 e ＝ 0.8。

所以橢圓上各點

$$b \leqq r \leqq a \qquad\qquad (2)$$

　　請注意，橢圓與橫軸交會點的 y＝0，所以 $x^2 = a^2$，因此 x＝±a；於是方程式(1)描繪的便是長軸從－a 橫向延伸到＋a 的橢圓。還有，橢圓與垂直軸交會點的 x＝0，所以 $y^2 = b^2$，因此 y＝±b，於是方程式(1)描繪的便是短軸從－b 縱向延伸到＋b 的橢圓。（見圖十二。）參數 A 稱為該橢圓的「半長軸」。為方便起見，我們把橢圓的偏心率定義為

$$e \equiv \sqrt{1 - \frac{b^2}{a^2}} \qquad\qquad (3)$$

　　偏心率一般都是介於 0 和 1 之間。一橢圓若 e＝0 便為半徑 a＝b 的圓。一橢圓若 e＝1 就代表外形極端扁平，只剩 y＝0 的一段橫軸。

第二種定義

橢圓的第二種經典定義為，在一平面上到兩個定點（橢圓的焦點）的距離之和是一個定值的點集合。就方程式(1)中定義的橢圓而言，這兩點位於 x＝±ea，y＝0，其中 e 是方程式(3)定義的偏心率。當 x 和 y 滿足方程式(1)，則從這兩點到橢圓上任一點間的距離便為

$$r_{\pm} = \sqrt{(x \mp ea)^2 + y^2} = \sqrt{(x \mp ea)^2 + (1 - e^2)(a^2 - x^2)}$$
$$= \sqrt{e^2 x^2 \mp 2eax + a^2} = a \mp ex \qquad\qquad (4)$$

所以兩距離之和確實是個定值：

$$r_+ + r_- = 2a \qquad\qquad (5)$$

這可以視為圓的經典定義的一種概括延伸，因為圓是到單一定點的距離全都相等的點集合。

　　由於橢圓的兩個焦點完全對稱，橢圓上各點到兩焦點的平均距離 r̄ 和 r̄_- 必定相等（橢圓上每一給定長度的線段都經賦予同等平均權重）：r̄_+ ＝ r̄_- ，因此依方程式(5)可得

$$\bar{r}_+ = \bar{r}_- = \frac{1}{2}(\bar{r}_+ + \bar{r}_-) = a \qquad (6)$$

這也是橢圓上各點到兩焦點之最大與最小距離的平均值：

$$\frac{1}{2}[(a + ea) + (a - ea)] = a \qquad (7)$$

第三種定義

根據柏加的阿波羅尼奧斯（Apollonius of Perga）的原始定義，橢圓是種圓錐截線，也就是一傾斜於某圓錐軸心的平面與該圓錐相交得出的截線。依現代術語，軸的方向為垂直之圓錐面是在三個維度中滿足以下條件的點集合：該圓錐之圓形截面之半徑與縱向距離成正比，如下式：

$$\sqrt{u^2 + y^2} = \alpha z \qquad (8)$$

其中u和y是在兩個相互垂直的水平方向上的距離計量，z是在垂直方向上的距離計量，且 α（alpha）是個正數，用來判定圓錐的形狀。（這裡我們不使用x而採u來代表橫向座標，箇中理由稍後就會說明。）這個圓錐的頂點位於 z＝0，且其 u＝y＝0。切割該圓錐的傾斜平面可定義為滿足以下條件的點集合

$$z = \beta u + \gamma \qquad (9)$$

其中 β（beta）和 γ（gamma）為另兩數，分別代表該平面的傾斜度和高。（我們的座標系定義可使該平面與y軸平行。）將方程式(9)與方程式(8)的平方合併得出

$$u^2 + y^2 = \alpha^2(\beta u + \gamma)^2$$

這就相當於

$$(1 - \alpha^2\beta^2)\left(u - \frac{\alpha^2\beta\,\gamma}{1 - \alpha^2\beta^2}\right)^2 + y^2 = \alpha^2\gamma^2\left(\frac{1}{1 - \alpha^2\beta^2}\right)$$

若我們確認下式，前式就等於定義方程式(1)

$$x = u - \frac{\alpha^2 \beta \ \gamma}{1 - \alpha^2\beta^2} \qquad a = \frac{\alpha \ \gamma}{1 - \alpha^2\beta^2} \qquad b = \frac{\alpha \ \gamma}{\sqrt{1 - \alpha^2\beta^2}} \quad (10)$$

請注意這就會得出 e ＝ α β，所以偏心率取決於圓錐的形狀以及切割該圓錐之平面的傾斜度，但與平面的高度無關。

19　內行星的距角和軌道

　　哥白尼的最偉大成就之一是算出了行星軌道相對尺寸的確切數值。一個特別簡單的例子就是，哥白尼根據內行星到太陽的最大視距離，算出了它們的軌道半徑。

　　設想一內行星（水星或金星）的軌道，大致來講它和地球軌道都環繞中央的太陽運行。當行星來到所謂「大距」（maximum elongation）的位

	大距	θ 大距的正弦	r 行星／r 地球
水星	24°	0.41	0.39
金星	45°	0.71	0.72

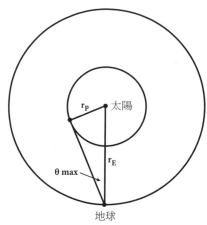

圖十三。地球與一顆內行星（水星或金星）的位置圖示。這時該行星到太陽的視距離為最大。兩圓圈分別代表地球和行星的軌道。

置時，它也就位於和太陽分離最大距角的方位 $\theta_{\text{大距}}$。在這時候，地球與該行星的連線，便與該行星的軌道相切，所以這條線和太陽與該行星的連線成直角。於是這兩條線和從太陽到地球的連線，也就形成了一個直角三角形。（見圖十三。）這個三角形的斜邊是地球和太陽之間的連線，所以從行星到太陽的距離（$r_{\text{行星}}$）和從地球到太陽的距離（$r_{\text{地球}}$）之比便為 $\theta_{\text{大距}}$ 的正弦。上表列出水星和金星的大距及其正弦和兩行星的實際軌道半徑（$r_{\text{行星}}$），表列數值以地球的軌道半徑 $r_{\text{地球}}$ 為單位：

$\theta_{\text{大距}}$ 的正弦和觀測得知的內行星與地球之軌道半徑比 $r_{\text{行星}} / r_{\text{地球}}$ 之間存有微小落差，這是由於各行星以太陽為中心的軌道並不呈正圓形，也因為軌道並不精確位於同一個平面上。

20　周日視差

考慮一「新星」或另一顆天體，假定它和恆星相對靜止不動，或者在一天當中只有非常微小的相對運動，同時它也遠比其他恆星都更接近地球。我們還可以假定，地球每天繞軸從東向西自轉一周，或者是該天體與恆星群每天從西向東環繞地球一圈，不論哪種情況，由於我們在夜間不同時間見到該天體位於不同方向，看來它在每天晚上都相對於恆星改變位置。這就稱為該天體的「周日視差」。周日視差的測量結果可以用來判定天體的距離，或者若周日視差太小，無法測量，也可據此得出距離的下限。

若想計算這個角度位移量，我們可以在天體剛從地平線升起時，以及它升到天空最高位置時，從地表一處固定的天文台觀測該天體與恆星之相對視位置。為便於計算，我們就考慮在幾何上最單純的情況：天文台位於赤道上，且該天體和赤道是位於同一平面。當然了，這並不能準確得出第谷所觀測新星的周日視差，不過它肯定能指出該視差的量級。

該天體剛從地平線升起時，從天文台到天體的連線和地球的表面相切，所以這條連線和從天文台到地球中心的連線成一直角。因此這兩條線加上從天體到地球中心的連線便形成一直角三角形。（見圖十四。）該天體位於三角形的 θ 角，其正弦等於對邊（半徑 $r_{\text{地球}}$）與斜邊（天體

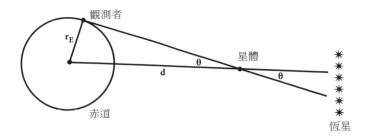

觀測者

r_E

赤道

d

θ

星體

θ

恆星

圖十四。利用周日視差來測量從地球到某個星體的距離 d。本圖視點位於地球北極上方。為簡單起見,我們假定觀測者位於赤道上方,且該星體和赤道位於同一平面。夾角為 θ 的兩邊代表朝向該星體的視線,觀察時點分別為星體剛從地平線升起之時,以及過了六小時之後,星體位於觀測者正上方之時。

到地球中心的距離 d)之比。如圖所示,這個角度也就是該天體從地平線初升起時以及它達到天空最高點的這段期間,它相對於恆星群之視位置移動角度。天體從地平線初升起到它落於地平線下的總位移角度為 2θ。

　　舉例來說,若是我們取天體位於月球距離之外,則 d ≒ 250,000 英里,且 r地球 ≒ 4,000 英里,所以 sin θ ≒ 4 / 250,於是 θ ≒ 0.9°,且周日視差為 1.8°。從地球上某典型地點(好比文島)到位於天空某典型位置之星體(如一五七二年新星)的週日視差會比較小,不過其數量級仍是相同的,約 1°左右。這個視差已經夠大,以第谷這般專業的裸眼天文學家,應該有辦法察覺,然而第谷卻察覺不出任何週日視差,所以他歸結認定,一五七二年新星比月球離開地球更遠。就另一方面,測定月球本身的週日視差並非難事,同時從地球到月球的距離,也正是以這種做法求得。

21　等面積法則和偏心勻速輪

　　根據克卜勒第一定律,包括地球在內的行星,各自依循橢圓形軌道

繞日運行，不過太陽的位置並不在橢圓形中心，而是在長軸上偏離中心點的橢圓形兩焦點之一。（見技術箚記十八。）依橢圓偏心率 e 的定義，從橢圓中心到兩焦點的距離為 ea，其中 A 為橢圓長軸長度之半。同時根據克卜勒第二定律，各行星的繞軌速率變動不定，且其變動方式能使從太陽到地球的連線在相等時間內掃過相等面積。

第二定律還有另一種近似表述方式，而且這和托勒密天文學中使用的偏心勻速輪古老觀點的關係相當密切。這種陳述考量的不是從太陽到行星的連線，而是從橢圓另一個焦點（空焦點）到行星的連線。有些行星軌道的偏心率 e 是不能忽略的，不過 e^2 對所有行星來講就都非常微小。（偏心率最高的軌道是水星軌道，達 $e = 0.206$，且 $e^2 = 0.042$；就地球而言，$e^2 = 0.00028$。）所以計算行星運動時，可以忽略所有與 e^2 或 e 的更高次冪的項，只保留與偏心率 e 無關或與 e 成正比的項，這樣依然可以得出非常近似的結果。依這種近似概算，克卜勒第二定律就相當於說明，從空焦點到行星的連線，在相等時間內掃過相等角度。也就是說，橢圓空焦點到行星的連線，是以恆定速率環繞該焦點旋轉。

底下我們特別表明，若 $\dot{A}$ 為從太陽到行星之連線掃過該面積的速率，且 $\dot{\phi}$（dottelphi）是橢圓長軸和從空焦點到行星之連線的夾角 ϕ 之變化率，則

$$\dot{\phi} = 2R\dot{A}/a^2 + O(e^2) \tag{1}$$

其中 $O(e^2)$ 表示與 e^2 或 e 之更高次冪成正比的項，且 R 為數值取決於我們用來測量角度所採單位之數。若我們以度來測量角度，則 $R = 360° / 2\pi = 57.293\cdots°$，這個角度稱為「弧度」。或我們也可以採用弧度來測量角度，這時我們取 $R = 1$。克卜勒第二定律告訴我們，從太陽到行星之連線在給定時距掃的面積始終相等；這就表示 $\dot{A}$ 是恆定的，則在與 e^2 成正比的項之前的 $\dot{\phi}$ 也就是恆定的。所以在給定時距當中，從橢圓空焦點到行星之連線掃過的角度，在很大近似程度上始終保持相等。

現在，在托勒密描述的理論當中，各行星的本輪分別沿著一個稱為均輪的圓形軌道繞地運行，不過地球並不位於均輪中央。事實上，那個

軌道是個偏心輪──地球位於與均輪中心相隔微小距離的位置。此外，本輪中心繞地運行的速度並非恆定，而且從地球到這個中心之連線也不是以恆定速率旋動。為了正確說明諸行星的視運動，托勒密引進了一種偏心勻速點設計。這個點和地球分別位於均輪中心的兩側，而且和中心相隔相等距離。從偏心勻速輪（而不是地球）到本輪中心的連線，理應在相等時間內掃過相等角度。

讀者必然會注意到，這和依循克卜勒定律所得結果非常相像。當然了，太陽和地球的角色在托勒密和哥白尼天文學中對調了，不過克卜勒理論中的橢圓空焦點和托勒密天文學中的偏心勻速輪扮演了相同的角色，而且克卜勒第二定律也解釋了為什麼引進偏心勻速輪就能妥善地解釋諸行星的視運動。

基於某種原因，儘管托勒密引進了偏心輪來描述太陽繞地運動，他卻沒有在這個事例使用偏心勻速輪。這最後一個偏心勻速輪納入之後（然後再引進了一些本輪來說明水星軌道大幅偏離圓形的現象之後），托勒密理論已經能非常妥善地解釋諸行星的視運動。

這裡提出對方程式(1)的證明。定義 θ 為橢圓長軸和從太陽到行星之連線的夾角，並請回顧 ϕ 定義為長軸和從空焦點到行星之連線的夾角。如技術箚記十八，定義 r_+ 和 r_- 為兩線之長──也就是從太陽到行星和從空焦點到行星的兩個距離，則（根據箚記所述）記如下式

$$r_\pm = a \mp ex \qquad\qquad (2)$$

其中 x 是橢圓上該點的水平座標──也就是從該點到沿橢圓長軸切割該橢圓之直線的距離。一角的餘弦（符號寫做 cos）在三角學中是依含該角為一頂角之直角三角型來定義；該角的餘弦為該角之鄰邊與三角形斜邊之比。因此，參照圖十五可得，

$$\cos\theta = \frac{ea - x}{r_+} = \frac{ea - x}{a - ex} \qquad \cos\phi = \frac{ea + x}{r_-} = \frac{ea + x}{a + ex} \quad (3)$$

從左方方程式可以求解 x：

$$x = a\frac{e - \cos\theta}{1 - e\cos\theta} \qquad (4)$$

接著我們可以把這個結果代入 ϕ 餘弦公式，由此得出 θ 和 ϕ 的關係如下：

$$\cos\phi = \frac{2e - (1 + e^2)\cos\theta}{1 + e^2 - 2e\cos\theta} \qquad (5)$$

不論 θ 為何，本式兩邊都相等，因此當 θ 出現任何變化時，左側的改變必然等於右側的改變。假定我們讓 θ 出現一個無窮小的改變 $\delta\theta$。為計算 ϕ 的改變，我們可以動用一項微積分原理，即任意角 α（好比 θ 或 ϕ）出現了 $\delta\alpha$ 改變量，則 $\cos\alpha$ 的改變便為 $-(\delta\alpha/R)\sin\alpha$。同時，當任意數量 f，好比公式（5）的分母，出現無窮小改變量 δf 時，則 $1/f$ 的改變便為 $-\delta f/f^2$。令方程式（5）兩邊變化相等可得

$$\delta\phi\sin\phi = -\delta\theta\sin\theta\frac{(1 - e^2)^2}{(1 + e^2 - 2e\cos\theta)^2} \qquad (6)$$

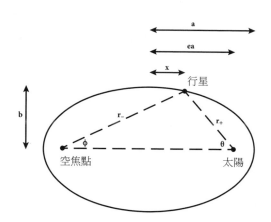

圖十五。行星的橢圓運動。本軌道的形狀呈橢圓，其偏心率（如圖十二）為 0.8，遠比太陽系中任一行星軌道的橢圓率都更高。標示為 r_+ 和 r_- 的兩線分別從太陽連往行星和從橢圓空焦點連往行星。

現在我們需要一則公式來表示 $\sin \phi$ 和 $\sin \theta$ 之比。就此請注意，從圖十五可知，橢圓上某點的縱軸座標 y 可以寫成 $y = r_+ \sin \theta$，也可以寫成 $y = r_- \sin \theta$，所以消去 y 便得，

$$\frac{\sin\theta}{\sin\phi} = \frac{r_-}{r_+} = \frac{a + ex}{a - ex} = \frac{1 - 2e\cos\theta + e^2}{1 - e^2} \qquad (7)$$

把本式代入方程式（6），我們得出

$$\delta\phi = -\delta\theta \frac{1 - e^2}{1 + e^2 - 2e\cos\theta} \qquad (8)$$

現在，當 θ 角出現了 $\delta\alpha$ 改變量，則從太陽到行星之連線會掃過多大的面積？假使我們以角度為角的測量單位，則該面積便為一等腰三角形範圍，其兩等邊都等於 r_+，第三邊則等於半徑為 r_+ 的圓之圓周 $2\pi r_+$ 之一部份 $2\pi r_+ \times \theta \phi /360°$。這片面積為

$$\delta A = -\frac{1}{2} \times r_+ \times 2\pi r_+ \times \delta\theta / 360° = -\frac{1}{2R} r_+^2 \delta\theta \qquad (9)$$
$$= -\frac{a^2}{2R} \left(\frac{1 - e^2}{1 - e\cos\theta} \right)^2 \delta\theta$$

（這裡插入負號是由於我們希望當 ϕ 增加時 δA 為正；然而就如同我們前面所下定義，θ 減小時 ϕ 便增加，所以當 $\delta\theta$ 為負時 $\delta\phi$ 便為正。）於是方程式（8）也就可以寫成

$$\delta\phi = \frac{2R}{a^2} \delta A \frac{(1 - e\cos\theta)^2}{(1 - e^2)(1 + e^2 - 2e\cos\theta)} \qquad (10)$$

取 δA 和 $\delta\phi$ 分別為無窮小時距 δt 內掃過的面積和角度，接著把方程式（10）除以 δt，於是我們得出掃過面積與角度之比值的對應關係：

$$\dot\phi = \frac{2R}{a^2} \dot A \frac{(1 - e\cos\theta)^2}{(1 - e^2)(1 + e^2 - 2e\cos\theta)} \qquad (11)$$

截至目前，所有結果都是確切的數值。現在就讓我們思索，當 e 非常

小的時候，會呈現什麼相貌。方程式（11）第二部份的分子是 $(1-e\cos\theta)^2 = 1-2e\cos\theta + e^2\cos^2\theta$，所以這個分數的分子和分母的第零階項和第一階項是相同的，分子和分母的差異只出現在與 e^2 成正比的各項，所以方程式（11）可以直接得出期望的結果，也就是方程式（1）。若想更明確一點，我們可以保留方程式（11）中第 e^2 階之各項：

$$\dot\phi = \frac{2R\dot{A}}{a^2}\left[1 + e^2\cos^2\theta + O(e^3)\right] \qquad (12)$$

其中 $O(e^3)$ 代表與 e^3 或 e 的更高次冪成正比的各項。

22　焦距

考量一片垂直玻璃透鏡，其前側是凸曲面，後側則是平坦表面，就像伽利略和克卜勒在望遠鏡前端使用的透鏡。最容易研磨的曲面是球體各部份，我們就假定透鏡的凸曲面前側為一直徑為 r 之球體的一部份。此外我們從頭到尾還都假定透鏡很薄，最大厚度遠小於 r。

假定一道光線沿著水平方向和透鏡軸平行傳播，最後在 P 點觸及透鏡，而且從曲率中心 C 點（位於透鏡後方）到 P 的連線和透鏡的中心線形成 θ 角。透鏡能彎折光線，因此從透鏡背側射出的光線便與透鏡中心線構成不同的角 ϕ。接著光線便會在同一個 F 點觸及透鏡的中心線。（見圖十六a。）接下來我們要計算從這點到透鏡的距離 f，並證明它與 θ（theta）無關，如此則射達透鏡的所有水平光線，全都在這同一個 F 點觸及透鏡的中心線。所以我們可以說，射達透鏡的光聚焦於 F 點；從透鏡到這一點的距離 f 稱為透鏡的「焦距」。

首先請注意，透鏡前側從中心線到 P 點的弧，是半徑為 r 之圓之完整周長 $2\pi r$ 的一部份，即 $\theta/360°$。就另一方面，這同一個弧也是半徑為 f 之圓的完整周長 $2\pi r$ 的一部份，即 $\phi/360°$。既然弧是相同的，於是我們可得

$$\frac{\theta}{360°} \times 2\pi r = \frac{\phi}{360°} \times 2\pi f$$

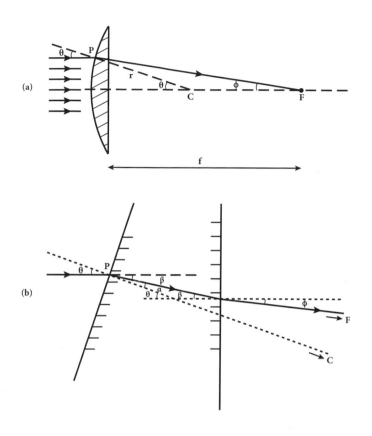

圖十六。焦距。（a）焦距的定義。水平虛線是透鏡的軸線。標有箭頭的水平線代表與此軸線平行進入透鏡的光線。圖示可見其中一道光線在P點進入透鏡，而且與從曲率中心C連向P點並與凸球面垂直的直線構成一小角度 θ；這道光線被透鏡彎折後與透鏡軸線構成一角度 ϕ，並在透鏡焦點F與該軸線相交，和透鏡的距離則為f。這就是焦距。由於 ϕ 和 θ 成正比，所有水平光線都聚焦於這一點上。（b）焦距之計算。圖示為透鏡的一小部份，左邊那條畫了陰影線的斜線代表透鏡的一小段凸面。帶箭頭實線顯示光線在點P進入透鏡，並在該點與凸面的法線形成一個小角度 θ。這條法線以斜向虛線表示，也就是從點P到透鏡曲率中心的連線，由於中心點超出本圖範圍，這裡只顯示一個段落。光線在透鏡內折射，和這條法線構成一個角度，接著離開透鏡時又依次折射，最後就與透鏡平坦背側表面之法線形成一個角度 ϕ。這條法線以平行於透鏡軸線之虛線來表示。

所以消去 360° 和 2π 這兩個因子便得

$$\frac{f}{r} = \frac{\theta}{\phi}$$

所以為計算焦距，我們必須算出 ϕ 對 θ 之比。

這樣一來，我們就必須更仔細檢視光線在透鏡內的舉止。（見圖十六b。）從曲率中心 C 到 P 點（水平光線觸及透鏡的定點）之連線在 P 點與透鏡凸球面垂直，於是這條垂線與光線的夾角恰好為 θ，這就是入射角。就如托勒密所知，若 θ 很小（就薄透鏡的情況肯定如此）則玻璃內部的光線和垂線（折射角）之夾角 α 必然與入射角成正比，所以

$$\alpha = \theta/n$$

其中 $n > 1$ 是個常數，稱為「折射率」，數值取決於玻璃和周圍介質的性質，這個介質通常就是空氣。（費馬曾論稱，n 是空氣中的光速除以玻璃中的光速，不過這筆資訊在這裡並非必要。）則玻璃內光線和透鏡中心線的夾角 β 便為

$$\beta = \theta - \alpha = (1 - 1/n)\theta$$

這就是光線觸及透鏡平坦背側表面時，與該表面之法線所形成的角度。就另一方面，當光線從透鏡背側射出時，它與該表面之法線便構成了一個不同的角度 ϕ（phi）。ϕ 和 β 的關係和光線反向進行時的狀況相同，在這種狀況下，ϕ 是入射角而 β 則為折射角，於是 $\beta = \phi/n$，也因此

$$\phi = n\beta = (n - 1)\theta$$

於是我們看出 ϕ 和 θ 成簡單正比，所以使用先前的 f/r 公式便得

$$f = \frac{r}{n - 1}$$

這和 θ 並沒有關係，所以如前述論證，進入透鏡的水平光線，全都聚焦於透鏡中央線的同一點上。

倘若曲面 r 的半徑非常大，則透鏡前側表面的曲率便非常小，所以這

面透鏡差不多就是一片平板玻璃。光線進入透鏡時的彎折作用，幾乎就會被離開透鏡時的彎折作用所抵銷。相同道理，不論透鏡呈什麼形狀，只要折射率很接近 1，則透鏡對光線的折射作用也就微乎其微。這兩種情況下的焦距都非常大，於是我們說這類透鏡是弱透鏡。強透鏡指具有中等曲面半徑且折射率明顯偏離 1 的透鏡，例如以玻璃製成且 $n \simeq 1.5$ 的透鏡。

倘若透鏡背側表面並不是平坦的，而是半徑為 r' 的一段球面，則結果依然相同。就這種情況，其焦距便為

$$f = \frac{rr'}{(r + r')(n - 1)}$$

倘若 r' 遠大於 r，本式依然能像前面得出相同的結果，在這種情況下，透鏡背側表面幾乎是平坦的。

焦距的概念也可以延伸適用於凹透鏡，就像伽利略用來當做望遠鏡接目鏡的那種透鏡。凹透鏡可以把會聚的光分散開來，使之平行傳播或甚至於向外發散。定義這種透鏡的焦距時，我們可以考量原本會聚但經過這類透鏡發散且平行傳播的光線；倘若光線不通過凹透鏡並轉為平行傳播，則它們就會聚焦於某一點上，而凹透鏡的焦距，也就是從該點到透鏡後側的距離。儘管意義不同，不過用來計算凹透鏡焦距的公式，和我們為凸透鏡導出的公式是相似的。

23 望遠鏡

誠如我們在技術箚記二十二所見，薄凸透鏡能讓平行於透鏡中心軸的入射光線聚焦於該軸上的一點 F，且點 F 和透鏡的距離即為該透鏡的焦距 f。一束與中心軸形成一小角度 γ 的平行光線觸及透鏡時也會被透鏡聚焦，但焦點會稍微偏離中心軸。為得知偏離多遠，我們可以想像將圖十六 a 中的光線路徑圖示繞透鏡旋轉 γ（gamma）角。從透鏡的中心軸到聚焦點的距離 d，和半徑為 f 之圓的圓周之比，便等於 γ 和 360°之比：

$$\frac{d}{2\pi f} = \frac{\gamma}{360°}$$

因此

$$d = \frac{2\pi f\gamma}{360°}$$

（這只適用於薄透鏡；否則 d 也就取決於技術箚記二十二引進的角度 θ 而定。）若是一束光線從某距離外物體發出並在 $\triangle\gamma$（delta gamma）角度範圍內射入透鏡，則它們就會聚焦於一個高 $\triangle d$ 的條帶內，且該高度由下式給定

$$\triangle d = \frac{2\pi f\triangle\gamma}{360°}$$

（一如前例，若 $\triangle\gamma$ 不以度數來測量，而是採用弧度〔一弧度等於 360°／2π〕，這則公式同樣會變得比較簡單，就本情況則是直接化為 $\triangle d = f\triangle\gamma$。）這個光線聚焦的條帶稱為「虛像」。（見圖十七a）。

單單凝視光線會聚點我們是看不到虛像的，因為光線觸及虛像之後還會再次發散。人類的眼睛鬆弛時，光線要聚焦於視網膜上某一定點有個要件，必須多少以平行方向射入水晶體。克卜勒的望遠鏡裝了個第二片凸透鏡，稱為接目鏡，其作用是把來自虛像的發散光線會聚在一起，好讓光線沿平行方向離開望遠鏡。逆轉光線射向並重做上述分析，我們就能看出，若要使光源某點發出的光線以平行方向離開望遠鏡，我們就必須把接目鏡安置在和虛像相隔 f' 距離的位置，其中 f' 為接目鏡的焦距。（見圖十七b。）也就是說，望遠鏡的長度 L 必然等於兩焦距之和：L ＝ $f + f'$
從光源之不同定點射出並進入眼中的光線之方向範圍 $\triangle\gamma'$ 和虛像大小的關係如下

$$\triangle d = \frac{2\pi f'\triangle\gamma'}{360°}$$

任意物體的視尺寸和發自該物體的光線所對應的角度成正比，所以望遠鏡的放大倍數，就是光線進入眼睛時構成的這個角度與不使用望遠鏡時光線所跨越的角度之比值：

放大率＝△γ'／△γ'

運用前面為虛像大小△d導出的兩則公式，我們知道放大率為

$$\frac{\Delta\gamma'}{\Delta\gamma} = \frac{f}{f'}$$

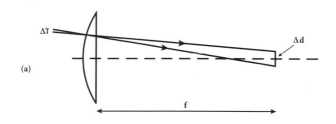

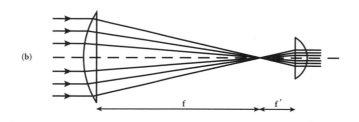

圖十七。望遠鏡。（a）虛像的生成。兩條帶箭頭實線代表相隔很小角度（△d）進入透鏡的兩道光線。兩直線（和其他與之平行的直線）在和透鏡相隔距離 f 之外的定點會聚，且兩點垂直間隔△d與△γ成正比。（b）克卜勒的望遠鏡使用的透鏡。帶箭頭直線代表從遠方物體進入一弱凸透鏡的光線路徑。這些路徑基本上都是平行的，經透鏡聚焦並在和透鏡相隔距離 f 之外的一點會聚；接著光線從這點發散，並經一強凸透鏡彎折，最後便依循平行方向進入眼睛。

若想得到相當程度的放大倍數，望遠鏡前端的物鏡就必須比目鏡弱得多，其中 $f >> f'$。

這並不是那麼容易。根據技術箚記二十二給定的焦距公式，強玻璃接目鏡要具有短焦距 f'，它的曲率半徑就必須很小，而這也就表示透鏡必須非常小，或者不能很薄（也就是說，厚度必須遠比曲率半徑更小），而這樣一來，透鏡聚集光線的性能就不會很好。或者我們也可以把弱透鏡擺在前端，於是物鏡的焦距 f 就很長，不過這樣一來望遠鏡的長度 L＝$f + f' \simeq f$ 就必然很大，而這就變得很不方便。伽利略花了一些時間來改良他的望遠鏡，提高放大倍數使足敷天文學應用。

伽利略使用的望遠鏡設計稍有不同，使用了一片凹透鏡接目鏡。如技術箚記二十二所述，安置妥當的凹透鏡能把射入的會聚光線發散至平行方向，其焦距則為透鏡後側到沒有透鏡時的光線會聚點的距離。伽利略的望遠鏡前端裝了一片焦距為 f 的弱凸透鏡，其後還有一片焦距為 f' 的強凹透鏡，安裝位置就在若無凹透鏡時會生成的虛像之前相隔 f' 之處。這種望遠鏡的放大倍數同樣是 f / f' 之比值，不過其長度只為 $f - f'$ 而非 f＋f'。

24　月球上的山

月球的明亮面和黑暗面由一條稱為「晨昏圈」（terminator）的分界線隔開，這裡就是陽光恰與月球表面相切的地方。伽利略把他的望遠鏡對準月球時，他注意到月球黑暗面靠近晨昏圈地帶出現亮點，並判斷那是高山的反光，由於山峰夠高，所以能攔住從晨昏圈另一側射來的陽光。接著他運用類似比魯尼當年使用來測量地球大小的幾何架構，得以推斷出這些山峰的高度。做一三角形，其頂點分別為：月球中心 C、月球黑暗面一座恰好攔住一道陽光的山峰 M，以及晨昏圈上一點 T，即這道陽光恰好掠過月球表面的地點。（見圖十八。）這是個直角三角型，由於線段 TM 在 T 與月球表面相切，因此該線段必然與線段 CT 垂直。CT 長恰為月球直徑 r，而 TM 之長則為從晨昏圈到山峰的距離 d。若山高為 h，則 CM 之長（三角形的斜邊）便為 $r + h$。根據畢氏定理，接著我們便得到

$$(r + h)^2 = r^2 + d^2$$

也因此

$$d^2 = (r + h)^2 - r^2 = 2rh + h^2$$

由於月球上任何山峰的高度肯定都遠比月球尺寸更小，因此拿 h^2 與 $2rh$ 相較便可以忽略不計，把方程式兩邊都除以 $2r^2$ 便得出

$$\frac{h}{r} = \frac{1}{2}\left(\frac{d}{r}\right)^2$$

所以藉由測量從晨昏圈到一處山頂之視距離對月球視半徑之比，伽利略便得以求出山峰高度與月球半徑之比：

伽利略在《星際信使》書中說明，他有時會在月球黑暗面見到一些亮斑，和晨昏圈的視距離大於月球視直徑之 1／20，所以這些山峰的 $d／r > 1／10$，也因此根據前列公式 $h／r > (1／10)^2／2 = 1／200$。伽利略估計月球半徑為一千英里，[6] 所以這些山峰起碼有五英里高。（不知道為什麼伽利略提出一個四英里數字，不過由於他只是試行求得山峰高度的

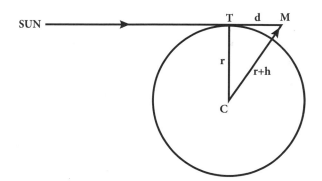

圖十八。伽利略對月球上山峰高度的測量做法。帶箭頭水平線代表一道在晨昏圈（區分月球明暗面之分界線）T 處掠過月球的光線，光線照射高度為 h 之山頂 M，且 M 與晨昏圈的距離為 d。

下限，所以或許他只是提出個保守的數值。）伽利略認為這已經比地球
上任何山峰都高，不過現在我們知道，地球上有些山峰的高度將近六英
里，所以伽利略的觀測結果指明，月球上的山峰高度和地表山峰的高度
並不是非常不同。

25　重力加速度

伽利略證明落體會經歷等加速度，也就是它的速率在各相等時距都
等量提增。依現代術語，從靜止下落的物體在時間 t 之後的速度 v 與 t 成
正比：

$$v = gt$$

其中 g 是地球表面重力場的特徵常數。儘管在地球表面各不同地方的 g 略
有不同，但總歸都接近三十二英尺每二次方秒，或就是九點八米每二次
方秒。

根據平均速度定理，這樣的物體從靜止在時間 t 內的下落距離為 $v_{平均}$
t，其中 $v_{平均}$ 是 gt 和零的平均值；換句話說，$v_{平均} = gt / 2$。因此，其下落距
離便為

$$d = v_{平均} t = \frac{1}{2} gt^2$$

特別來講，物體在第一秒中的下落距離為 $g(1秒)^2 / 2 = 16$ 英尺。物體下
落距離 d 所需時間一般寫成

$$t = \sqrt{\frac{2d}{g}}$$

我們可以採用另一種比較現代的方式來檢視這個結果。落體的能量
等於動能項和位能項之和。動能為

$$E_{動能} = \frac{mv^2}{2} = \frac{mg^2t^2}{2}$$

其中 m 是物體的質量。位能等於 mg 乘以（從任意海拔測得之）高度，所以若物體從初始高度 h_0 由靜止拋下並下落距離 d，則

$$E_{位能} = mgh = mg(h_0 - d)$$

因此當 $d = gt^2 / 2$，總能量便為一常數：

$$E = E_{動能} + E_{位能} = mgh_0$$

這裡我們假定能量守恆，接著就可以轉個方向，推導出速度和下落距離之間的關係。若我們設在 $t = 0$ 時能量值 $E = mgh_0$，這時 $v = 0$，且 $h = h_0$，則任意時刻的能量守恆便可以寫成

$$\frac{mv^2}{2} + mg(h_0 - d) = mgh_0$$

從這裡可以推知，$v2 / 2 = gd$。由於 v 是 d 的增加率，這就是確定 d 和 t 之關係的微分方程式。當然了，我們知道這個方程式的解為：$d = gt^2 / 2$，其中 $v = gt$。所以動用能量守恆我們就能得出這些結果，且毋須事先得知加速度是否均勻。

這是能量守恆的一個基本實例，這讓能量概念可以在眾多不同情境脈絡派上用場。特別來講，能量守恆表明了伽利略的滾珠斜面實驗和自由落體問題之間的關連性，儘管伽利略論述時並沒有用上這種概念。質量為 m 的球珠從平面滾落時，其動能為 $mv^2 / 2$，其中 v 在這裡為沿平面滾落的速度，而位能則為 mgh，其中 h 同樣為高度。此外，球珠還有轉動能量，其計算式寫成

$$E_{轉動能} = \frac{\zeta}{2} mr^2 (2\pi v)^2$$

其中 r 是球珠的半徑，v（nu）是球珠每秒之轉數，且 ζ（zeta）是個取決於球珠形狀與質量分布之數值。就一種可能與伽利略實驗連帶有關之情況，當球珠為均勻實心材質，$\zeta = 2 / 5$。（若球珠為空心，則 $\zeta = 2 / 3$。）現在，當球珠旋轉一整圈，其移行距離便等於它的周長 $2\pi r$，所以當球珠在時間 t 內滾轉 vt 次，其移行距離便為 $d = 2\pi r v t$，也因此其速

度便為 $d / t = 2 \pi \nu r$。將本式代入轉動能量式，我們得出

$$E_{轉動能} = \frac{\zeta}{2}mv^2 = \zeta E_{動能}$$

兩邊同除 m 和 $1 + \zeta$，因此能量守恆有以下要件

$$\frac{v^2}{2} + \frac{gh}{1+\zeta} = \frac{gh_0}{1+\zeta}$$

這和適用於自由落體之速率與下落距離的關係 $d = h_0 - h$ 是相同的，唯一的不同是這裡的 g 已經被 $g / (1 + \zeta)$ 取代。除了這項改變之外，球珠滾落斜面的速度依然取決於垂直移動距離，這點和自由落體的情況是相同的。因此，球珠滾落斜面的研究可以用來驗證，自由落體確實經歷等加速現象；然而除非因子 $1 / (1 + \zeta)$ 也經納入考量，否則這是不能用來測定加速度的。

藉一則複雜論證，惠更斯得以表明，長度為 L 的擺錘從一邊向另一邊擺盪一個小角度所需時間為

$$\tau = \pi \sqrt{\frac{L}{g}}$$

這就等於 π 乘以物體下落距離 $d = L / 2$ 所需時間，也就是惠更斯所述結果。

26　拋物線軌道

假定一拋射體以速率 v 水平射出。空氣阻力忽略不計，它會持續保持這個速度的水平分速，不過同時它也會朝下加速。因此經過時間 t 之後，該物體便移動了水平距離 $x = vt$，而向下移動距離 z 則與時間的平方成正比，依慣例寫做 $z = gt2 / 2$，其中 $g = 32$ 英尺每二次方秒，這是在伽利略死後才由惠更斯測得的常數。從 $t = x / v$ 可以推知

$$z = gx^2/2v^2$$

在這個方程式中，一個座標與另一個座標之平方成正比，由此界定出一條拋物線。

請注意，倘若拋射體是在離地高度 h 從一把槍射出，則拋射體下落距離 z＝h 並觸及地表時，其水平移動距離 x 便為 $\sqrt{2v^2h/g}$。就算不知道 v 或 g，伽利略依然可以測定從不同高度 h 下落時的移動距離 d，並查核 d 是否與 h 的平方根成正比，藉此來驗證拋射體的路徑確實是一條拋物線。我們並不清楚他是不是這樣做了，不過證據顯示在一六〇八年，伽利略做了一項關係密切的實驗，這在第十二章曾簡略提及。讓一球珠從不等初始高度 H 滾落斜面，接著沿著該斜面所在的水平桌面繼續滾動，最後從桌緣射入空中。誠如技術箚記二十五所示，抵達斜面底部時，球珠的速度為

$$v = \sqrt{\frac{2gH}{1 + \zeta}}$$

一如前例，這裡的 g＝32 英尺每二次方秒，且 ζ（zeta）為球珠的轉動能與動能之比，這個數值取決於滾動球珠所含質量的分布狀況而定。就密度均勻的實心球珠而言，ζ ＝ 2／5。這也就是球珠從桌緣水平射入空中時的速度，所以球珠在它下落高度 h 所需時間內的水平移動距離為

$$d = \sqrt{2v^2h/g} = 2\sqrt{\frac{Hh}{1 + \zeta}}$$

伽利略並沒有提到（以 ζ 表示的）轉動運動的修正作用，不過他或許曾經猜想，這樣的修正會縮短水平移動距離，因為他並沒有拿這個距離來與沒有 ζ 的預期數值 d＝2√Hh 做比較，只查核了桌面固定高度 h 的情況，結果距離 d 確實與 √H 成正比，而且準確度達到百分之幾。基於某種原因，伽利略始終沒有發表這項實驗所得結果。

就天文學和數學上的眾多實際用途，把拋物線定義為橢圓的極限實例（這時兩焦點間距相隔非常遠），是個很方便的做法。根據技術箚記十

八所述，具長軸 2a 和短軸 2b 之橢圓的方程式給定如下：

$$\frac{(z-z_0)^2}{a^2} + \frac{x^2}{b^2} = 1$$

為方便起見，稍後我們會把這當中箚記十八使用的 x 和 y 座標改換成 $z-z_0$ 和 x，其中 z_0 是一個我們可以任意選定的常數。這個橢圓形的中心位於 $z=z_0$ 與 $x=0$ 處。如我們在箚記十八中所見，橢圓有個焦點位於 $z-z_0=-ae$ 與 $x=0$ 處，其中 e 為偏心率，且 $e^2 \equiv 1-b^2/a^2$，曲線上與這個焦點最貼近的點位於 $z-z_0=-a$ 與 $x=0$ 處。為求方便，這裡我們選擇 $z_0=a$，於是最貼近的點的座標便為 $z=0$ 與 $x=0$，這樣一來，鄰近焦點便位於 $z=z_0-ea=(1-e)a$。我們希望令 a 和 b 趨於無窮大，好讓另一個焦點趨於無窮遠且曲線沒有最大 x 座標，不過同時我們也希望使最貼近較近焦點的距離 $(1-e)a$ 為有限，所以這裡設定

$$1 - e = \ell/a$$

其中 ℓ 在 a 趨於無窮大時依然保持固定。由於 e 接近接近這個極限之整體，所以半短軸 b 能以下式表示

$$b^2 = a^2(1 - e^2) = a^2(1 - e)(1 + e) \rightarrow 2a^2(1 - e) = 2\ell a$$

使用 $z_0=a$ 以及 b^2 的這項公式，橢圓方程式可以變成

$$\frac{z^2 - 2za + a^2}{a^2} + \frac{x^2}{2\ell a} = 1$$

左邊的 a2／a2 項和右邊的 1 相互抵消。把殘留方程式乘以 a 便得到

$$\frac{z^2}{a} - 2z + \frac{x^2}{2\ell} = 0$$

當 a 遠大於 x、y 或 ℓ，第一項就可以忽略不計，於是本方程式也就變成

$$z = \frac{x^2}{4\ell}$$

這就相當於我們前面為水平發射拋射體所推出的運動方程式，但前提是我們設定

$$\frac{1}{4l} = \frac{g}{2v^2}$$

所以拋物線的焦點位於拋射體 F 的初始位置下方相隔 $l = v^2 / 2g$ 處。（見圖十九。）

就像橢圓，拋物線也可以視為圓錐截線，不過對拋物線來講，與圓錐相交的平面則與圓錐的表面平行。令以 z 軸為中心的圓錐之方程式為 $\sqrt{x^2 + y^2} = \alpha(z + z_0)$，則與圓錐平行之平面也就是 $y = \alpha(z - z_0)$，其中 z_0 為任意值，圓錐與平面的截線滿足下式

$$x^2 + \alpha^2(z^2 - 2zz_0 + z_0^2) = \alpha^2(z^2 + 2zz_0 + z_0^2)$$

項 $\alpha^2 z^2$ 和項 $\alpha^2 z_0^2$ 相互抵銷之後得到

$$z = \frac{x^2}{4\alpha^2 z_0}$$

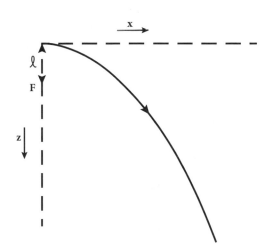

圖十九。從山上朝水平方向發射的拋射體之拋物線路徑。點 F 是這條拋物線的焦點。

若取 $z_0 = \ell/\alpha^2$，則這和我們先前的結果就是相同的。請注意，從具任意角參數 α（alpha）值之任意圓錐可以截出任意形狀的拋物線，因為任意拋物線的形狀（相對於其位置和方位），完全取決於一個以長度為計量單位的參數 ℓ 而定；此外我們就不需要另外知道 α 或橢圓之偏心率等其他任何無單位參數。

27 從網球運動導出折射定律

笛卡兒曾試行以一項假設來推導折射定律，該假設認為，光線從一種介質進入另一種介質時會彎折，作用就如網球擊穿一席薄布後的彎折軌跡。假定一網球以速率 v_A 斜向擊中一席薄布屏幕。這時網球會喪失部份速率，於是在穿透屏幕之後，速率就會變成 $v_B < v_A$，不過我們並不預期當網球穿透屏幕時，它順沿屏幕的速度分量會因此出現任何改變。我們可以畫一個直角三角形，其直角兩邊分別代表網球垂直、平行於屏幕的初始速度，且其斜邊為 v_A。若網球原本的軌跡與屏幕垂線形成一角 i，則它順沿屏幕平行方向的速度分量便為 $v_A \sin i$。（見圖二十。）相同道理，倘若網球穿透屏幕之後的軌跡與屏幕垂線形成一角 r，則其沿著屏幕平行方向的速度分量便為 $v_B \sin r$。笛卡兒假設球體穿透屏幕只會改變其與介面垂直之速度分量，至於平行分量則不會改變，使用這項假設，我們可以得出

$$v_A \sin i = v_B \sin r$$

也因此

$$\frac{\sin i}{\sin r} = n \tag{1}$$

其中n為以下量值：

$$n = v_B/v_A \tag{2}$$

方程式（1）稱為司乃耳定律，而且那是正確的光折射定律。遺憾的是，當我們進入 n 的方程式（2），光和網球的類比關係就不再能成立。由於對網球來講，v_B 小於 v_A，所以方程式（2）$n<1$ 得出，同時當光從空氣進入玻璃或水中，則我們有 $n>1$。而且不只是這樣，我們沒有理由假定就網球而言，v_B / v_A 實際上與角度 i 和 r 無關，所以方程式（1）在這裡並不能發揮它的作用。

　　費馬便曾表明，當光從一介質進入另一介質，速率從 v_A 轉變成 v_B，這時折射率 n 實際上便等於 v_A / v_B 而非 v_B / v_A。笛卡兒並不知道光是以有限速率傳播，於是他作態提了個說法來解釋為什麼當 A 為空氣且 B 為水

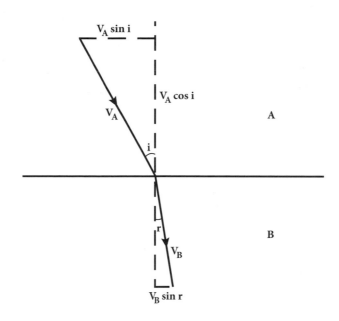

圖二十。網球的移動速度。水平線代表屏幕，網球以初始速度 v_A 穿透，最終速度則為 v_B。帶箭頭實線代表網球在穿透屏幕前、後，其速度之大小和方向。圖中所示網球路徑朝屏幕垂線彎折，如光線進入較緻密介質的情況。由圖可知，結果和笛卡兒的假設正好相反，就這種情況，網球穿透屏幕會大幅降低其沿著屏幕方向的速度分量。

時，n 就大於一。就十七世紀應用而言，這在類似笛卡兒彩虹理論一類學說當中並不重要，因為 n 經假設為與角度無關，這就光而言是能成立，對網球就不行了，同時 n 值得自對折射的觀測結果，並非針對光在各不同介質中的傳播速率之測定結果而來。

28　從最短時間原理導出折射定律

亞歷山卓的希羅根據光線從物體到鏡子接著射往眼睛時，會盡可能取最短路徑的假設，提出了一項反射角等於入射角的反射定律推導結果。其實他也大可以假定，光線的傳播會盡可能取最短時間，因為光線傳播任意距離所花時間為距離除以光速，且光線反射並不改變其傳播速率。就另一方面，就折射而論，一道光線穿過兩介質（如空氣和玻璃）之間的分界面並折射時，由於不同介質的光速有別，這時我們就必須區辨最短距離和最短時間原理的差別。單單考量光線穿越一種介質進入另一種介質時會彎折的事實，我們就能知道，折射光並不採行最短距離路徑，否則光線就會沿直線傳播。實際正如費馬表明的情況，只要假設光採行最短時間路徑，就能推導出正確的折射定律。

進行推導時，先假定光線在（光速為 v_A 的）介質 A 中的點 P_A 傳播到（光速為 v_B 的）介質 B 中的 P_B 點。為方便描述，假定分隔兩介質的表面為水平。設介質 A 和 B 中的光線與垂直方向的角度分別為 i 和 r。若點 P_A 和 P_B 的位置與分界面分別相隔垂直距離 d_A 和 d_B，則從這些點到光線與此表面之交點的水平距離便分別為 $d_A \tan i$ 和 $d_B \tan r$，其中 $\tan$ 代表一個角的正切，也就是正三角形中該角之對邊與鄰邊之比。（見圖二十一。）儘管這些距離並非預先確立，其總和則是點 P_A 和 P_B 之間的固定水平距離 L：

$$L = d_A \tan i + d_B \tan r$$

為計算光線從 P_A 到 P_B 期間經歷多少時間 t，我們記下光在介質 A 和 B 中移行的距離分別為 $d_A / \cos i$ 與 $d_B / \cos r$，其中 $\cos$ 表示一角的餘弦，也就是直角三角形中該角之鄰邊與斜邊之比。經歷的時間為距離除以速

率，所以這裡經歷的時間總計便為

$$t = \frac{d_A}{v_A \cos i} + \frac{d_B}{v_B \cos r}$$

我們需要找出角 i 和角 r 之間（與 L、d_A 和 d_B 無關，且）能滿足以下條件的一般關係：當 r 取決於 i，且距離總和 L 保持不變，則角 i 使時間 t 為最短。為達此目的，讓我們考慮入射角 i 之一無窮小變異 δ（寫做 δi）。P_A 和 P_B 的水平距離固定，所以當 i 改變了 δi，則折射角 r 必定也會變動，好比改變了 δr，這樣才能保持 L 固定不變。還有，在 t 為極小值時，t 對 i 之圖示必然是平坦的，這是由於若 t 在某 i 時有所增減，則極小值必然位於當 t 更小時的另一個 i 值。這就表示，微小改變 δi 所造成的 t 的變動，必然會趨於零，起碼對 δi 的一階項是如此。所以為了求出最短時間路徑，我們可以規定以下條件：當我們同時改變 i 和 r，則 δL 和 δt 兩項改變都必然趨於零，起碼對 δi 和 δr 的一階項都是如此。

為導入這項條件，我們必須用上微分學中描述我們讓角 θ（theta）產生無窮小改變 $\delta \theta$ 時，用來求 $\delta \tan i$ 和 $\delta (1 / \cos \theta)$ 的標準公式：

$$\delta \tan \theta = \frac{\delta \theta / R}{\cos^2 \theta}$$

$$\delta(1/\cos\theta) = \frac{\sin\theta \, \delta\theta / R}{\cos^2\theta}$$

其中若 θ 以度來計量，則 $R = 360° / 2\pi = 57.293 \cdots\cdots°$。（這個角度稱為一弧度。若 θ 以弧度來計量，則 $R = 1$。）使用這些公式，我們求出當我們對角度 i 和 r 分別做出無窮小改變 δi 和 δr 時，則 L 和 t 的改變為：

$$\delta L = \frac{1}{R}\left(\frac{d_A}{\cos^2 i}\delta i + \frac{d_B}{\cos^2 r}\delta r\right)$$

$$\delta t = \frac{1}{R}\left(\frac{d_A \sin i}{v_A \cos^2 i}\delta i + \frac{d_B \sin r}{v_B \cos^2 r}\delta r\right)$$

條件 $\delta L = 0$ 告訴我們

$$\delta r = -\frac{d_A/\cos^2 i}{d_B/\cos^2 r}\delta i$$

所以

$$\delta t = \left[\frac{d_A}{v_A}\frac{\sin i}{\cos^2 i} - \frac{d_B}{v_B}\frac{\sin r}{\cos^2 r}\frac{d_A/\cos^2 i}{d_B/\cos^2 r}\right]\frac{\delta i}{R} = \left[\frac{\sin i}{v_A} - \frac{\sin r}{v_B}\right]\frac{d_A}{\cos^2 i}\frac{\delta i}{R}$$

為使這個改變趨於零，我們必須有

$$\frac{\sin i}{v_A} = \frac{\sin r}{v_B}$$

換句話說

$$\frac{\sin i}{\sin r} = n$$

折射率 n 得自與速度無關的速度比：

$$n = v_A/v_B$$

這是正確的折射定律和正確的折射率 n 的公式

29　彩虹的理論

假定一道光線在點 P 觸及一球形雨滴，並在那點與雨滴表面之法線形成一角 i。倘若沒有折射現象，則光線就會繼續筆直穿越雨滴。在這種情況下，從雨滴中心 C 到光線與該中心最近點 Q 的連線就與光線形成一個直角，所以三角形 PCQ 就是個直角三角形，其斜邊等於圓的半徑 R，且位於 P 點的角等於 i。（見圖二十二 a。）撞擊參數 B 的定義為未折射光到中心的最貼近距離，也就是三角形的 CQ 邊邊長，以基本三角學求出得 $b = R\sin i$。

個別光線的 b/R 值同樣可以用來界定其特徵，而這就是笛卡兒採用的做法，另一種做法是根據入射角 i 的數值來界定光線特徵。

　　由於有折射現象，光線進入雨滴時，實際上是與法線形成角 r，得自折射定律：

$$\sin r = \frac{\sin i}{n}$$

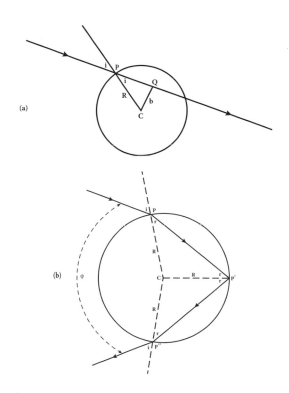

圖二十二。一道陽光在一球形水滴中的路徑。光線以帶箭頭實線來表示，在點 P 進入水滴，並與表面之法線形成一角 i。（a）無折射時的光線路徑，在這種情況下，Q 為光線與水滴中心 C 的最貼近時的位置。（b）光線在點 P 進入水滴時發生折射，抵達水滴背側表面時在點 P″ 反射，接著從點 P″ 離開水滴時再次折射。虛線從水滴中心 C 延伸到光線與水滴表面相觸的各點。

其中 $n \fallingdotseq 4/3$ 為空氣中光速與水中光速之比。光線會穿越水滴，照射其背側點 P'。由於從雨滴中心 C 到 P 和到 P' 的距離，都等於雨滴的半徑 R，因此以 C、P 和 P' 為頂點的三角形，便是個等腰三角形，所以光線和 P 點以及和 P' 點的法線之夾角必然相等，而且都等於 r。有些光會從背側表面反射，根據反射定律，反射光線和 P' 點表面之法線形成的角也同樣等於 r。反射光會穿越雨滴並觸及前側表面的點 P"，同樣與 P" 表面之法線形成角 r。接著部份光就從雨滴射出，於是根據折射定律，出射光和 P" 點表面之法線形成的角，也就等於初始入射角 i。（見圖二十二 b。本圖顯示光線路徑穿越與光線初始方向平行的平面，而且該平面包含雨滴中心與觀測者。只有照射與該平面相交處之雨滴表面的光線，才有機會觸及觀測者。）

在這所有往返傳播過程當中，光線朝水滴中心兩度彎折了 i－r 度角，分別發生在進入和離開水滴之際，還有在水滴背側表面反射了 $180° - 2r$，因此光線的總彎折角度便為

$$2(i - r) + 180° - 2r = 180° - 4r + 2i$$

倘若光線從水滴直接射回（好比在 i＝r＝0 的情況），則這個角度便為 $180°$，而且初始光線和最終光線就會沿著同一條直線傳播，所以初始光線和最終光線實際形成的角度 φ（phi）便為

$$\varphi = 4r - 2i$$

我們可以使用 i 來表示 r 如下

$$r = \arcsin\left(\frac{\sin i}{n}\right)$$

這裡就任意值 x，數值 arcsin x 是正弦為 x 之角度（通常訂於 $-90°$ 和 $+90°$ 之間）。第十三章討論了 $n = 4/3$ 時的數值計算，並表明 φ 從零（這時 i＝0）升高到約 $42°$ 的最大值，接著便下降到約 $14°$（這時 i＝$90°$）。由於 r 對 i 圖解在極大值處呈平直，所以光線從水滴射出時的偏轉角 φ，往往接近 $42°$。

若是在起霧時背向太陽觀看天空，我們就會看到反射回來的光線，主要是從我們的視線和陽光形成將近 42° 角的方向射來。這些方向構成一道彎弓，通常從地球表面向上伸展進入天空，接著又往下朝地表彎落。由於 n 稍微取決於光的色彩，且偏轉角 ϕ 的極大值也是如此，所以這張弓便散放出不同的色彩。這就是彩虹。

　　就任意折射率 n 值求得極大值 ϕ 的解析公式並不難推導。為求 ϕ 之極大值，我們使用一項事實，那就是會產生極大值的入射角 i，也能使 ϕ 對 i 圖示為平直。因此，由 i 的微小變異 δi 產生的 ϕ 變異 $\delta\phi$（delta phi），對 δi 的一階項會變為零。為使用這項條件，我們必須用上微積分的一項標準公式，從而得知當我們對 x 做了一項改變 δx，arcsin x 的改變便為

$$\delta \arcsin x = \mathcal{R} \frac{\delta x}{\sqrt{1-x^2}}$$

　　其中若 arcsin x 以角度來計量，則 R = 360° ／ 2π。所以當入射角改變量為 δi，偏轉角的改變量便為

$$\delta\varphi = 4\mathcal{R} \frac{\delta \sin i}{n\sqrt{1-(\sin^2 i)/n^2}} - 2\delta i$$

或者，由於 $\delta \sin i = \cos i\, \delta i / R$，所以

$$\delta\varphi = \left[4 \frac{\cos i}{n\sqrt{1-(\sin^2 i)/n^2}} - 2 \right]\delta i$$

因此，能使 ϕ 為極大值的條件為

$$4 \frac{\cos i}{n\sqrt{1-(\sin^2 i)/n^2}} = 2$$

　　方程式兩邊分別求平方，並使用 $\cos^2 i = 1 - \sin^2 i$（這是得自畢氏定理），則我們就能解出 sin i 並得

$$\sin i = \sqrt{\frac{1}{3}(4-n^2)}$$

在此角度時 ϕ 達其極大值：

$$\varphi_{\max} = 4 \arcsin\left(\frac{1}{n}\sqrt{\frac{1}{3}(4-n^2)}\right) - 2\arcsin\left(\sqrt{\frac{1}{3}(4-n^2)}\right)$$

當 n ＝ 4／3，ϕ 在 b／R ＝ sin i ＝ 0.86 時達其極大值，其中 i ＝ 59.4°，且這時 r ＝ 40.2°，ϕ 極大值 ＝ 42.0°。

30 從波動理論導出折射定律

　　折射定律在技術箚記二十八中已有描述，這則定率可以從折射光線採行最短時間路徑之假設導出，同時也可以根據光的波動理論推導得知。根據惠更斯所述，光是介質中的擾動，這種介質可以是某種透明的物質，也可以是明顯虛無一片的空間。擾動的鋒面是一條線，沿著與鋒面成直角的方向向前運動，且速度取決於介質的特性。

　　考慮這種擾動的一段鋒面，設該段落長度為 L，在介質 1 中朝著與介質 2 接壤的界面移動。讓我們設想擾動（和這道鋒面形成直角）的運動方向與此界面之垂線形成角 i。當擾動前緣在點 A 觸及界面，尾隨後緣點 B 仍（依循擾動移行方向運動並）與界面相隔 L tan i。（見圖二十三。）因此尾隨後緣抵達界面點 D 所需時間便為 L tan i／v_1，其中 v_1 為介質 1 中的擾動速度。在這段期間，鋒面前緣已經在介質 2 中以與垂線成 r 角方向，從點 A 移動到點 C，距離為 v_2L tan i／v_1，其中 v_2 是擾動在介質 2 中的速度。到這時候，波動鋒面（與波動在介質 2 中的運動方向垂直）從 C 延伸到 D，於是以 A、C 和 D 為頂點的三角形便是個直角三角形，其中點 C 的角為 90°。從 A 到 C 的距離 v_2L tan i／v_1 為直角三角形中角 r 的對邊，而斜邊則為從 A 到 D 的連線，其長度為 L／cos i。（同樣見圖二十三。）因此

$$\sin r = \frac{v_2 L \tan i/v_1}{L/\cos i}$$

請回顧 tan i ＝ sin i／cos i，我們知道 c os i 和 L 兩因子是可以消去的，

於是

$$\sin r = v2 \sin i / v1$$

或者換個說法

$$\frac{\sin i}{\sin r} = \frac{v_1}{v_2}$$

這就是正確的折射定律。

　　就折射問題，惠更斯提出的波動理論和費馬的最短時間原理，都得出相同的結果，這並非偶然。事實證明，就算波動通過含不同成份的介質，其中光速分朝不同方向呈漸次改變，而非只在分界平面猛然變動，惠更斯的波動理論依然總是會得出，光在任意兩點間傳播時採行最短時間路徑。

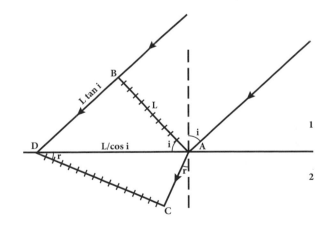

圖二十三。光波的折射。這裡水平線同樣代表兩透明介質的界面，兩介質各具不同光速。帶陰影線段顯示兩不同時間點的波動鋒面——當波動鋒面前緣與後緣剛觸及界面之際。帶箭頭實線表明波動鋒面之前緣和後緣所採行的路徑。

31 測定光速

假定我們觀測發生在距離我們某範圍之外的某種週期性歷程。為求明確起見，就讓我們考慮一顆環繞遠方行星的衛星，不過底下分析可以適用於一切週期性反覆歷程。假定那顆衛星繞軌運行並在兩個連續時間點 t_1 和 t_2 來到相同的階段；好比在這連續兩次那顆衛星都從行星背側出現。倘若該衛星的固有軌道週期是 T，則 $t_2 - t_1 = T$。這就是們觀察得知的週期，不過我們和那顆行星的相隔距離，必須是固定不變才行。然而倘若這個距離是變動的，那麼我們觀測到的週期，就會偏離 T，且其偏離值取決於光速。

假定在連續兩個時間點，當衛星繞軌來到同一階段時，我們和行星的距離分別為 d1 和 d2。那麼我們觀測到這些繞軌階段的時間就是

$$t'_1 = t_1 + d_1/c \qquad t'_2 = t_2 + d_2/c$$

其中 c 是光速。（這裡我們假設行星和所屬衛星的距離可以忽略不計。）倘若我們和這顆行星的相隔距離以速率 v 變動，起因或許是行星或我們在移動，也或許是兩邊都在動，則 $d_2 - d_1 = vT$，於是觀測到的週期便為

$$T' \equiv t'_2 - t'_1 = T + \frac{Tv}{c} = T\left[1 + \frac{v}{c}\right]$$

（這則推導有個假設前提，v 在 T 時段區間應該幾乎毫無變動，這在太陽系內一般都能成立，不過若是時間尺度拉長，v 就有可能出現明顯變化。）當遠方行星靠近、遠離我們，這時 v 分別為負、正值，而其衛星的視週期也隨之遞減或遞增。我們可以在 v＝0 時觀測行星，接著在 v 具有某已知非零數值時再度觀測並測定光速。

這就是惠更斯測度光速的判別基礎，他採用的依據是羅默針對木衛一視軌道週期變動現象的觀測結果。不過在光速確立之後，這相同計算就能告訴我們，遠方星體的相對速度 v。特別是遠方星系頻譜中某特定譜線所代表的光波，也會以某特徵週期 T 產生振盪，而這個週期與其頻率

ν（nu）和波長 λ（lambda）具有 $T = 1 / \nu = \lambda / c$ 的關係。這個固定週期是在地球的實驗室中進行頻譜觀測時發現的。我們從二十世紀早期開始觀測非常遙遠星系所發出的譜線，結果發現其波長偏向較長一端，也因此週期也偏長，由此推斷那些星系正遠離我們。

32　向心加速度

加速度是速度的變化率，不過任何物體的速度都具有一個數量，稱為速率，還有一個方向。環繞圓周運動物體的速度會不斷改變其方向，持續朝著圓心轉動，所以即便在等速狀況下，物體依然經歷持續朝中心加速的作用，這就稱為向心加速度。

讓我們計算以等速 ν 環繞半徑 r 圓周移行之物體的加速度。從 t_1 到 t_2 的短暫時距內，物體沿著圓周移動了一小段距離 $\nu \Delta t$，其中 Δt（delta t）$= t_2 - t_1$，而徑向向量（從圓心連往物體的箭頭）則會繞旋一個小角度 $\Delta \theta$。速度向量（朝物體運動方向大小為 ν 的箭頭）始終與圓相切，因此始終與徑向向量成直角，所以當徑向向量的方向改變了一個角度 $\Delta \theta$（delta theta）時，速度向量的方向也會改變相等的小角度。於是我們就有兩個三角形：其中一個的邊分別為時間 t_1 和 t_2 的徑向向量，以及連接這兩時刻物體位置之弦；另一個的邊則分別為時間 t_1 和 t_2 的速度向量，以及這兩時刻之間的速度變化量 $\Delta \nu$。（見圖二十四。）就小角度 $\Delta \theta$ 方面，連接物體在時間 t_1 和 t_2 的位置之弦和弧的長度差異可以忽略不計，所以我們可以取弦之長為 $\nu \Delta t$。

現在，兩個三角形為相似（意思是，二者大小不等，但形狀相同）因為它們都是等腰三角形（各具兩等邊）且兩等邊形成的小角度 $\Delta \theta$ 相等。所以各三角形的短邊和長邊之比例應該相等。也就是說

$$\frac{\nu \Delta t}{r} = \frac{\Delta \nu}{\nu}$$

也因此

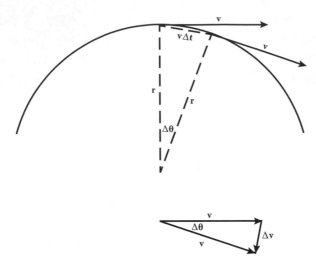

圖二十四。向心加速度的計算法。上：一環繞圓周的粒子在相隔很短時距 Δt 的兩時間點的速度。下：將兩個速度擺在一起形成一個三角形，其短邊為這段時距內的速度變化。

$$\frac{\Delta v}{\Delta t} = \frac{v^2}{r}$$

這就是惠更斯的向心加速度公式。

33　月球和落體的比較

　　古人認為上天和地表現象截然不同，隨後牛頓比較了月球在其軌道上的向心加速度，以及地球表面附近落體的下落加速度，對這個信念提出了決定性挑戰。

　　從月球週日視差的測定，牛頓時代的人已經準確知道從地球到月球的平均距離為地球半徑的六十倍。（實際比值為 60.27 倍）為計算地球半徑，牛頓取赤道 1'（角分）為一英里（五千英尺），所以既然圓周為 360°，且 60' 為 1°，則地球的半徑便為

$$\frac{360 \times 60 \times 5{,}000 \text{ feet}}{2\pi} = 17{,}190{,}000 \text{ 英尺}$$

（然就實際而言，平均半徑應為 20,926,300 英尺。這是牛頓計算結果的最大錯誤根源。）月球的軌道週期（恆星月〔sidereal month〕）在當時已經準確得知為 27.3 天，或就是 2,360,000 秒。因此月球的繞軌速度便為

$$\frac{60 \times 2\pi \times 17{,}190{,}000 \text{ feet}}{2{,}360{,}000 \text{ seconds}} = 2{,}745 \text{ 英尺每秒}$$

這就得出了一個向心加速度算式

$$\frac{(2{,}745 \text{ feet per second})^2}{60 \times 17{,}190{,}000 \text{ feet}} = 0.0073 \text{ 英尺每二次方秒}$$

根據平方反比定律，該數值應該等於地球表面下落物體的加速度，即 32 英尺每二次方秒，再除以月球軌道半徑與地球半徑之比的平方：

$$\frac{32 \text{ feet/second per second}}{60^2} = 0.0089 \text{ 英尺每二次方秒}$$

當初牛頓表示「答案相當接近」，指的就是他拿「觀測到的」月球向心加速度為 0.0073 英尺每二次方秒，和根據平方反比定律得出的 0.0089 英尺每二次方秒之預期結果相比這件事情。後來他還做出更好的結果。

34　動量守恆

假定質量分別為 m_1 和 m_2 的兩運動物體正面對撞。倘若在很短時距 $\triangle t$(delta t) 期間，物體 1 對物體 2 施加一力 F，則物體 2 在這段時距內便會經歷加速度 a_2，且根據牛頓第二定律，該加速度服從 $m_2 a_2 = F$ 關係。接著其速度 v_2 會改變以下數量

$$\delta v_2 = a_2 \delta t = F \delta t / m_2$$

根據牛頓第三定律，物體 2 對物體 1 會施加一力 $-F$，該力大小相等，方向相反（用負號來表示），所以在相等時距內，物體 1 的速度 v_1 會經歷與 δv_2 方向相反的改變，表示如下

$$\delta v_1 = a^1 \delta t = -F \delta t / m_1$$

因此總量 $m_1 v_1 + m_2 v_2$ 的淨改變量便為

$$ml \delta v_1 + m_2 \delta v_2 = 0$$

當然了，兩物體有可能接觸一段較長時間，在這當中，力有可能並非恆定，不過由於動量在每個短暫時距內都保持守恆，所以在這整段時期，動量也都能保持守恆。

35　行星質量

就牛頓時代所知，太陽系有四個星體擁有衛星：木星、土星和地球已知都有衛星，加上所有行星都是太陽的衛星。根據牛頓的重力定律，質量為 M 的星體在距離 r 處對質量為 m 的衛星施加的力 $F = GMm / r^2$（其中 G 為一自然常數），所以根據牛頓第二運動定律，衛星的向心加速度將為 $a = F / m = GM / r^2$。常數 G 的數值和太陽系的整體大小在牛頓時代仍未得知，不過這些未知數並不出現在從距離比和向心加速度比計算得出的質量比當中。若質量各為 M_1 和 M_2 之星體的兩衛星，與兩星體之距離比已知為 r_1 / r_2，且向心加速度之比已知為 a_1 / a_2，則兩質量之比便可以從以下公式求得

$$\frac{M_1}{M_2} = \left(\frac{r_1}{r_2}\right)^2 \frac{a_1}{a_2}$$

特別指出，以恆定速率 v 環繞半徑 r 之圓形軌道運行的衛星之軌道週期為 $T = 2\pi r / v$，所以其向心加速度 v^2 / r 為 $a = 4\pi^2 r / T^2$，加速度比為 $a_1 / a_2 = (r_1 / r_2) / (T_1 / T_2)^2$，且從軌道週期和距離比例推定其質量比

$$\frac{M_1}{M_2} = \left(\frac{r_1}{r_2}\right)^3 \left(\frac{T_2}{T_1}\right)^2$$

到了一六八七年，從太陽到所有行星的距離比值都已經清楚得知，同時根據對木星和土星分別與木衛四和土衛六（牛頓稱之為惠更斯衛星）之角距離的觀測結果，當時也已經有可能求出木星到木衛四的距離和太陽到木星的距離之比。那時也已經相當熟悉從地球到月球的距離是地球尺寸的多少倍數，卻仍不知道那是相當於日地距離的幾分之幾，因為從太陽到地球相隔多遠，在當時仍屬未知。牛頓使用了一種簡陋的做法，來估計從地球到月球和從太陽到地球距離之比，結果發現他估出的比值錯得離譜。除了這個問題之外，速度和向心加速度之比，也可以從行星與衛星之已知軌道週期來計算得知。（事實上，牛頓使用的是金星的週期，並非木星或土星的週期，不過這同樣有用，因為從太陽到金星、木星和土星的距離之比，在當時都已熟知。）誠如第十四章所述，牛頓得出的木星和土星質量對太陽質量之比值已經相當準確，至於他算出的地球質量對太陽質量之比，結果就錯得離譜。

註：

1　這點在泰勒斯時代或許尚不為人所知，果真如此，則這則證明肯定是後人所提。

2　引自 T. L. 希思（T. L. Heath）的《歐幾里德的幾何原本》標準譯本（T. L. Heath, *Euclid's Elements*, Green Lion Press, Santa Fe, N.M., 2002, p. 480）。

3　鋼琴弦的頻率會由於琴弦剛性而有小幅修正，這些修正會產生出與 $1/L^3$ 成正比的 ν 項，這裡我就忽略不計。

4　某些音階給予中央 G 稍微不同的頻率，這樣才能發出其他含中央 G 的悅耳和絃。調節頻率來盡量促成最多悅耳和絃的做法稱為音階的「調律」（tempering）。

5　該表見於 G. J. 圖默（G. J. Toomer）翻譯的《托勒密的天文學大成》（*Ptolemy's Almagest,* Duckworth, London, 1984, pp. 57－60）。

6　伽利略使用的「英里」，和我們現代所說的英里在定義上並沒有太大不同。依現代單位計量，月球半徑應為一千零八十英里。

科學人文59

大發現：一場以科學來型塑世界的旅程
To Explain the World：The Discovery of Modern Science

作　　者——史蒂文·溫伯格（Steven Weinberg）
譯　　者——蔡承志
特約編輯——吳克
封面設計——楊珮琪
內文排版——李宜芝
董 事 長——趙政岷
總 經 理
出 版 者—— 時報文化出版企業股份有限公司
　　　　　　一〇八〇三臺北市和平西路三段二四〇號三樓
　　　　　　發行專線—（〇二）二三〇六—六八四二
　　　　　　讀者服務專線—〇八〇〇—二三一一七〇五
　　　　　　　　　　　　（〇二）二三〇四—七一〇三
　　　　　　讀者服務傳真—（〇二）二三〇四—六八五八
　　　　　　郵撥—一九三四—四七二四時報文化出版公司
　　　　　　信箱— 臺北郵政七九～九九信箱
時報悅讀網——http://www.readingtimes.com.tw
電子郵箱——history@readingtimes.com.tw
法律顧問——理律法律事務所 陳長文律師、李念祖律師
印　　刷——盈昌印刷有限公司
初版一刷——二〇一七年三月二十四日
定　　價——新台幣四五〇元
（缺頁或破損的書，請寄回更換）

時報文化出版公司成立於一九七五年，
並於一九九九年股票上櫃公開發行，於二〇〇八年脫離中時集團非屬旺中，
以「尊重智慧與創意的文化事業」為信念。

國家圖書館出版品預行編目資料

大發現：一場以科學來型塑世界的旅程/ 史蒂文.溫伯格(Steven Weinberg)作 ；
　蔡承志譯. -- 初版. -- 臺北市：時報文化, 2017.03
　面；　公分. -- (科學人文)

譯自：To explain the world : the discovery of modern science

ISBN 978-957-13-6945-7(平裝)

1.科學　2.歷史

309　　　　　　　　　　　　　　　　106002925

ISBN 978-957-13-6945-7
Printed in Taiwan